BASTEI
LÜBBE

JACK VANCE

KRIEGS SPRACHEN

Zwei Romane
in einem Band

Ins Deutsche übertragen
von Bernd Müller und C.T.Bauer

BASTEI
LÜBBE

BASTEI LÜBBE TASCHENBUCH
Band 23 244

1. Auflage: Januar 2002

Vollständige Taschenbuchausgabe

Bastei Lübbe Taschenbücher
ist ein Imprint der
Verlagsgruppe Lübbe

Titel der amerikanischen Originalausgaben:
The Languages of Pao/Nopalgarth

Die beiden Romane erschienen bereits als Einzelbände
unter den gleichen Titeln
Titelillustrationen: Luis Royo, Norma Agency, Barcelona
Umschlaggestaltung: QuadroGrafik, Bensberg
Satz: Heinrich Fanslau, EDV & Kommunikation, Düsseldorf
Druck und Verarbeitung:
Brodard & Taupin, La Flèche, Frankreich
Printed in France
ISBN 3-404-23244-5

Die Kriegssprachen von Pao

I

Im Herzen des Polymark-Sternhaufens, kreisend um den gelben Stern Auriol, liegt der Planet Pao mit folgenden Merkmalen:

Masse:	1.73
Durchmesser:	1.39 (in Standardeinheiten)
Oberflächenschwerkraft:	1.04

Die Ebene der diurnalen Rotation Paos entspricht seiner Umlaufebene; daher gibt es keine Jahreszeiten, und das Klima ist einheitlich mild. Acht Kontinente erstrecken sich entlang des Äquators in annähernd gleichmäßigen Abständen: Aimand, Schraimand, Vidamand, Minamand, Nonamand, Dronamand, Hivand und Impland, benannt nach den acht Ziffern des paonesischen numerischen Systems. Aimand, größter der Kontinente, besitzt viermal die Fläche von Nonamand, dem kleinsten. Nur Nonamand hat in den hochgelegenen südlichen Breiten unter unangenehmen Wetterbedingungen zu leiden.

Eine genaue Volkszählung Paos ist nie vorgenommen worden, doch die überwältigende Mehrheit der Bevölkerung – geschätzt auf fünfzehn Milliarden Menschen – lebt in ländlichen Siedlungen.

Die Paonesen sind ein homogenes Volk, von mittlerem Wuchs, hellhäutig, die Haarfarben reichen von gelblichbraun bis braunschwarz, ohne große Unterschiede in Gesichtszügen und Körperbau.

Die paonesische Geschichte vor Beginn der Herrschaft des Panarchen Aiello Panasper ist arm an hervorragenden Ereignissen. Die ersten Siedler hatten sich, da sie den Planeten einladend fanden, bis hin zu einer beispiellosen Bevölkerungsdichte vermehrt. Ihre Lebensweise beschränkte soziale Spannungen auf ein Mindestmaß; es gab keine großen Kriege, keine Seuchen, keine Katastrophen, bis auf gelegentliche Hungersnot, die tapfer erduldet wurde. Ein einfaches, unkompliziertes Volk waren die Paonesen, ohne Religion oder Kulte. Sie erwarteten nur geringen materiellen Lohn vom Leben, maßen aber Veränderungen von Kaste und Status entsprechend große Bedeutung bei. Sie kannten keine Wettbewerbssportarten, hatten aber Freude daran, sich in enormen Haufen von zehn oder zwanzig Millionen Menschen zu versammeln, um die uralten Brummgesänge anzustimmen. Der typische Paonese bewirtschaftete eine kleine Fläche Land und steigerte gleichzeitig seine Einkünfte durch ein häusliches Handwerk oder ein besonderes Gewerbe. Er zeigte wenig Interesse an Politik; sein althergebrachter Herrscher, der Panarch, übte absolute persönliche Verfügungsgewalt aus, die mithilfe eines ungeheuren Beamtenapparats bis ins abgelegenste Dorf reichte. Das Wort »Karriere« auf Paonesisch war gleichbedeutend mit Beschäftigung im Staatsdienst. Und im Großen und Ganzen war das Regierungssystem von ausreichender Leistungsfähigkeit.

Die Sprache Paos wurzelte im Waydalischen, hatte sich aber ihre eigene Formen geschaffen. Der paonesische Satz umschrieb weniger eine Handlung, vielmehr präsentierte er die Schilderung einer Situation. Es gab keine Verben, keine Adjektive; keine formalen Wortvergleiche wie *gut, besser, am besten.* Der typische Paonese betrachtete sich als Korken auf einem Meer aus Millionen von Wellen, hochgehoben, nach unten gedrückt, beiseite geworfen von unbegreiflichen Mächten – wenn er überhaupt an sich selbst als eigenständige Persönlichkeit dachte. Er brachte seinem Herrscher Ehrfurcht entgegen, übte bedingungslosen Gehorsam und verlangte als Gegenleistung lediglich dynastische Kontinuität, denn auf Pao durfte nichts sich verändern, nichts durfte sich wandeln.

Doch der Panarch war, mochte er auch absoluter Alleinherrscher sein, gezwungen, sich anzupassen. Hier lag das Paradox: Dem einzigen selbstbestimmten Individuum Paos waren Laster gestattet, die dem Durchschnittsmenschen undenkbar und widerlich vorkamen. Aber er durfte nicht ausschweifend oder leichtfertig erscheinen; er musste sich vor Freundschaften zurückhalten; er durfte sich nur selten in der Öffentlichkeit zeigen. Das Allerwichtigste aber war: er durfte nie unentschieden oder unsicher wirken. Das zu tun würde das Leitbild zerstören.

II

Pergolai, eine kleine Insel im Jheliansmeer zwischen Minamand und Dronamand, war vom Panarchen Aiello Panasper seinem Vorrecht gemäß erworben und in eine arkadisch verborgene Zufluchtsstätte verwandelt worden. Am oberen Ende einer von paonesischem Bambus und hohen Myrrhebäumen gesäumten Wiese stand Aiellos Landsitz, ein ätherisches Gebilde aus weißem Glas, behauenem Stein und poliertem Holz. Der Grundriss war schlicht: ein Wohnturm, ein Wirtschaftstrakt und ein achteckiger Pavillon mit rosa Marmorkuppel. Hier im Pavillon, an einem geschnitzten Elfenbeintisch, saß Aiello, der das Ganzschwarz seines Ranges trug, beim Mittagmahl. Er war ein großer Mann mit dünnen Knochen, gut im Fleisch stehend. Sein silbergraues Haar glänzte fein wie das eines Säuglings; er hatte die reine Haut und den großäugigen, starren Blick eines Babys. Seine Mundwinkel waren herabgezogen, seine Augenbrauen wölbten sich hoch und vermittelten ständig den Eindruck spöttischer und skeptischer Prüfung.

Rechts saß sein Bruder Bustamonte, der den Titel Ayudor trug – ein kleinerer Mann mit einer Fülle struppiger, dunkler Haare, lebhaften schwarzen Augen, Muskelknoten in den Wangen. Bustamonte war über das paonesische Normalmaß hinaus energisch. Er hatte zwei oder drei nahe gelegene Welten bereist und war mit einer Anzahl fremdartiger Enthusiasmen zurückgekehrt, die ihm die Abneigung und das Misstrauen der paonesischen Bevölkerung eingebracht hatten.

Auf Aiellos anderer Seite saß sein Sohn Beran Panasper, der Medaillon. Er war ein mageres Kind, zaghaft und schüchtern, mit zarten Gesichtszügen und langem, schwarzem Haar, und glich Aiello nur, was die reine Haut und die weit aufgerissenen Augen betraf.

Auf der anderen Seite des Tisches saß eine Reihe weiterer Männer: Funktionäre der Regierung, Bittsteller, drei Handelsbeauftragte aus Mercantil und ein habichtgesichtiger Mann in Braun und Grau, der sich mit niemandem unterhielt.

Aiello wurde von besonderen Mägden bedient, die lange Gewänder mit schwarzen und goldenen Streifen trugen. Jedes ihm servierte Gericht wurde zunächst von Bustamonte gekostet – eine Sitte, übrig geblieben aus der Zeit, da Meuchelmord eher die Regel als die Ausnahme war. Eine weitere Manifestation dieser uralten Tradition konnte man in den drei Mamaronen erkennen, die hinter Aiello Wache standen. Dies waren riesenhafte Kreaturen mit kohlschwarzer Tätowierung – Neutraloide. Sie trugen prächtige Turbane in Kirschrot und Grün, enge Beinkleider in den gleichen Farben, Brustembleme aus weißer Seide und Silber, und sie hatten Schilde aus Refrax bei sich, die im Falle der Gefahr vor dem Panarchen zusammengestellt wurden.

Aiello knabberte sich verdrießlich durch das Mahl und deutete schließlich an, er sei bereit, sich der Tagesgeschäfte anzunehmen.

Vilnis Therobon, gekleidet in das Ocker und Purpur der Öffentlichen Wohlfahrt, erhob sich und kam vor dem Panarchen zu stehen. Er legte sein Problem dar: Die Getreideanbauer der Savannen Südimplands wurden von Trockenheit heimgesucht; er, Therobon, hatte den Wunsch, Wasser von der anderen Seite der Wasserscheide Zentralimplands herbeizuschaffen, hatte es aber nicht vermocht, eine zufrieden stellende Übereinkunft mit dem Minister für Bewässerung herzustellen. Aiello hörte zu, stellte ein, zwei Fragen, dann genehmigte er mit einem knappen Urteilsspruch eine Wasserkläranlage am Isthmus von Koroi-Sherifte mit einem zehntausend Meilen umfassenden Rohrnetz, um das Wasser dorthin zu leiten, wo es gebraucht wurde.

Als Nächster sprach der Minister für Volksgesundheit. Die Bevölkerung der Zentralebene von Dronamand hatte sich über den verfügbaren Wohnraum hinaus vermehrt. Der Bau neuer Unterkünfte würde auf Land übergreifen, das zur Nahrungsmittelproduktion vorgesehen war, und die Hungersnot beschleunigen, die bereits jetzt drohte. Aiello, der an einem halbmondförmigen Stück Melone kaute, ordnete den Transport von wöchentlich einer Million Menschen nach Nonamand an, dem unwirtlichen südlichen Kontinent. Zusätzlich sollten alle Säuglinge, die bei Eltern mit mehr als zwei Kindern zur Welt kamen, ertränkt werden. Dies waren die klassischen Methoden der Bevölkerungskontrolle; sie würden ohne Groll hingenommen werden.

Der kleine Beran sah fasziniert zu, eingeschüchtert durch die Unermesslichkeit der Macht seines Vaters. Ihm wurde selten gestattet, Zeuge der Staatsgeschäfte zu sein, denn Aiello konnte Kinder nicht ausstehen und zeigte nur geringes Interesse an der Erziehung seines Sohnes. Vor kurzem hatte der Ayudor Bustamonte sich Berans angenommen und stundenlang ununterbrochen geredet, bis Beran der Kopf schwer wurde und ihm die Augen zufielen. Sie spielten merkwürdige Spiele, die Beran verwirrten und ein merkwürdiges Unbehagen bei ihm hinterließen. Und neuerdings waren Lücken in seinem Gedächtnis aufgetreten, Amnesie.

Während Beran nun am Elfenbeintisch im Pavillon saß, hielt er einen kleinen, fremdartigen Gegenstand in der Hand. Er konnte sich nicht erinnern, wo er ihn aufgelesen hatte, aber es schien, als gebe es etwas, das er zu tun hatte. Er sah seinen Vater an und spürte eine plötzliche, heftige Panik. Bustamonte blickte ihn stirnrunzelnd an. Beran kam sich unbeholfen vor und richtete sich in seinem Stuhl auf. Er musste beobachten und zuhören, wie Bustamonte es ihn gelehrt hatte. Verstohlen untersuchte er das Objekt, das er in der Hand hielt. Es war zugleich vertraut und fremdartig. Wie die Erinnerung aus einem Traum war ihm bewusst, dass er seinen Gegenstand benutzen musste – und wieder kam die Welle der Panik.

Er versuchte ein Stück gerösteten Fischschwanz, aber wie üblich fehlte es ihm an Appetit. Er spürte die streifende Berührung von Augen; jemand beobachtete ihn. Als er den Kopf wandte, begegnete er dem Blick des Fremden in Braun und Grau. Der Mann hatte ein faszinierendes Gesicht, lang und schmal mit hoher Stirn, einem hauchdünnen Schnurrbart, einer Nase wie der Bug eines Schiffes. Sein Haar war glänzend schwarz, dick und kurz wie ein Pelz. Seine Augen waren tief liegend; sein Blick, dunkel und magnetisch, weckte Berans ganzes Unbehagen. Der Gegenstand in seiner Hand fühlte sich schwer und heiß an. Er wollte ihn zu Boden werfen, konnte es aber nicht.

Der letzte anzuhörende Mann war Sigil Paniche, Handelsbeauftragter aus Mercantil, dem Planeten einer nahe gelegenen Sonne. Paniche war ein dünner Mann, gewandt und schlau, mit kupferfarbener Haut und rotglänzendem Haar, das er zu Knoten gewunden und von türkisfarbenen Spangen gehalten trug. Er war ein typischer Mercantile, ein Kaufmann und Händler, seinem Wesen nach ebenso ein Stadtmensch, wie die Paonesen Menschen der Scholle und des Meeres waren. Seine Welt trieb mit dem gesamten Sternhaufen Handel; Raumbarken aus Mercantil zogen überall umher, lieferten Maschinen, Fahrzeuge, Fluggeräte, Kommunikationsanlagen, Werkzeuge, Waffen und Generatoren und kehrten mit Lebensmitteln, luxuriösem Kunsthandwerk und jeder Art Rohmaterial, das vielleicht billiger zu importieren als zu synthetisieren war, nach Mercantil zurück.

Bustamonte flüsterte Aiello etwas zu, worauf der den Kopf schüttelte. Bustamonte flüsterte eindringlicher; Aiello warf ihm einen langsamen, sarkastischen Seitenblick zu. Bustamonte lehnte sich verdrießlich zurück.

Auf einen Wink Aiellos hin wandte sich der Hauptmann der Mamaronenwache mit seiner sanften, stählern kratzenden Stimme an die Tafelrunde. »Auf Befehl des Panarchen werden sich alle, die ihre Geschäfte erledigt haben, entfernen.«

Jenseits des Tisches verblieben nur Sigil Paniche, seine zwei Gehilfen und der Fremde in Braun und Grau.

Der Mercantile begab sich zu einem Sitz Aiello gegenüber; er verneigte sich, nahm Platz, und seine Gehilfen kamen hinter ihm zu stehen.

Der Panarch Aiello sprach einen ungezwungenen Gruß aus; der Mercantile antwortete in gebrochenem Paonesisch.

Aiello tändelte mit einer Schale mit Weinbrandfrüchten und sah den Mercantilen abschätzend an. »Pao und Mercantil haben viele Jahrhunderte lang Handel getrieben, Sigil Paniche.«

Der Mercantile verbeugte sich. »Wir erfüllen unsere Verträge buchstabengetreu – das ist unser Glaubensbekenntnis.«

Aiello lachte kurz. »Der Handel mit Pao hat euch bereichert.«

»Wir treiben Handel mit achtundzwanzig Welten, Oberste Hoheit.«

Aiello lehnte sich in seinem Stuhl zurück. »Zwei Dinge wünsche ich mit euch zu bereden. Ihr habt soeben von unserem Wassermangel auf Impland gehört. Wir benötigen eine Anlage, um eine bestimmte Menge Meerwasser von Mineralien zu befreien. Ihr mögt diese Angelegenheit Euren Ingenieuren übergeben.«

»Ich stehe euch zu Diensten, Herr.«*

Aiello sprach mit dumpfer, emotionsloser Stimme, fast beiläufig. »Wir haben große Mengen militärischer Ausrüstung bei euch bestellt, und Ihr habt sie geliefert.«

Sigil Paniche verneigte sich zustimmend. Ohne äußere Hinweise oder Veränderungen wirkte er plötzlich

---

* Die paonesische und die mercantile Sprache waren so verschieden wie die zwei Lebensweisen. Indem er die Bemerkung machte, »Zwei Sachen wünsche ich mit euch zu bereden«, hatte der Panarch Worte gebraucht, die exakt wiedergegeben lauten würden, *»Feststellung von Wichtigkeit* – (auf Paonesisch ein einzelnes Wort) – *im Zustand der Bereitschaft* – zwei Worte; Ohr des Mercantilen *im Zustand der Bereitschaft;* Mund dieser Person hier *im Zustand des Wollens.«* Die kursiv gedruckten Wörter stellen konditionale Nachsilben dar.
Die Notwendigkeit der Umschreibung lässt diese Sprechweise schwerfällig erscheinen. Doch der paonesische Satz *»Rhomel-en-shrai bogal-Mercantil-nli-en mous-es-nli-ro«* erfordert nur vier Phoneme mehr als »Zwei Dinge wünsche ich mit euch zu bereden.«
Die Mercantilen drücken sich in sauberen Quanten präziser Information aus. »Ich stehe euch zu Diensten, Herr.« Wörtlich übersetzt heißt das, *»Ich – Botschafter – gehorche gern hierjetzt gerade erteiltem Befehl von euch – Oberhoheitsköniglichkeit – hierjetzt gehört und verstanden.«*

beunruhigt. »Wir haben exakt die Bedingungen Eurer Bestellung erfüllt.«

»Ich kann euch nicht zustimmen«, erwiderte Aiello.

Sigil Paniche versteifte sich; seine Worte waren noch förmlicher als zuvor. »Ich versichere Eurer Oberhoheit, dass ich persönlich die Lieferung überprüft habe. Die Gerätschaften waren genau wie durch Auftrag und Rechnung beschrieben.«

Aiello fuhr im kältesten Tonfall fort. »Ihr habt vierundsechzig* Sperrfeuermonitore, 512 Patrouillenflitzer, eine große Zahl multipler Resonatoren, Energeten, Wespengeschosse und Handwaffen geliefert. Diese entsprechen dem ursprünglichen Auftrag.«

»Ganz genau, Herr.«

« Allerdings kanntet Ihr die Absicht hinter diesem Auftrag.«

Sigil Paniche neigte den kupferglänzenden Kopf. »Ihr spielt an auf die Bedingungen auf dem Planeten Batmarch.«

»So ist es. Die Dolberg-Dynastie ist ausgelöscht worden. Eine neue Dynastie, die Brumbos, ist an die Macht gelangt. Neue batche Herrscher unternehmen militärische Vorstöße.«

»So ist es Tradition«, stimmte der Mercantile zu.

»Ihr habt diese Abenteurer mit Waffen versorgt.«

Wieder stimmte Sigil Paniche zu. »Wir verkaufen an jeden, der kauft. Wir tun dies seit vielen Jahren – Ihr dürft uns das nicht vorwerfen.«

Aiello hob die Augenbrauen. »Ich tue das nicht. Ich werfe euch vor, dass Ihr uns Standardmodelle verkauft,

---

* Das paonesische Zahlensystem basiert auf der Zahl 8. Demzufolge ist ein paonesisches 100 gleich 64, 1000 gleich 512 etc.

während Ihr dem Brumbo-Clan Geräte anbietet, gegen die, das garantiert Ihr, wir machtlos sein werden.«

Paniche blinzelte. »Was ist die Quelle Eurer Information?«

»Muss ich auf jedes Geheimnis verzichten?«

»Nein, nein«, rief Paniche aus. »Eure Angaben erscheinen jedoch irrig. Unser Grundsatz ist absolute Neutralität.«

»Es sei denn, Ihr könnt durch Unehrenhaftigkeit profitieren.«

Sigil Paniche richtete sich auf. »Oberste Hoheit, ich bin offizieller Repräsentant Mercantils auf Pao. Eure Bemerkungen mir gegenüber müssen daher als formelle Beleidigung betrachtet werden.«

Aiello wirkte leicht überrascht. »Einen Mercantilen beleidigen? Absurd.«

Sigil Paniches Haut brannte zinnoberrot.

Bustamonte flüsterte in Aiellos Ohr. Aiello zuckte die Achseln, wandte sich wieder dem Mercantilen zu. Seine Stimme war kühl, seine Worte achtsam bemessen. »Aus den Gründen, die ich angegeben habe, erkläre ich, dass der Vertrag von Mercantil nicht erfüllt worden ist. Das Handelsgut entspricht nicht seinem Zweck. Wir werden nicht zahlen.«

Sigil Paniche versicherte: »Die gelieferten Artikel entsprechen den vertraglichen Spezifikationen!« Aus seiner Sicht musste nichts weiter gesagt werden.

»Aber sie sind für unsere Bedürfnisse nutzlos, eine Tatsache, die auf Mercantil bekannt ist.«

Sigil Paniches Augen schimmerten. »Zweifellos hat Eure Oberhoheit die langfristigen Auswirkungen einer solchen Entscheidung bedacht.«

Bustamonte konnte sich eine scharfe Erwiderung nicht

verkneifen. »Die Mercantilen sollten lieber die langfristigen Auswirkungen der Unehrenhaftigkeit bedenken.«

Aiello machte eine kleine Geste der Verärgerung, und Bustamonte lehnte sich zurück.

Sigil Paniche sah über die Schulter auf seine zwei Untergebenen. Sie flüsterten eindringlich miteinander. Dann fragte Paniche: »Darf ich fragen, auf was für ›langfristige Auswirkungen‹ der Ayudor angespielt hat?«

Aiello nickte. »Ich lenke Eure Aufmerksamkeit auf den Herrn zu Eurer Linken.«

Alle Augen wandten sich dem Fremden in Braun und Grau zu. »Wer ist dieser Mann?«, fragte Sigil Paniche spitz. »Ich kenne seine Bekleidung nicht.«

Aiello wurde von einem der schwarz und golden gewandeten Mägde eine Schüssel mit grünem Sirup gereicht. Bustamonte kostete pflichtbewusst einen Löffel voll. Aiello zog die Schüssel zu sich heran, schlürfte. »Dies ist Lord Palafox. Er ist hier, um uns zu beraten.« Er schlürfte noch einmal aus der Schüssel, stieß sie beiseite. Die Magd nahm sie schnell fort.

Sigil Paniche musterte den Fremden mit kalter Feindseligkeit. Seine Gehilfen raunten einander zu. Bustamonte saß zusammengesunken auf seinem Platz.

»Immerhin«, sagte Aiello, »wenn wir uns zu unserem Schutz nicht auf Mercantil verlassen können, müssen. wir uns anderswo umsehen.«

Sigil Paniche wandte sich erneut nach hinten, um mit seinen Beratern zu flüstern. Es gab eine geflüsterte Auseinandersetzung; Paniche schnippte zum Nachdruck mit den Fingern, die Berater verbeugten sich und verstummten. Paniche wandte sich wieder an Aiello. »Eure Oberhoheit werden natürlich so handeln, wie Ihr es für das Beste haltet. Ich kann nicht umhin zu betonen, dass die Produkte Mercantils nirgends übertroffen werden.«

Aiello warf dem Mann in Braun und Grau einen Blick zu. »Ich bin nicht bereit, über diesen Punkt zu streiten. Lord Palafox hat möglicherweise etwas zu sagen.«

Palafox schüttelte jedoch den Kopf.

Paniche winkte einem seiner Untergebenen, der zögernd vortrat. »Erlaubt mir, dass ich eine unserer Neuentwicklungen vorführe.« Der Berater überreichte ihm einen Behälter, aus dem Paniche ein Paar kleiner, durchsichtiger Halbkugeln entnahm.

Die neutraloiden Leibwächter waren beim Anblick des Behälters mit ihren Refraxschilden vor Aiello gesprungen; Sigil Paniche zog eine schmerzliche Grimasse. »Kein Grund zur Besorgnis – hier gibt es keine Gefahr.«

Er zeigte Aiello die Halbkugeln, dann legte er sie sich auf die Augen. »Unsere neuen Optidyne! Sie arbeiten entweder als Mikroskop oder als Teleskop! Das enorme Ausmaß ihrer Kraft wird mit den Okularmuskeln und den Augenlidern kontrolliert. Wahrhaft unglaublich! Zum Beispiel« – er drehte sich um, sah aus dem Fenster des Pavillons – »sehe ich Quarzkristalle in den Steinen des Meereswalls. Ein grauer Keimling steht unter dem Funellabusch dort in der Ferne.« Er wandte den Blick seinem Ärmel zu. »Ich sehe die Fäden, die Fasern der Fäden, die Schuppen der Fasern.«

Er sah Bustamonte an. »Ich bemerke die Poren der schätzenswerten Nase des Ayudors. Ich erkenne mehrere Haare in seinem Nasenloch.« Er blickte den Medaillon an und vermied sorgsam die Ungehörigkeit, Aiello anzustarren. »Der tapfere Bursche ist erregt. Ich zähle seinen Puls: eins, zwei, drei, vier, fünf, sechs, sieben, acht, elf, zwölf, dreizehn ... Er hält einen winzigen Gegenstand zwischen den Fingern, nicht größer als eine Pille.« Er drehte sich um, musterte den Mann in Grau. »Ich sehe ...« Er glotzte; dann entfernte er mit einer plötzlichen Geste die Optidyne von seinen Augen.

»Was habt Ihr gesehen?«, erkundigte sich Bustamonte.

Sigil Paniche betrachtete den hoch gewachsenen Mann mit Beunruhigung und Scheu. »Ich habe sein Zeichen gesehen. Die Tätowierung eines Magiers aus Breakness!«

Die Worte schienen Bustamonte zu erregen. Er starrte Aiello anklagend an, widmete Palafox einen Blick voller Abneigung, dann stierte er nach unten auf das geschnitzte Elfenbein des Tisches.

»Ihr habt Recht«, sagte Aiello. »Dies ist Lord Palafox, Lehrmeister des Breaknessinstituts.«

Sigil Paniche neigte frostig den Kopf. »Erlauben Eure Oberste Hoheit mir eine Frage?«

»Fragt, was Ihr wollt.«

»Was tut Lord Palafox hier auf Pao?«

Aiello sagte sanft: »Er ist auf mein Geheiß gekommen. Ich brauche sachkundige Beratung. Bestimmte Vertraute von mir«, er warf einen ziemlich verächtlichen Blick auf Bustamonte, »glauben, wir könnten die Kooperation von Mercantil erkaufen. Er glaubt, dass Ihr zu einem bestimmten Preis die Brumbos von Batmarch ebenso verraten werdet, wie Ihr bereits uns verraten habt.«

Sigil Paniche sagte mit spröder Stimme: »Wir handeln mit allen Arten von Ware. Man kann uns mit besonderen Nachforschungen beauftragen.«

Aiello verzog seinen rosa Mund zu einem Hohnlächeln voller Abscheu. »Lieber würde ich mit Lord Palafox Geschäfte machen.«

»Warum sagt Ihr mir das?«

»Ich möchte nicht, dass Eure Bevollmächtigten glauben, ihr Verrat bleibe unbemerkt.«

Sigil Paniche unternahm eine große Anstrengung. »Ich beschwöre euch, noch einmal darüber nachzudenken. Wir haben euch in keiner Weise betrogen. Wir haben genau das geliefert, was bestellt wurde. Mercantil hat euch in der Vergangenheit gute Dienste geleistet – wir hoffen, euch auch in Zukunft dienlich zu sein. Wenn Ihr mit Breakness Handel treibt, denkt daran, was dieses Geschäft nach sich zieht.«

»Ich habe mit Lord Palafox keine Geschäfte gemacht,« sagte Aiello mit einem Blick auf den Mann in Braun und Grau.

»Ah, aber Ihr werdet es tun – und wenn ich offen sprechen darf...« Er wartete.

»Sprecht«, sagte Aiello.

»... zu Eurem letztendlichen Verderben.« Er wurde kühn: »Vergesst nie, Oberste Hoheit, dass man auf Breakness keine Waffen herstellt. Sie machen keinen Gebrauch von ihrer Wissenschaft.« Er blickte zu Palafox hinüber. »Ist das nicht wahr?«

»Nicht ganz«, erwiderte Palafox. »Ein Lehrmeister des Instituts ist nie ohne seine Waffen.«

»Und Breakness stellt Waffen für den Export her?«, fragte Paniche nach.

»Nein«, antwortete Palafox mit einem angedeuteten Lächeln. »Es ist wohl bekannt, dass wir lediglich Wissen und Menschen produzieren.«

Sigil Paniche wandte sich Aiello zu. »Nur Waffen können euch gegen die Wut der Brumbos schützen. Warum nehmt Ihr nicht wenigstens einige unserer neuen Produkte in Augenschein?«

»Das kann nichts schaden«, drängte Bustamonte. »Und möglicherweise werden wir Palafox doch nicht brauchen.«

Aiello schenkte ihm einen grämlichen Blick, doch Sigil Paniche schickte sich bereits an, einen kugelförmigen Projektor mit einem Handgriff vorzuzeigen. »Dies ist eine unserer genialsten Erfindungen.«

Der Medaillon Beran, der ganz versunken zusah, spürte ein plötzliches Erschauern, ein Stechen unbeschreiblichen Schreckens. Warum? Wie? Was? Er musste den Pavillon verlassen, er musste gehen! Doch er konnte sich nicht von seinem Platz rühren.

Paniche richtete gerade sein Gerät auf die rosa Marmorkuppel. »Seht, wenn es euch beliebt.« Die obere Hälfte des Raumes wurde schwarz wie von einer schwarzen Klappe verborgen, wie aus dem Dasein gerissen. »Diese Vorrichtung sucht die Energie sichtbarer Wellenlängen, zieht sie an und absorbiert sie«, erklärte der Mercantile. »Sie ist geradezu unschätzbar zur Verwirrung eines Gegners.«

Beran wandte den Kopf, sah hilflos zu Bustamonte hinüber.

»Nun passt auf!«, rief Sigil Paniche. »Ich drehe diesen Knopf hier...« Er drehte den Knopf; der Raum wurde völlig ausgelöscht.

Bustamontes Husten war das einzige Geräusch, das zu hören war.

Dann erfolgte ein Zischen der Überraschung, ein Rascheln von Bewegung, ein würgendes Geräusch.

Licht kehrte in den Paillon zurück. Ein enormes, entsetztes Keuchen ertönte; alle Augen richteten sich auf den Panarchen. Er lag auf seinem rosa Seidendiwan. Sein Bein zuckte hoch, trat zu, brachte Geschirr und Tafelflakons zum Klirren.

»Zu Hilfe, Arzt!«, schrie Bustamonte. »Zum Panarchen!«

Aiellos Fäuste schlugen einen krampfhaften Trommelwirbel auf die Tischfläche; seine Augen wurden matt, sein Kopf fiel nach vorn in der vollständigen Entspannung des Todes.

III

Die Ärzte untersuchten Aiello behutsam, einen unförmigen Klumpen mit in vier Richtungen ausgestreckten Armen und Beinen. Beran, der neue Panarch, Göttlicher Atem der Paonesen, Absoluter Tyrann der Acht Kontinente, Gebieter des Meeres, Oberhoheit des Sonnensystems, Anerkannter Führer des Universums (unter anderen ihm eigenen Ehrentiteln) saß zappelnd da und ließ weder Verstehen noch Trauer erkennen. Die Mercantilen standen als dichte Gruppe beisammen und flüsterten miteinander; Palafox, der sich nicht von seinem Platz am Tisch gerührt hatte, sah ohne Interesse zu.

Bustamonte, jetzt Senior-Ayudor, verlor keine Zeit, auf die Autorität Anspruch zu erheben, deren Ausübung man von ihm als Regenten für den neuen Panarchen erwarten durfte. Er winkte mit der Hand; ein Trupp Mamaronen bezog eilig Posten rings um den Pavillon.

»Niemand wird sich entfernen«, erklärte Bustamonte, »bis diese tragischen Umstände aufgeklärt sind.« Er wandte sich den Ärzten zu. »Habt Ihr die Todesursache festgestellt?«

Der Erste der drei Doktoren verbeugte sich.»Der Panarch ist dem Gift erlegen. Es wurde durch ein Stechgeschoss verabreicht, das in die linke Seite seines Halses gedrungen ist. Das Gift...« Er zog die Skalen, Schattenzeichner und Farbräder eines Analysators zurate, in den seine Kollegen Proben von Aiellos Körpersäften eingegeben hatten. »Das Gift scheint ein Mepothanaxderivat zu sein, höchstwahrscheinlich Extin.«

»In dem Fall«, sagte Bustamonte, und sein Blick schwenkte von den zusammengedrängt dastehenden Kaufleuten von Mercantil zu dem ernsten Lord Palafox, »ist das Verbrechen von jemandem in diesem Raum begangen worden.«

Sigil Paniche näherte sich zaghaft dem Leichnam. »Erlaubt mir, diesen Stachel zu untersuchen.«

Der Chefarzt zeigte auf einen Metallteller. Hier ruhte der schwarze Stachel mit seinem kleinen, weißen Kolben.

Sigil Paniches Gesicht war angespannt. »Dieser Gegenstand ist der, den ich vor nicht mehr als ein paar Augenblicken in der Hand des Medaillon gesehen habe.«

Bustamonte geriet in Zorn. Seine Wangen wurde rosig, seine Augen schwammen vor Feuer. »Diese Anschuldigung von euch – einem Schwindler von Mercantil! Ihr beschuldigt den Knaben, seinen Vater umgebracht zu haben?«

Beran begann zu wimmern; sein Kopf wackelte von einer Seite zur anderen. »Still«, zischte Bustamonte. »Die Umstände der Tat sind klar!«

»Nein, nein«, protestierte Sigil Paniche, und alle Mercantilen standen bleich und hilflos da.

»Jeder Zweifel ist ausgeschlossen«, stellte Bustamonte unerbittlich fest. »Ihr seid nach Pergolai gekommen im Bewusstsein, dass Eure Falschheit entdeckt worden ist. Ihr wart entschlossen, der Strafe zu entgehen.«

»Das ist Unsinn!«, rief der Mercantile. »Wie könnten wir eine so idiotische Tat vorhaben?«

Bustamonte ignorierte den Protest. Mit donnernder Stimme fuhr er fort: »Der Panarch wollte sich nicht besänftigen lassen. Ihr habt euch in Finsternis verborgen, Ihr habt den großen Führer der Paonesen getötet!«

»Nein, nein!«

»Doch Ihr werdet aus dem Verbrechen keinen Nutzen ziehen! Ich, Bustamonte, bin noch unversöhnlicher als Aiello! Als erste Amtshandlung werde ich über euch das Urteil fällen.«

Bustamonte hielt den Arm hoch, die Handfläche nach außen gerichtet, die Finger über den Daumen gepresst – das traditionelle Todeszeichen der Paonesen. Dem Hauptmann der Mamaronen rief er zu: »Ertränkt diese Kreaturen!« Er blickte zum Himmel auf; die Sonne stand tief. »Beeilt euch, ehe die Sonne untergeht.«

Hastig, denn ein paonesischer Aberglaube verbot das Töten während der Stunden der Dunkelheit, trugen die Mamaronen die Kaufleute zu einer Klippe, die auf einen Meeresarm hinblickte. Ihre Füße wurden in mit Ballast versehene Röhren gestoßen; man warf sie hinaus in die Luft. Sie trafen auf dem Wasser auf, versanken, und die Oberfläche war wieder ruhig wie zuvor.

Zwanzig Minuten später wurde auf Anordnung Bustamontes der Leichnam Aiellos nach draußen geschafft. Ohne jede Feierlichkeit wurde er mit Gewichten versehen und den Mercantilen hinterher geworfen. Wieder zeigte das Meer kurz eine weiße Schaumblüte; dann rollte es ruhig und blau weiter.

Die Sonne hing über dem Rand des Meeres. Bustamonte, der Senior-Ayudor von Pao, ging mit kraftvoll energischen Schritten die Terrasse entlang.

Lord Palafox saß in der Nähe. An jedem Ende der Terrasse stand ein Mamarone, den Feuerstachel ununterbrochen auf Palafox gerichtet, um jede erdenkliche Gewalttat zu vereiteln.

Bustamonte blieb abrupt vor Palafox stehen. »Meine Entscheidung war vernünftig – da habe ich keine Zweifel!«

»Welche Entscheidung meint Ihr?«

»Bezüglich der Mercantilen.«

Palafox dachte nach. »Ihr könntet feststellen, dass jetzt die Handelsbeziehungen erschwert sind.«

»Pah! Was kümmert sie das Leben dreier Männer, solange ein Profit zu erzielen ist?«

»Sicherlich nur wenig.«

»Diese Männer waren Schwindler und Betrüger. Sie haben nichts verdient als das, was ihnen zuteil wurde.«

»Außerdem«, erläuterte Palafox, »ist dem Verbrechen die angemessene Strafe gefolgt, und das ohne Verlust des Gleichgewichts, der die Öffentlichkeit hätte beunruhigen können.«

»Dem Recht wurde Genüge getan«, sagte Bustamonte steif.

Palafox nickte. »Schließlich ist es die Funktion des Rechts, diejenigen abzuschrecken, die den Wunsch haben mögen, eine ähnliche Untat zu begehen. Die Hinrichtung ist eine solche Abschreckung.«

Bustamonte wandte sich auf dem Absatz um, schritt die Terrasse auf und ab. »Es stimmt, dass ich teilweise aus Nützlichkeitserwägungen gehandelt habe.«

Palafox sagte nichts.

»In aller Offenheit«, sagte Bustamonte, »gebe ich zu, dass die Indizien auf einen weiteren Schuldigen an dieser Affäre hindeuten, und das wesentliche Element des Problems bleibt zurück wie der Hauptteil eines Eisbergs.«

»Um welches Problem handelt es sich?«

»Wie soll ich mit dem jungen Beran verfahren?«

Palafox rieb sich das hagere Kinn. »Diese Frage muss im richtigen Zusammenhang betrachtet werden.«

»Ich vermag euch nicht zu folgen.«

»Wir müssen uns fragen: Hat Beran tatsächlich den Panarchen getötet?«

Indem er die Lippen vorstülpte und seine Augen hervorquellen ließ, schaffte es Bustamonte, sich in eine groteske Kreuzung zwischen Affe und Frosch zu verwandeln. »Zweifellos!«

»Warum sollte er das tun?«

Bustamonte zuckte die Achseln. »Aiello hatte nichts für Beran übrig. Es ist zweifelhaft, ob das Kind wirklich von Aiello gezeugt wurde.«

»Tatsächlich?«, sinnierte Lord Palafox. »Und wer mag der Vater sein?«

Wieder zuckte Bustamonte die Achseln. »Die Göttliche Petraia war nicht allzu wählerisch bei ihren Indiskretionen, doch wir werden die Wahrheit nie erfahren, da Aiello vor einem Jahr ihren Tod durch Ertränken anordnete. Beran war von Gram erfüllt, und darin mag die Ursache des Verbrechens liegen.«

»Ihr haltet mich doch nicht etwa für einen Narren?«, fragte Palafox mit einem eigenartigen, starren Lächeln.

Bustamonte sah ihn voller Erstaunen an. »Hä? Was heißt das?«

»Die Ausführung dieser Tat war präzise. Das Kind schien unter hypnotischem Zwang zu handeln. Seine Hand wurde vom Gehirn eines anderen gelenkt.«

»Meint ihr?« Bustamonte runzelte die Stirn. »Wer mag dieser ›Andere‹ sein?«

»Warum nicht der Senior-Ayudor?«

Bustamonte unterbrach sich im Auf- und Abgehen,

dann lachte er auf. »Das ist wahrlich ein Hirngespinst! Wie wär's denn mit euch?«

»Ich gewinne nichts durch Aiellos Tod«, sagte Palafox. »Er hat mich aus einem bestimmten Grund hierher gebeten. Jetzt ist er tot, und Eure eigenen Vorstellungen gehen in eine andere Richtung. Ich werde nicht mehr gebraucht.«

Bustamonte hob die Hand. »Nicht so voreilig. Heute ist nicht gestern. Die Mercantilen könnten sich, wie Ihr andeutet, als schwierig im Umgang erweisen. Vielleicht könntet Ihr mir dienen, wie Ihr Aiello gedient hättet.«

Palafox erhob sich. Die Sonne senkte sich am fernen Horizont ins Meer; sie schwamm orangefarben und verzerrt in der trüben Luft. Eine Brise ließ gläserne Glocken erklingen und entlockte einer Äolsharfe traurige Flötentöne; federblättrige Raphiapalmen seufzten und raschelten.

Die Sonne flachte sich ab, halbierte, viertelte sich.

»Gebt jetzt Acht auf das grüne Aufblitzen!«, sagte Palafox.

Der letzte feurig rote Streifen versank am Horizont; dann erschien ein flackernder Strahl reinen Grüns, ging in Blau über und das Sonnenlicht war erloschen.

Bustamonte sagte in finsterem Tonfall: »Beran muss sterben. Der Tatbestand des Vatermordes ist offensichtlich.«

»Ihr reagiert zu heftig auf die Situation«, stellte Palafox milde fest. »Eure Gegenmittel sind schlimmer als die Krankheit.«

»Ich handle so, wie ich es für nötig halte«, entgegnete Bustamonte bissig.

»Ich werde euch das Kind abnehmen«, sagte Palafox. »Es soll mit mir nach Breakness zurückkehren.«

Bustamonte musterte Palafox mit gespieltem Erstaunen. »Was werdet Ihr mit dem jungen Beran anfangen? Die Idee ist lächerlich. Ich bin bereit, euch eine Auswahl Frauen zur Steigerung Eures Prestiges anzubieten, doch jetzt treffe ich meine Anordnungen bezüglich Berans.«

Palafox blickte lächelnd in die Dämmerung hinaus. »Ihr fürchtet, Beran könnte zu einer Waffe gegen euch werden. Ihr wollt keine eventuell entstehenden Ansprüche.«

»Es wäre banal, das zu leugnen.«

Palafox starrte zum Himmel auf. »Ihr braucht ihn nicht zu fürchten. Er würde sich an nichts erinnern.«

»Warum interessiert Ihr euch für dieses Kind?«, wollte Bustamonte wissen.

»Betrachtet es als eine Laune.«

»Ich kann euch damit nicht gefällig sein«, antwortete Bustamonte barsch.

»Es ist besser, mich zum Freund als zum Feind zu haben«, sagte Palafox leise.

Bustamonte blieb abrupt stehen. Er nickte, plötzlich liebenswürdig. »Vielleicht überlege ich es mir noch. Schließlich kann das Kind kaum Schaden anrichten... Kommt mit, ich bringe euch zu Beran; wir werden sehen, wie er auf diese Idee reagiert.«

Bustamonte marschierte los, wobei er auf seinen kurzen Beinen hin- und herschaukelte. Palafox folgte ihm mit einem leisen Lächeln.

Am Portal murmelte Bustamonte dem Hauptmann der Mamaronen kurz etwas zu. Palafox, der ihm folgte, blieb bei dem hoch gewachsenen Neutraloiden stehen und wartete, bis Bustamonte außer Hörweite war. Er sprach, wobei er den Kopf in den Nacken legte, um in das grobe Gesicht aufzublicken.

»Angenommen, ich würde euch wieder zu einem echten Mann machen – wie würdet Ihr mich belohnen?«

Die Augen glühten, Muskeln spielten unter der schwarzen Haut. Der Neutraloide antwortete in seiner seltsamen, sanften Stimme: »Wie ich euch belohnen würde? Indem ich euch zermalme, Euren Schädel zerschmetterte. Ich bin mehr als ein Mann, mehr als vier Männer – warum sollte ich meine Schwäche wiederhaben wollen?«

»Ah«, staunte Palafox. »Ihr seid nicht anfällig für Schwäche?«

»Doch«, seufzte der Neutraloide, »ich habe tatsächlich einen Fehler.« Er zeigte in einem schrecklichen Grinsen die Zähne. »Ich habe unnatürlichen Spaß am Töten; es geht mir nichts über das Erwürgen kleiner blasser Männer.«

Palafox wandte sich ab, betrat den Pavillon.

Die Tür schloss sich hinter ihm. Er sah über die Schulter. Der Hauptmann stand da und starrte ihm durch die durchsichtige Scheibe nach. Palafox warf einen Blick auf die anderen Eingänge; überall standen Mamaronen Wache.

Bustamonte saß in einem von Aiellos schwarzen Schaumstoffsesseln. Er hatte sich einen schwarzen Umhang übergeworfen, das Ganzschwarz eines Panarchen.

»Ich staune über euch Männer von Breakness«, sagte Bustamonte. »Eure Kühnheit ist bemerkenswert! Mit welchem Gleichmut Ihr euch in höchste Gefahr begebt!«

Palafox schüttelte ernst den Kopf. »Wir sind nicht so tollkühn, wie wir erscheinen. Kein Lehrmeister geht ohne die Mittel zu seiner Verteidigung auf Reisen.«

»Bezieht Ihr euch auf Eure angebliche Zauberei?«

Palafox schüttelte den Kopf. »Wir sind keine Magier. Aber wir haben erstaunliche Waffen zu unserer Verfügung.«

Bustamonte musterte das braun-graue Gewand, das nicht weit genug war, um etwas zu verbergen. »Was Ihr auch für Waffen haben mögt, zur Zeit treten sie nicht in Erscheinung.«

»Ich hoffe nicht.«

Bustamonte zog sich den schwarzen Umhang über die Knie. »Lasst uns den Zweideutigkeiten ein Ende machen.«

»Gerne.«

»Ich habe die Macht über Pao. Deshalb nenne ich mich Panarch. Was habt Ihr dazu zu sagen?«

»Ich sage, dass Ihr euch in praktischer Logik geübt habt. Wenn Ihr mir jetzt Beran bringt, werden wir beide abreisen und euch den Verpflichtungen Eures Amtes überlassen.«

Bustamonte schüttelte den Kopf. »Unmöglich.«

»Unmöglich? Ganz und gar nicht.«

»Unmöglich für mein Vorhaben. Pao wird mit Kontinuität und Tradition regiert. Die öffentliche Meinung verlangt Berans Thronfolge. Er muss sterben, ehe die Nachricht von Aiellos Tod an die Öffentlichkeit dringt.«

Palafox strich sich nachdenklich über den schwarzen, schmalen Schnurrbart. »In dem Fall ist es bereits zu spät.«

Bustamonte erstarrte. »Was sagt Ihr da?«

»Habt Ihr euch die Übertragung aus Eiljanre angehört? Der Ansager spricht in eben diesem Augenblick.«

»Woher wisst Ihr das?«, wollte Bustamonte wissen.

Palafox deutete auf den Tonregler in der Armlehne von Bustamontes Sessel. »Dort habt Ihr das Mittel, mich zu widerlegen.«

Bustamonte drückte auf den Knopf. Aus der Wand erklang eine Stimme, mit gekünstelter Emotion beladen. »Traure, Pao! Wehklage, ganz Pao! Der große Aiello, unser edler Panarch, ist nicht mehr! Gram, Gram, Gram! Bestürzt durchforschen wir den dunklen Himmel, und unsere Hoffnung, unser einziger Trost in dieser tragischen Stunde ist Beran, der tapfere neue Panarch! Möge seine Herrschaft so gleich bleibend und glorreich verlaufen wie die des großen Aiello!«

Bustamonte wirbelte wie ein kleiner schwarzer Stier zu Palafox herum. »Wie ist die Nachricht an die Öffentlichkeit gelangt?«

Palafox antwortete mit unbekümmerter Sorglosigkeit. »Ich selbst habe sie herausgegeben.«

Bustamontes Augen glitzerten. »Wann habt Ihr das getan? Ihr wart ständig unter Beobachtung.«

»Uns Lehrmeistern von Breakness«, sagte Palafox, »ist Täuschung nicht fremd.«

Die Stimme aus der Wand dröhnte weiter. »Auf Befehl des Panarchen Beran handelnd, haben die Mamaronen die verantwortlichen Verbrecher ohne Umschweife ertränkt. Der Ayudor Bustamonte dient Beran mit uneingeschränkter Loyalität und wird mithelfen, das Gleichgewicht aufrechtzuerhalten.«

Bustamontes Wut quoll an die Oberfläche. »Glaubt Ihr, Ihr könntet mir mit einem solchen Trick entgegenarbeiten?«

Er winkte den Mamaronen. »Ihr hattet den Wunsch, euch Beran anzuschließen? Das werdet Ihr auch – im Leben, und morgen bei Tagesanbruch im Tod.«

Die Wachen waren hinter Palafox zu stehen gekommen. »Durchsucht diesen Mann!«, rief Bustamonte. »Überprüft ihn sorgfältig!«

Die Wachen unterwarfen Palafox einer eingehenden Kontrolle. Jede Naht seiner Kleidung wurde untersucht; er wurde ohne jegliche Achtung vor seiner Würde betastet und befingert.

Nichts wurde entdeckt; kein Werkzeug, keine Waffe, noch sonst irgendein Instrument. Bustamonte beobachtete die Durchsuchung mit schamloser Faszination und schien über das negative Ergebnis enttäuscht.

»Wie das?«, fragte er verächtlich. »Ihr, ein Hexenmeister des Breakness-Instituts! Wo sind die Gerätschaften, die unfehlbaren Utensilien, die geheimnisvollen Kräfte?«

Palafox, der ohne Gefühlsregung die Durchsuchung ertragen hatte, antwortete mit liebenswürdiger Stimme: »Leider, Bustamonte, steht es mir nicht frei, Eure Fragen zu beantworten.«

Bustamonte lachte und winkte den Wachen. »Sperrt ihn ein.«

Die Neutraloiden ergriffen Palafox' Arme.

»Ein letztes Wort«, sagte Palafox, »denn Ihr werdet mich auf Pao nicht wiedersehen.«

Bustamonte pflichtete ihm bei. »Dessen bin ich sicher.«

»Ich kam auf Aiellos Wunsch, um einen Vertrag auszuhandeln.«

»Eine heimtückische Mission!«, rief Bustamonte aus.

»Eher ein Austausch von Überschüssen, um unsere beiderseitigen Bedürfnisse zu befriedigen«, sagte Palafox. »Meine Weisheit gegen Eure Bevölkerung.«

»Ich habe keine Zeit für Unverständliches.« Bustamonte gab den Wachen ein Zeichen. Sie drängten Palafox auf die Tür zu.

»Erlaubt mir, etwas zu sagen«, sprach Palafox sanft. Die Wachen beachteten ihn nicht. Palafox machte eine kleine, zuckende Bewegung, die Neutraloiden schrien auf und sprangen von ihm weg.

»Was ist?«, rief Bustamonte und erhob sich hastig.

»Er brennt! Er strahlt Feuer aus!«

Palafox sprach mit seiner ruhigen Stimme: »Wie ich sagte, werden wir uns auf Pao nicht wiedersehen. Aber Ihr werdet mich brauchen, und Aiellos Angebot wird euch sehr vernünftig erscheinen. Und dann müsst Ihr nach Breakness kommen.« Er verbeugte sich vor Bustamonte, wandte sich an die Wachen. »Kommt, jetzt gehen wir.«

IV

Beran saß mit dem Kinn auf dem Fenstersims da und sah in die Nacht hinaus. Die Brandung phosphoreszierte am Strand, die Sterne hingen in großen, eisigen Klumpen zusammen. Nichts sonst war zu sehen.

Das Zimmer befand sich hoch oben im Turm; es wirkte äußerst traurig und unfreundlich. Die Wände bestanden aus kahlem Fibergestein; das Fenster bestand aus schwerem Clarax; die Tür passte ohne einen Spalt in die Türöffnung. Beran verstand, was für ein Zimmer dies war – eine Arrestkammer.

Ein schwacher Laut drang von unten herauf, das heiser grunzende Lachen eines Neutraloiden. Beran war sich sicher, dass sie über ihn lachten, über das traurige Finale seiner Existenz. Tränen stiegen ihm in die Augen, doch wie bei paonesischen Kindern üblich, zeigte er sonst keine Gefühle.

An der Tür entstand ein Geräusch. Das Schloss summte, die Tür glitt beiseite. In der Öffnung standen zwei Neutraloiden und zwischen ihnen Lord Palafox.

Beran trat ihnen voller Hoffnung entgegen – doch das Verhalten der drei hielt ihn zurück. Die Neutraloiden stießen Palafox nach vorn. Die Tür schloss sich summend. Beran stand mitten im Raum, beschämt und niedergeschlagen.

Palafox sah sich im Zimmer um, schien augenblicklich jedes Detail zu erfassen. Er legte das Ohr an die Tür, horchte, machte dann drei lange, elastische Schritte zum Fenster. Er blickte hinaus. Nichts zu sehen, nur

Sterne und die Brandung. Er berührte mit der Zunge eine bestimmte Stelle auf der Innenseite seiner Wange; eine unendlich leise Stimme, die des Ansagers aus Eiljanre, sagte etwas in seinem Innenohr. Die Stimme wirkte erregt. »Eine Nachricht von Ayudor Bustamonte auf Pergolai hat uns soeben erreicht: Wichtige Ereignisse! Beim verräterischen Angriff auf den Panarchen Aiello wurde der Medaillon ebenfalls verwundet, und sein Überleben ist sehr unwahrscheinlich! Die fachkundigsten Ärzte Paos behandeln ihn ununterbrochen. Ayudor Bustamonte bittet alle, gemeinsam eine Welle der Hoffnung für den verletzten Medaillon hervorzubringen!«

Palafox brachte das Geräusch mit einer zweiten Berührung seiner Zunge zum Schweigen; er wandte sich Beran zu, winkte. Beran kam ein oder zwei Schritte näher. Palafox beugte sich an sein Ohr und flüsterte: »Wir sind in Gefahr. Was wir auch sagen, es wird gehört. Sprecht nicht, seht mir nur zu – und setzt euch schnell in Bewegung, wenn ich das Zeichen gebe.«

Beran nickte. Palafox untersuchte ein zweites Mal den Raum, doch wesentlich langsamer als zuvor. Während er mit seiner Überprüfung beschäftigt war, wurde ein Abschnitt der Tür transparent; ein Auge spähte herein.

In plötzlicher Verärgerung hob Palafox die Hand, dann hielt er sich zurück. Einen Moment darauf verschwand das Auge, die Wand wurde wieder undurchsichtig.

Palafox sprang mit einem Satz zum Fenster; er streckte den Zeigefinger aus. Eine Nadel weiß glühender Strahlung schoss daraus hervor, schnitt einen zischenden Schlitz in das Clarax. Das Fenster lockerte sich und verschwand, bevor Palafox es auffangen konnte, in der Dunkelheit.

Palafox flüsterte: »Hier herüber jetzt! Rasch!« Beran zögerte. »Rasch!«, flüsterte Palafox. »Wollt Ihr weiterleben? Auf meinen Rücken, rasch!«

Von unten erklang das Dröhnen von Schritten, lauter werdenden Stimmen.

Gleich darauf glitt die Tür auf; drei Mamaronen standen im Eingang. Sie hielten an, starrten um sich, rannten dann zum offenen Fenster.

Der Hauptmann drehte sich um. »Nach unten, aufs Gelände! Es bedeutet tiefes Wasser für alle, wenn sie geflohen sind!«

Als sie die Gärten durchsuchten, fanden sie keine Spur von Palafox oder Beran. Sie standen dunkler als die Dunkelheit im Sternenlicht, unterhielten sich mit ihren sanften Stimmen und kamen alsbald zu einem Entschluss. Ihre Stimmen verklangen; sie selbst glitten durch die Nacht davon.

V

In jeder Ansammlung von Menschen, ganz gleich, wie zahlreich oder wie spärlich sie sei, wie groß ihre Homogenität, wie fest ihr Bekenntnis zu einer gemeinsamen Doktrin, wird alsbald erkennbar, dass sie aus Kleingruppen besteht, die für verschiedene Versionen des allgemeinen Glaubens eintreten, und in diesen Untergruppen werden Unter-Untergruppen zu Tage treten, und so weiter bis zum letzten Endpunkt des einzelnen Individuums, und selbst in diesem einzelnen Menschen werden einander widersprechende Tendenzen zum Ausdruck kommen.
Adam Ostwald: Die menschliche Gesellschaft

Die Paonesen stellten trotz ihrer fünfzehn Milliarden die undifferenzierteste Gruppe dar, die im menschlichen Universum zu finden war. Trotzdem waren den Paonesen die gemeinsamen Merkmale selbstverständlich, und nur die Unterschiede, wie winzig klein sie auch waren, erregten Aufmerksamkeit.

So wurde die Bevölkerung von Minamand – und besonders die der Hauptstadt Eiljanre – für dekadent und frivol gehalten. Hivand, der flachste und am wenigsten ausgeprägte Kontinent, galt als exemplarisch für ländliche Naivität. Die Bevölkerung Nonamands, des öden Kontinents im Süden, stand im Ruf strikter Sparsamkeit und Seelenstärke; dagegen hielt man die Bewohner Vidamands, die Trauben und Obst anbauten und beinahe den gesamten Wein Paos abfüllten, für weitherzig und überschwänglich.

Lange Jahre hatte Bustamonte eine Truppe geheimer Informanten unterhalten, die auf allen acht Kontinenten stationiert waren. Früh am Morgen, während er den luftigen Säulengang des Sommerpalasts auf Pergolai entlang spazierte, wurde er von Sorgen bedrängt. Die Ereignisse entwickelten sich nicht zum Besten. Nur drei der acht Kontinente schienen ihn als *de facto* Panarchen anzuerkennen. Dies waren Vidamand, Minamand und Dronamand. Aus Aimand, Shraimand, Nonamand, Hivand und Impland meldeten seine Agenten eine steigende Flut der Widerspenstigkeit.

Es gab keine Andeutungen aktiver Rebellion, keine Demonstrationen oder öffentlichen Versammlungen. Paonesische Unzufriedenheit drückte sich in Verdrießlichkeit aus, in Verlangsamung der Arbeit im gesamten Öffentlichen Dienst, schwindende Bereitschaft zur Zusammenarbeit mit der Beamtenschaft. Es war eine Situation, die in der Vergangenheit zum Zusammenbruch der Wirtschaft und zu einem Wechsel des Herrscherhauses geführt hatte.

Bustamonte knackte nervös mit den Knöcheln, während er seine Lage überdachte. Im Moment war er an ein bestimmtes Vorgehen gebunden. Der Medaillon musste sterben, und ebenso der Zauberer von Breakness.

Das Tageslicht war gekommen; nun konnten sie in angemessener Weise hingerichtet werden.

Er stieg ins Hauptgeschoss hinab, winkte einem der Mamaronen. »Lass Hauptmann Mornune kommen.«

Mehrere Minuten vergingen. Der Neutraloide kam zurück.

»Wo ist Mornune?«, verlangte Bustamonte zu wissen.

»Hauptmann Mornune und zwei aus dem Aufgebot haben Pergolai verlassen.«

Bustamonte wirbelte völlig verblüfft herum. »Pergolai verlassen?«

»So lautet meine Information.«

Bustamonte starrte die Wache finster an, blickte dann zum Turm. »Komm mit!« Er stürmte zum Aufzug; die zwei wurden nach oben gejagt. Bustamonte marschierte durch den Korridor zur Arrestkammer. Er spähte durch das Guckloch, sah sich überall im Raum um. Dann ließ er wütend die Tür aufgleiten, ging zum offenen Fenster hinüber.

»Es ist nun alles klar«, tobte er. »Beran ist fort. Der Lehrmeister ist fort. Man hat ihnen zur Flucht nach Eiljanre verholfen. Es wird Schwierigkeiten geben.«

Er trat ans Fenster, stand da und blickte hinaus in die Ferne. Schließlich drehte er sich um. »Du heißt Andrade?«

»Hessenden Andrade.«

»Du bist jetzt Hauptmann Andrade, an Mornunes statt.«

»Ist recht.«

»Wir kehren nach Eiljanre zurück. Triff die notwendigen Vorbereitungen.«

Bustamonte stieg zur Terrasse hinab, ließ sich mit einem Glas Weinbrand nieder. Palafox war offensichtlich daran gelegen, dass Beran Panarch wurde. Den Paonesen gefiel ein junger Panarch, und sie verlangten den fließenden Fortgang der Dynastie; alles andere störte ihr Bedürfnis nach ewiger Kontinuität. Beran brauchte nur in Eiljanre zu erscheinen, um im Triumph zum Großen Palast geleitet und in Ganzschwarz gekleidet zu werden.

Bustamonte nahm einen großen Schluck Weinbrand. Also gut, er hatte versagt. Aiello war tot. Bustamonte konnte niemals beweisen, dass Berans Hand den tödlichen Stich ausgeführt hatte. Waren nicht sogar drei Händler aus Mercantil wegen eben dieses Verbrechens hingerichtet worden?

Was tun? Eigentlich konnte er sich nur nach Eiljanre begeben und darauf hoffen, sich als Senior-Ayudor zu etablieren. Wenn er nicht allzu stark von Palafox gesteuert wurde, mochte Beran vielleicht über seine Gefangenschaft hinwegsehen, und sollte Palafox unnachgiebig sein, gab es Wege, mit ihm fertig zu werden.

Bustamonte stand auf. Zurück nach Eiljanre, um dort zu Kreuze zu kriechen; er hatte viele Jahre damit verbracht, vor Aiello den Schmeichler zu spielen, und die Erfahrung würde ihm zugute kommen.

In den folgenden Stunden und Tagen erlebte Bustamonte drei Überraschungen in zunehmender Größenordnung.

Die erste bestand in der Entdeckung, dass weder Palafox noch Beran in Eiljanre eingetroffen waren, auch tauchten sie nirgends sonst auf Pao auf. Bustamonte, zunächst vorsichtig und abwartend, begann aufzuatmen. War den beiden ein unvorgesehenes Missgeschick widerfahren? Hatte Palafox den Medaillon aus nur für ihn einsichtigen Gründen entführt?

Die Ungewissheit war besorgniserregend. Bis er sich des Todes von Beran sicher war, konnte er sich der angenehmen Begleiterscheinungen des Panarchenamtes nicht richtig erfreuen. Desgleichen hatte die Ungewissheit die ungeheure Masse der Paonesen erfasst. Täglich steigerte sich ihre Widerspenstigkeit; Bustamontes Informanten meldeten, dass er überall als Bustamonte Bereglo bekannt sei. »Bereglo« war ein typisch paonesischer Begriff, angewandt auf einen ungeschickten

Schlachthausarbeiter oder auf ein Tier, das sein Opfer quält und zermürbt.

Bustamonte kochte innerlich, bequemte sich jedoch nach außen hin zur Rechtschaffenheit und hoffte, dass entweder die Bevölkerung ihn als Panarchen anerkennen oder dass Beran auftauchen werde, um die Gerüchte Lügen zu strafen und sich einem mit größerer Präzision ausgeführten Meuchelmord auszusetzen.

Dann kam die zweite beunruhigende Überraschung.

Der Botschafter Mercantils überreichte Bustamonte eine Stellungnahme, welche zunächst die paonesische Regierung wegen der Hinrichtung der drei Handelsattachés im Schnellverfahren rügte, alle Handelsbeziehungen abbrach, bis eine Entschädigung bezahlt sei, und sodann die geforderte Entschädigung nannte – eine Summe, die einem paonesischen Herrscher lächerlich hoch erschien, der täglich in Ausübung seines Amtes den Tod von hunderttausend Menschen anordnen mochte.

Bustamonte hatte gehofft, einen neuen Rüstungsvertrag aushandeln zu können. Ganz wie er es Aiello geraten hatte, bot er eine Prämie für das alleinige Recht auf die fortschrittlichsten Waffensysteme. Die Note des Botschafters von Mercantil zerstörte alle Hoffnungen auf eine neue Vereinbarung.

Der dritte Schicksalsschlag war der verheerendste von allen und machte die beiden ersten zu bloßen Zwischenfällen.

Der Brumbo-Clan von Batmarsch, zur Herrschaft über eine große Zahl ruheloser Konkurrenten erhoben, brauchte einen rühmlichen Coup, um seine Position zu festigen. Daher versammelte Eban Buzbek, Hetman der

Brumbos, einhundert Schiffe, belud sie mit Kriegern und trat an gegen die bedeutende Welt Pao.

Vermutlich hatte er nur einen Raubzug vorgehabt: eine Landung, ein ungeheurer, orgiastischer Angriff, ein rasches Zusammentragen des Beuteguts und die Abreise – doch als er den äußeren Überwachungsring passierte, begegnete ihm nur andeutungsweise Widerstand, und als er auf Vidamand landete, dem unruhigsten Kontinent, auf gar keinen. Das war ein alle Erwartungen übertreffender Erfolg!

Eban Buzbek nahm seine zehntausend Männer mit nach Donaspara, der Hauptstadt Shraimands, und es gab niemanden, der ihm das streitig machte. Sechs Tage, nachdem er auf Pao gelandet war, zog er in Eiljanre ein. Das Volk beobachtete ihn und seine ruhmesstolze Armee mit düsterem Blick; keiner leistete Widerstand, auch wenn ihnen ihr Besitz genommen und ihre Frauen geschändet wurden. Kriegführung – selbst Guerillataktiken des Zuschlagens und Davonlaufens – war dem paonesischen Charakter fremd.

VI

Beran, Medaillon und Sohn des Panarchen Aiello, hatte sein Leben in äußerst geordneten Verhältnissen verbracht. Bei seiner sorgfältig verordneten und vorgeschriebenen Ernährungsweise hatte er Hunger nie erfahren und dadurch das Essen nie genossen. Seine Spiele wurden von einem Corps geschulter Gymnasten überwacht und als ›Training‹ erachtet; folglich besaß er keine Neigung zu Spielen. Sein Äußeres wurde gehütet und gepflegt; jedes Hindernis und jede Gefahr wurde ihm aus dem Weg geräumt; er hatte sich nie einer Herausforderung gestellt und nie einen Triumph erlebt.

Als er auf Palafox' Schultern saß, zum Fenster hinaustrat in die Nacht, hatte Beran das Gefühl, einen Albtraum zu durchleben. Eine plötzliche Schwerelosigkeit – sie fielen! Sein Magen verkrampfte sich; der Atem stieg ihm in den Hals. Er krümmte sich und schrie angstvoll auf. Fallen, fallen, fallen, wann würden sie unten aufschlagen?

»Ruhig«, sagte Palafox barsch.

Berans Augen stellten sich ein. Er blinzelte. Ein erleuchtetes Fenster bewegte sich durch seinen Gesichtskreis. Es verschwand unter ihm; sie fielen nicht; sie stiegen nach oben! Sie befanden sich über dem Turm, über dem Pavillon! Hinauf in die Nacht schwebten sie leicht wie Seifenblasen, hoch über den Turm, hinauf in den sternbeglänzten Himmel. Kurz darauf hatte Beran sich zu der Überzeugung durchgerungen, dass er nicht träumte; es geschah daher durch die Magie des Zauberers von Breakness, dass sie mitten durch die Luft schwebten, so leicht wie Distelwolle. Während sein Erstaunen wuchs, verringerte sich seine Furcht, und er blickte in Palafox' Gesicht. »Wohin sind wir unterwegs?«

»Nach oben, wo ich mein Schiff verankert habe.«

Beran sah nachdenklich zum Pavillon hinab. Er glühte in zahlreichen Farben wie eine Seeanemone. Er hatte kein Verlangen, dorthin zurückzukehren; es gab da nur ein schwaches Bedauern. Fünfzehn schweigende Minuten lang glitten sie empor zum Himmel, und der Pavillon wurde zu einem farbigen Klecks tief unter ihnen.

Palafox streckte die linke Hand aus; Impulse aus dem Radarnetz in seiner Handfläche wurden vom Erdboden reflektiert, in Reize umgewandelt. Hoch genug. Palafox berührte mit der Zunge eine der Schaltplatten im Gewebe seiner Wange, sagte ein schrilles, einsilbiges Wort.

Augenblicke vergingen; Palafox und Beran schwebten wie Gespenster dahin. Dann geschah es, dass ein lang gestreckter Umriss den Himmel verdeckte. Palafox reckte sich, ergriff ein Geländer, schwang sich und Beran eine Außenhülle entlang zu einer Einstiegsluke. Er stieß Beran in eine Schleusenkammer, folgte ihm und schloss die Luke.

Die Innenbeleuchtung schaltete sich ein.

Beran, der zu benommen war, um an den Ereignissen Anteil zu nehmen, sank auf eine Bank. Er sah Palafox zu, wie er eine erhöhte Plattform bestieg, einige Schalter bediente. Der Himmel verdunkelte sich, und Beran wurde vom Pulsschlag der Bewegung im Hyperraum erfasst.

Palafox kam von der Plattform herunter, betrachtete Beran leidenschaftslos abschätzend. Beran konnte seinem Blick nicht standhalten.

»Wohin gehen wir?«, fragte Beran, nicht weil er sich Sorgen machte, sondern weil ihm nichts Besseres zu sagen einfiel.

»Nach Breakness.«

Berans Herz machte einen eigentümlichen Sprung. »Warum muss ich fort?«

»Weil Ihr nun Panarch seid. Wenn Ihr auf Pao bleiben würdet, brächte Bustamonte euch um.«

Beran erkannte die Richtigkeit dieser Feststellung. Er warf einen verstohlenen Blick auf Palafox – einen Mann, der ganz anders war als der stille Fremde an Aiellos Tisch. Dieser Palafox war hoch gewachsen wie ein Feuerdämon, strotzend vor verhaltener Energie. Ein Zauberer, ein Zauberer von Breakness!

Palafox rieb sich das lange Kinn. »Es ist am besten, dass Ihr lernt, was von euch erwartet werden kann. Im Grunde ist die Vorgehensweise unkompliziert. Ihr werdet auf Breakness leben, Ihr werdet das Institut besuchen, Ihr werdet mein Schützling sein, und die Zeit wird kommen, da Ihr mir wie einer meiner eigenen Söhne dienen werdet.«

»Sind Eure Söhne in meinem Alter?«, fragte Beran hoffnungsvoll.

»Ich habe viele Söhne!«, sagte Palafox mit grimmigem Stolz. »Sie gehen in die hunderte!« Als er sich Berans verdutzten Aufmerkens bewusst wurde, lachte er humorlos. »Es gibt hier vieles, was Ihr nicht versteht... Warum starrt Ihr mich an?«

Beran sagte entschuldigend: »Wenn Ihr so viele Kinder habt, müsst Ihr alt sein, viel älter, als Ihr ausseht.«

Palafox' Gesicht machte eine eigentümliche Veränderung durch. Die Wangen überzogen sich mit Röte, seine Augen glitzerten wie Glasscherben. Seine Stimme war langsam, eiskalt. »Ich bin nicht alt. Macht nie wieder eine derartige Bemerkung. Es ist eine böse Sache, so etwas zu einem Lehrmeister von Breakness zu sagen.«

»Tut mir Leid!«, stammelte Beran. »Ich dachte...«

»Einerlei. Kommt, Ihr seid müde, Ihr sollt schlafen.«

Beran erwachte voller Verwirrung über den Umstand, dass er nicht in seinem rosa-schwarzen Bett lag. Nachdem er seine Lage überdacht hatte, fühlte er sich relativ zuversichtlich. Die Zukunft versprach interessant zu werden, und wenn er nach Pao zurückkehrte, würde er mit dem ganzen Geheimwissen von Breakness ausgestattet sein.

Er erhob sich aus der Koje, frühstückte gemeinsam mit Palafox, der gut gelaunt wirkte. Beran brachte ausreichend Mut auf, um einige weitere Fragen zu stellen. »Seid Ihr wirklich Zauberer?«

»Ich kann keine Wunder vollbringen«, sagte Palafox, »ausgenommen vielleicht die des Verstandes.«

»Aber Ihr geht durch die Luft! Ihr schießt Feuer aus Eurem Finger ab!«

»Wie jeder andere Lehrmeister von Breakness auch.«

Beran blickte fragend auf das lange, strenge Gesicht. »Dann seid Ihr alle Zauberer?«

»Pah!«, rief Palafox aus. »Diese Kräfte sind das Ergebnis körperlicher Veränderung. Ich bin hoch modifiziert.«

Berans Ehrfurcht vermischte sich mit Zweifeln. »Die Mamaronen sind auch modifiziert, aber...«

Palafox grinste wie ein Wolf zu Beran hinab. »Das ist

der allerunpassendste Vergleich. Können Neutraloiden durch die Luft gehen?«

»Nein.«

»Wir sind keine Neutraloiden«, sagte Palafox bestimmt. »Unsere Modifikationen steigern eher unsere Kräfte, als sie zu eliminieren. Ein Antischwerkraftnetz ist in die Haut meiner Füße eingewoben. Radar in meiner linken Hand, in meinem Nacken, in meiner Stirn versorgt mich mit einem sechsten Sinn. Ich kann drei Farben unterhalb des roten und vier oberhalb des violetten Bereichs sehen. Ich kann Radiowellen hören. Ich kann unter Wasser laufen; ich kann im Weltraum schweben. Statt Knochen habe ich im Zeigefinger eine Projektionsröhre. Ich besitze noch eine Anzahl weiterer Kräfte, die alle ihre Energie aus einer Kompaktzelle beziehen, die in meine Brust eingebettet ist.«

Beran war einen Augenblick lang still. Dann fragte er schüchtern: »Wenn ich nach Breakness komme, werde ich dann auch modifiziert?«

Palafox betrachtete Beran wie im Licht eines ganz neuen Gedankens. »Wenn Ihr euch genau an das haltet, was ich euch zu tun befehle.«

Beran wandte den Kopf. »Was muss ich denn tun?«

»Gegenwärtig braucht Ihr euch nicht darum zu kümmern.«

Beran ging zur Sichtluke und sah hinaus, aber es war nichts anderes zu sehen als graue und schwarze Geschwindigkeitsfurchen.

»Wie lange dauert es, bis wir Breakness erreichen?«, fragte er.

»Nicht so sehr lange … Geht von der Luke weg. In den Hyperraum hinauszugehen kann einem empfänglichen Gehirn schaden.«

Indikatoren auf der Bedienungstafel vibrierten und flackerten; durch das Raumboot ging ein schneller Ruck.

Palafox trat hinzu, um aus der Beobachtungskuppel zu sehen. »Hier ist Breakness!«

Beran stellte sich auf die Zehenspitzen und sah eine graue Welt und dahinter eine kleine, weiße Sonne. Das Raumboot pfiff hinab in die Atmosphäre, und die Welt wurde größer.

Beran erspähte unvorstellbar riesige Berge: Mehr als sechzig Kilometer hohe steinerne Klauen mit nachgeschleppten Dunststreifen, von Eis und Schnee bereift. Das Boot huschte über einen graugrünen Ozean, gesprenkelt mit Klumpen von Schwimmpflanzen, flog dann aufs Neue über die Felsspitzen.

Das Boot, das sich nun langsam vorwärts bewegte, ließ sich hinab in ein weites Tal mit Wänden aus Gesteinsplatten und einem Grund, der durch Dunst und Nebel verborgen wurde. Vor ihnen zeigte ein steiniger Abhang, weit wie Steppenland, eine dünne, grauweiße Reifschicht. Das Boot kam näher, und die Reifschicht wurde zu einer kleinen Stadt, die sich an den Berghang klammerte. Die Gebäude waren niedrig, aus Schmelzgestein gebaut, mit rostbraunen Dächern; einige waren untereinander verbunden und hingen am Felsen herab wie eine Kette. Der Effekt war freudlos und ganz und gar nicht beeindruckend.

»Ist das Breakness?«, fragte Beran.

»Das ist das Breakness-Institut«, sagte Palafox.

Beran war irgendwie enttäuscht. »Ich hatte etwas anderes erwartet.« »Wir haben keine Ansprüche«, bemerkte Palafox.

»Es gibt schließlich nur sehr wenige Lehrmeister. Und wir sehen uns nur selten.«

Beran hob zu sprechen an, zögerte aber, da er spürte, dass er ein gefährliches Thema berührte. Mit vorsichtiger Stimme fragte er: »Leben alle Eure Söhne bei euch?«

»Nein«, sagte Palafox schroff. »Sie besuchen natürlich das Institut.«

Das Boot sank langsam; die Indikatoren am Bedienungspult flackerten und hüpften, als wären sie lebendig.

Als er in den Abgrund blickte, erinnerte sich Beran mit Bedauern an die grüne Landschaft und die blauen Meere seiner Heimat. »Wann werde ich nach Pao zurückkehren?«, fragte er mit plötzlicher Besorgnis.

Palafox, der mit ganz anderen Dingen beschäftigt war, antwortete leichthin. »Sobald die Umstände es gestatten.«

»Aber wann wird das sein?«

Palafox blickte schnell zu ihm hinunter. »Wollt Ihr Panarch von Pao werden?«

»Ja«, sagte Beran entschieden. »Wenn ich modifiziert werden könnte.«

»Es könnte sein, dass euch diese Wünsche erfüllt werden. Aber Ihr dürft nie vergessen, dass der, der nimmt, auch geben muss.«

»Was muss ich geben?«

»Diese Angelegenheit werden wir später besprechen.«

»Bustamonte wird mich nicht willkommen heißen«, sagte Beran schwermütig. »Ich glaube, er möchte auch Panarch sein.«

Palafox lachte. »Bustamonte hat seine eigenen Probleme. Freut euch, dass er mit ihnen fertig werden muss und nicht Ihr.«

VII

Bustamontes Probleme waren groß. Seine Träume von Größe und Herrlichkeit waren zerplatzt. Statt über die acht Kontinente Paos zu herrschen und in Eiljanre Hof zu halten, bestand sein Gefolge aus einem Dutzend Mamaronen, drei der am wenigsten begehrenswerten Konkubinen und einem Dutzend mürrischer Staatsbeamter von maßgebendem Rang. Sein Reich war ein abgelegenes Dorf auf den regengepeitschten Mooren Nonamands; sein Palast eine Schänke. Er genoss diese Vorrechte nur mit stillschweigender Duldung der Brumbos, die beim Genuss der Früchte ihrer Eroberung kein großes Bedürfnis verspürten, Bustamonte ausfindig zu machen und zu vernichten.

Ein Monat verstrich. Bustamonte wurde reizbar. Er prügelte die Konkubinen, beschimpfte seine Anhängerschaft. Die Schafhirten der Umgebung gewöhnten sich an, das Dorf zu meiden; der Wirt und die Dorfbewohner wurden mit jedem Tag schweigsamer, bis Bustamonte eines Morgens erwachte und das Dorf verlassen, die Moore ohne Herden vorfand.

Bustamonte schickte die Hälfte der Neutraloiden aus, um nach Nahrung zu suchen, aber sie kamen nicht wieder. Die Beamten sprachen ganz offen von ihrem Vorhaben, in eine weniger unwirtliche Umgebung zurückzukehren. Bustamonte argumentierte und machte Versprechungen, doch die paonesische Mentalität war jeder Art Überredung nicht leicht zugänglich.

Früh an einem trüben Morgen machten sich die restlichen Neutraloiden davon. Die Konkubinen wichen nicht vom Fleck, sondern hockten dicht beieinander und atmeten verschnupft. Den ganzen Vormittag über regnete es kläglich; die Schänke wurde nasskalt. Bustamonte befahl Est Coelho, dem Minister für interkontinentalen Verkehr, ein Feuer im Kamin zu legen, doch Coelho war nicht in der Stimmung, sich Bustamonte zu fügen. Die Gemüter kochten, schäumten über; die Folge war, dass die gesamte Schar der Beamten hinaus in den Regen marschierte und sich auf den Weg in die Hafenstadt Spyrianthe machte.

Die drei Frauen regten sich, blickten hinter den Ministern drein, wandten sich dann alle gleichzeitig um und sahen Bustamonte mit verschlagenem Blick an. Der war auf der Hut. Als sie den Ausdruck auf seinem Gesicht sahen, seufzten und stöhnten sie.

Fluchend und keuchend zerlegte Bustamonte die Einrichtung des Schankhauses und entfachte ein loderndes Feuer im Kamin.

Von draußen kam ein Geräusch, ein leiser Chor von Schreien, ein wildes *»Rip-rip-rip!«*

Bustamontes Mut sank, der Unterkiefer fiel ihm herab. Dies war das Jagdgeschrei der Brumbos, der Clan-Ruf.

Die Schreie und das *Rip-rip-rip!* wurden durchdringender und kamen schließlich die einzige Straße des Dorfes herab.

Bustamonte wickelte einen Umhang um seine untersetzte Gestalt, ging zur Tür, stieß sie auf, trat hinaus auf die Pflastersteine.

Die Straße herab von den Mooren her stolperten seine Minister mit großen Sprüngen voran. Darüber ritten ein Dutzend Krieger des Brumbo-Clans auf Luftpferden, hüpften brüllend und rufend umher, trieben die

Beamten wie Schafe dahin. Beim Anblick Bustamontes schrien sie triumphierend, stießen herab, stellten ihre Luftpferde ab, eilten vorwärts, und jeder von ihnen war begierig, als Erster die Hände an Bustamontes Genick zu legen.

Bustamonte zog sich in die Türöffnung zurück, beschloss, mit unversehrter Würde zu sterben. Er entsicherte seine Waffe, und Blut wäre geflossen, wären die Batch-Krieger nicht zurückgewichen.

Eban Buzbek flog persönlich hinunter, ein drahtiger, henkelohriger, kleiner Mann, dessen gelbblondes Haar zu einem dreißig Zentimeter langen Zopf geflochten war. Der Kiel seines Luftpferdes klapperte über das Pflaster; die Röhren seufzten und stotterten.

Eban Buzbek marschierte voran, drängte sich durch das schluchzende Häuflein der Minister, streckte die Hand aus, um Bustamonte im Genick zu packen und ihn auf die Knie zu zwingen. Bustamonte wich noch weiter in den Eingang zurück, hob seine Waffe. Doch die Brumbo-Krieger waren flink; ihre Schockpistolen bellten, und Bustamonte wurde gegen die Wand geschleudert. Eban Buzbek packte ihn am Hals und warf ihn in den Schmutz der Straße.

Bustamonte rappelte sich langsam hoch und stand zitternd vor Wut da.

Eban Buzbek winkte. Bustamonte wurde ergriffen, mit Gurten gefesselt, in ein Netz eingerollt. Ohne weitere Umstände stiegen die Brumbos in die Sättel und ritten in den Himmel auf, und Bustamonte hing wie ein Schwein auf dem Weg zum Markt unter ihnen.

In Spyrianthe stieg die Gruppe in ein mit einer Kuppel versehenes Luftschiff um. Bustamonte, vom Fahrtwind benommen, halb tot vor Unterkühlung, sank auf das Deck und bekam nichts mit von der Reise zurück nach Eiljanre.

Das Luftschiff landete im Schlosshof des Großen Palastes; Bustamonte wurde durch die verwüsteten Hallen gedrängt und in einer Schlafkammer eingeschlossen.

Früh am folgenden Tag weckten ihn zwei Dienerinnen. Sie wuschen ihm den Schlamm und Dreck ab, zogen ihm saubere Kleider an, brachten ihm zu essen und zu trinken.

Eine Stunde später öffnete sich die Tür; ein Angehöriger des Clans winkte. Bustamonte trat vor, bleich, nervös, doch immer noch ungebrochen.

Er wurde in ein Zimmer für morgendliche Empfänge geführt, das Ausblick auf das berühmte Florarium des Palastes gewährte. Hier wartete Eban Buzbek mit einer Anzahl seiner Clansleute und einem Dolmetscher aus Mercantil. Er schien bester Laune zu sein und nickte jovial, als Bustamonte erschien. Er sagte ein paar Worte in der abgehackten Sprache von Batmarsch; der Mercantile übersetzte.

»Eban Buzbek hofft, Ihr habt eine geruhsame Nacht verbracht.«

»Was will er von mir?«, knurrte Bustamonte.

Das Gesagte wurde übersetzt. Eban Buzbek antwortete mit beträchtlicher Ausführlichkeit. Der Mercantile hörte aufmerksam zu, wandte sich dann an Bustamonte.

»Eban Buzbek kehrt nach Batmarsch zurück. Er sagt, die Paonesen seien eigensinnig und halsstarrig. Sie weigern sich, mit ihm zusammenzuarbeiten, wie es einem besiegten Volk anstünde.«

Diese Nachricht war für Bustamonte keine Überraschung.

»Eban Buzbek ist von Pao enttäuscht. Er sagt, die Leute seien wie Schildkröten, da sie weder kämpfen noch sich fügen wollen. Seine Eroberung bereitet ihm keine Befriedigung.«

Bustamonte starrte den bezopften Clansmann, der sich im Schwarzen Stuhl räkelte, finster an.

»Eban Buzbek reist ab und lässt euch als Panarchen Paos zurück. Für diese Gunst müsst Ihr jeden paonesischen Monat während der Dauer Eurer Herrschaft eine Million Mark zahlen. Seid Ihr mit dem Arrangement einverstanden?«

Bustamonte blickte von Gesicht zu Gesicht. Niemand sah ihn direkt an – die Züge blieben ausdruckslos. Doch alle Krieger wirkten merkwürdig angespannt, wie Läufer, die gebückt am Start eines Rennens stehen.

»Seid Ihr mit dem Arrangement einverstanden?«, wiederholte der Mercantile.

»Ja«, murmelte Bustamonte.

Der Mercantile übersetzte. Eban Buzbek machte eine bestätigende Geste, stand auf. Ein Pfeifer beugte sich über sein Diplonett, blies eine muntere Marschmelodie. Eban Buzbek und seine Krieger verließen die Halle, ohne Bustamonte auch nur einmal anzusehen.

Eine Stunde darauf stob Buzbeks rot-schwarze Korvette auf und davon; bei Tagesende befand sich kein einziger Angehöriger des Clans mehr auf Pao.

Mit ungeheurer Anstrengung behauptete Bustamonte seine Würde und übernahm Titel und Amtsgewalt eines Panarchen. Seine fünfzehn Milliarden Untertanen leisteten, abgelenkt durch die Batch-Invasion, keinen Widerstand mehr; und in dieser Hinsicht profitierte Bustamonte von den Vorkommnissen.

VIII

Berans erste Wochen auf Breakness verliefen traurig und elend. Es gab keine Abwechslung, weder drinnen noch draußen; alles hatte in unterschiedlichen Schattierungen und Intensitäten die Farbe von Steinen und erweckte den Eindruck großer Entfernung. Der Wind pfiff unaufhörlich, doch die Luft war dünn, und die Anstrengung beim Atmen hinterließ ein scharfes Brennen in Berans Hals. Wie ein kleiner, bleicher Hausgeist durchwanderte er die frostigen Flure von Palafox' Wohnhaus, hoffte auf Zerstreuung und fand nur wenig.

Wie jede typische Residenz eines Lehrmeisters von Breakness hing auch Palafox' Haus am Gerüst einer Rolltreppe den Hang hinab. Oben befanden sich Arbeitsräume, zu denen Beran keinen Zutritt hatte, in denen er jedoch wunderbar komplizierte Maschinen erspähte. Darunter gab es Räume zum allgemeinen Gebrauch, die mit dunklen Brettern getäfelt und mit Fußböden aus rotbraunem Schmelzgestein versehen waren, mit Ausnahme von Beran in der Regel unbewohnt. Ganz unten, getrennt von der Hauptzimmerflucht, befand sich ein großes, rundes Gebäude, bei dem es sich, wie Beran entdeckte, um Palafox' persönliches Schlafquartier handelte.

Das Haus war nüchtern und kalt, ohne Gerätschaften, die dem Vergnügen oder der Zierde dienten. Niemand achtete auf Beran; es war, als sei seine Existenz gänzlich in Vergessenheit geraten. Er aß von einem Buffet in der zentral gelegenen Halle, er schlief, wo und wann es ihm passte. Er lernte, ein halbes Dutzend Männer wieder zu erkennen, die Palafox' Haus zu ihrem Hauptquartier zu machen schienen. Ein oder zweimal erspähte er im unteren Teil des Hauses eine Frau. Keiner sprach mit ihm außer Palafox, doch Beran bekam ihn nur selten zu Gesicht.

Auf Pao gab es wenig Unterschiede zwischen den Geschlechtern; beide trugen ähnliche Gewänder und erfreuten sich der gleichen Privilegien. Hier wurden die Unterschiede hervorgehoben. Die Männer trugen dunkle Anzüge aus eng anliegendem Stoff und schwarze Kappen mit spitzen Zipfeln. Jene Frauen, die Beran erblickt hatte, trugen üppige Röcke in fröhlichen Farben – das einzig Farbige, was auf Breakness zu sehen war –, enge Mieder, welche die Taille unbedeckt ließen, Pantoffeln, an denen Glöckchen läuteten. Ihre Köpfe waren unbedeckt, ihr Haar war kunstvoll frisiert; alle waren jung und gut aussehend.

Als er das Haus nicht länger ertragen konnte, hüllte sich Beran in warme Kleidungsstücke und wagte sich hinaus auf den Abhang des Berges. Er hielt den Kopf in den Wind und drang in östlicher Richtung vor, bis er den Rand der Siedlung erreichte, wo der Windfluss sich in weiter Ferne verlor. Eine Meile tiefer lag ein halbes Dutzend hoher Bauten: automatische Fabrikationsanlagen. Oben ragte der steinige Hang empor, hoch droben der graue Himmel, wo die ungezähmte, kleine, weiße Sonne wie eine Weißblechscheibe im Wind schaukelte. Beran ging denselben Weg zurück.

Nach einer Woche wagte er sich wieder hinaus und wandte sich diesmal mit dem Wind im Rücken nach Westen. Ein ins Gestein gebrannter Weg krümmte und wand sich zwischen Dutzenden lang gestreckter Häuser wie dem von Palafox dahin, und andere Pfade gingen im rechten Winkel von ihm ab, bis Beran sich Sorgen machte, sich zu verirren.

Er blieb in Sichtweite des Breakness-Instituts stehen, einer Ansammlung kahler Gebäude, die treppenförmig am Hang angeordnet waren. Sie waren mehrere Stockwerke hoch, höher als andere Gebäude der Siedlung, und waren der vollen Gewalt des Windes ausgesetzt. Schmutzig graue und schwarzgrüne Streifen liefen über seine Oberfläche aus grauem Schmelzstein, wo jahrelang heftige Eisregen- und Hagelschauer ihre Spuren hinterlassen hatten.

Während er so dastand, kam eine Gruppe von Knaben, mehrere Jahre älter als er, den Weg vom Institut herauf; sie bogen ab und kamen den Hügel herauf, marschierten in strenger Linie, offenbar auf dem Weg zum Raumhafen.

Komisch!, dachte Beran. Wie ernst und still die aussehen. Paonesische Jungen wären umhergehüpft und hätten herumgealbert.

Er fand den Weg zu Palafox' Wohnsitz zurück und wunderte sich dabei über den Mangel an gesellschaftlichem Verkehr auf Breakness.

Das Ungewohnte am Leben auf einem neuen Planeten hatte sich abgenutzt; die Anfälle von Heimweh machten Beran sehr zu schaffen. Er saß auf dem Sofa in der Halle und machte sinnlose Knoten in ein Stückchen Schnur. Schritte erklangen, Beran sah auf. Palafox betrat die Halle, schickte sich an, weiterzugehen, bemerkte Beran und blieb stehen. »Ah, der junge Panarch von Pao – warum sitzt Ihr so still da?«

»Ich hab nichts zu tun.«

Palafox nickte. Die Paonesen gehörten nicht zu denen, die sich freiwillig ein schwieriges intellektuelles Programm vornahmen – es hatte in Palafox' Absicht gelegen, dass Beran sich aufs äußerste langweilte, um einen Ansporn für die bevorstehende Aufgabe zu schaffen.

»Nichts zu tun?«, wunderte sich Palafox, als sei er überrascht. »Nun, das müssen wir ändern.« Er schien nachzudenken. »Wenn Ihr das Breakness-Institut besuchen wollt, müsst Ihr die Sprache von Breakness lernen.«

Beran war plötzlich betrübt. »Wann reise ich zurück nach Pao?«, fragte er kläglich.

Palafox schüttelte feierlich den Kopf. »Ich habe da meine Zweifel, ob Ihr in diesem Augenblick zurückkehren wolltet.«

»Will ich aber!«

Palafox nahm neben Beran Platz. »Habt Ihr einmal von den Brumbos aus Batmarsch gehört?«

»Batmarsch ist ein kleiner Planet drei Sterne von Pao entfernt, bewohnt von streitsüchtigen Leuten.«

»Richtig. Die Batcher sind in dreiundzwanzig Clans aufgeteilt, die ständig um des Heldentums willen miteinander konkurrieren. Die Brumbos, einer dieser Clans, sind auf Pao eingefallen.«

Beran hörte diese Neuigkeit, ohne sie ganz zu begreifen. »Meint Ihr ...«

»Pao ist inzwischen die persönliche Provinz Eban Buzbeks, Hetman der Brumbos. Zehntausend Clansleute in ein paar bemalten Kriegsschiffen haben ganz Pao erobert, und Euer Onkel Bustamonte lebt in unglücklichen Umständen.«

»Was wird jetzt passieren?«

Palafox lachte auf. »Wer weiß? Jedenfalls ist es das Beste, Ihr bleibt auf Breakness. Euer Leben wäre auf Pao nicht viel wert.«

»Ich will nicht hier bleiben. Ich mag Breakness nicht.«

»Nicht?« Palafox heuchelte Überraschung. »Wie das?«

»Alles ist anders als Pao. Es gibt kein Meer, keine Bäume, kein ...«

»Natürlich!«, rief Palafox aus. »Wir haben keine Bäume, aber wir haben das Breakness-Institut. Ihr werdet jetzt zu lernen anfangen, und dann werdet Ihr Breakness interessanter finden. Als Erstes die Sprache von Breakness! Wir fangen gleich an. Kommt!« Er stand auf.

Berans Interesse an der Sprache von Breakness war äußerst gering, doch jede Art Aktivität würde ihm willkommen sein – wie Palafox vorausgesehen hatte.

Palafox schritt zur Rolltreppe, und Beran kam hinterher; sie fuhren zum oberen Teil des Hauses – in Räume, die Beran bis dahin versperrt gewesen waren – und betraten eine weiträumige Werkstatt, die durch eine Decke aus Glas dem grauweißen Himmel preisgegeben wurde. Ein junger Mann in einem hautengen, dunkelbraunen Anzug, einer von Palafox' vielen Söhnen, sah von seiner Arbeit auf. Er war dünn und sehnig, seine Gesichtszüge hart und kühn. Er glich Palafox sehr, sogar was die Gestik und Kopfhaltung anging. Palafox konnte auf einen derartigen Beweis genetischer Durchschlagskraft stolz sein, welche dazu neigte, all seine Söhne beinahe zu Abbildern seiner selbst zu machen. Auf Breakness war gesellschaftlicher Status von einer Eigenschaft abhängig, die am besten als das gewaltsame Prägen der

Zukunft durch die eigene Persönlichkeit beschrieben wurde.

Zwischen Palafox und Fanchiel, dem jungen Mann in dem dunkelbraunen Anzug, traten weder gegenseitige Einfühlung noch Feindseligkeit offen zu Tage: In der Tat war das Gefühl überall in den Häusern, Schlafquartieren und der Halle des Intituts so allgegenwärtig, dass es als gegeben hingenommen wurde.

Fanchiel hatte an einem winzigen Bruchstück eines Mechanismus herumhantiert, das in einen Schraubstock eingeklemmt war. Er beobachtete ein vergrößertes, dreidimensionales Abbild des Geräts auf einem Gestell in Augenhöhe; er trug Handschuhe, mit denen er Mikrowerkzeuge bediente, und handhabte mit Leichtigkeit Einzelteile, die für das bloße Auge unsichtbar waren. Beim Anblick Palafox' stand er von seiner Arbeit auf und unterwarf sich damit dem stärkeren Ego seines Erzeugers.

Die beiden Männer sprachen mehrere Minuten lang in der Sprache von Breakness miteinander. Beran begann zu hoffen, er sei vergessen worden – dann schnippte Palafox mit den Fingern. »Dies ist Fanchiel, dreiunddreißigster meiner Söhne. Er wird euch vieles beibringen, das nützlich ist. Ich rate euch sehr zu Fleiß, Begeisterung und Hingabe – nicht auf paonesische Art, sondern wie ein Student des Breakness-Instituts, der Ihr hoffentlich werdet.« Er verließ den Raum ohne ein weiteres Wort.

Fanchiel legte ohne Enthusiasmus seine Arbeit beiseite. »Kommt«, sagte er auf Paonesisch und ging voraus in ein angrenzendes Zimmer.

»Zunächst – ein einführendes Gespräch.« Er deutete auf einen Schreibtisch aus grauem Metall mit einer schwarzen Gummioberfläche. »Setzt euch bitte dorthin.«

Beran gehorchte. Fanchiel musterte ihn sorgsam, ohne Rücksicht auf Berans Empfindlichkeiten. Dann ließ er mit einem leichten Achselzucken seinen eigenen sehnigen Körper in einen Stuhl sinken.

»Unser erstes Anliegen«, sagte er, »wird die Sprache von Breakness sein.«

Aufgestauter Groll stieg plötzlich in Beran auf: die Vernachlässigung, die Langeweile, das Heimweh, und nun diese letzte, anmaßende Missachtung seiner eigenen Individualität. »Mir liegt gar nichts daran, Breakness zu lernen. Ich will nach Pao zurück.«

Fanchiel wirkte leicht amüsiert. »Irgendwann werdet Ihr gewiss nach Pao zurückkehren – vielleicht als Panarch. Wenn Ihr jetzt zurückkehrtet, würde man euch töten.«

Berans Augen brannten vor Einsamkeit und Traurigkeit. »Wann kann ich zurück?«

»Ich weiß nicht«, sagte Fanchiel. »Lord Palafox führt Pao betreffend einen großen Plan aus – Ihr werdet zweifelsohne zurückkehren, wenn er es für das Beste hält. In der Zwischenzeit tätet Ihr gut daran, diejenigen Vorteile zu akzeptieren, die man euch bietet.«

Berans Vernunft und der ihm innewohnende Wille, gefällig zu sein, kämpften mit dem Eigensinn seiner Rasse. »Warum muss ich ins Institut?«

Fanchiel antwortete in schlichter Offenheit. »Lord Palafox möchte offenbar erreichen, dass Ihr euch mit Breakness identifiziert und damit seinen Zielen freundlich gesonnen werdet.«

Beran begriff dies nicht; er war jedoch von Fanchiels Benehmen beeindruckt. »Was werde ich am Institut lernen?«

»Tausend Dinge – mehr, als ich euch beschreiben

kann. In der Hochschule für vergleichende Kulturwissenschaft – wo Lord Palafox Lehrmeister ist – werdet Ihr die Rassen des Universums kennen lernen, ihre Ähnlichkeiten und Unterschiede, ihre Sprachen und grundlegenden Bedürfnisse, die spezifische Symbolik, mit der Ihr sie beeinflussen könnt.

An der Hochschule für Mathematik erlernt Ihr den Umgang mit abstrakten Gedankengängen, verschiedenen Denksystemen – außerdem werdet Ihr darin ausgebildet, rasche Berechnungen im Kopf auszuführen.

An der Hochschule für menschliche Anatomie lernt Ihr Geriatrie und Todesverhütung, Pharmakologie, die Techniken menschlicher Modifikation und Verbesserung – und möglicherweise wird man euch ein oder zwei Modifikationen gestatten.«

Berans Fantasie wurde angeregt. »Könnte es sein, dass ich wie Palafox modifiziert werde?«

»Ha ha!«, rief Fanchiel aus. »Das ist ein lustiger Gedanke. Wisst Ihr, dass Lord Palafox einer der am stärksten modifizierten Männer von Breakness ist? Er verfügt über neun Empfindungsfähigkeiten, vier Tatkräfte, drei Projektionsmöglichkeiten, zwei Nullifikationen, drei tödliche Strahlungen, dazu diverse andere Kräfte wie einen Kopfrechner, die Fähigkeit, in sauerstoffarmer Luft zu überleben, Anti-Erschöpfungsdrüsen, eine Blutkammer unter dem Schlüsselbein, die automatisch jedem Gift entgegenwirkt, das er aufgenommen haben mag. Nein, mein ehrgeiziger junger Freund!« Einen Augenblick lang wurden die ausgeprägten Gesichtszüge ganz weich vor Vergnügen. »Doch wenn Ihr je Pao regieren solltet, werdet Ihr über eine Welt voller fruchtbarer Mädchen herrschen und damit jede Modifikation beanspruchen, welche die Chirurgen und Anatomen des Breakness-Instituts kennen.«

Beran sah Fanchiel verständnislos an, völlig verwirrt. Eine mögliche Modifikation, selbst unter diesen höchst unverständlichen, doch zweifelhaften Umständen, schien weit in der Zukunft zu liegen.

»Nun«, sagte Fanchiel munter, »zur Sprache von Breakness.«

Angesichts der Aussicht, dass die Modifikation in ferne Zukunft gerückt war, lebte Berans Eigensinn wieder auf.

»Warum können wir nicht Paonesisch sprechen?«

Fanchiel erklärte es ihm geduldig. »Es wird von euch verlangt werden, dass ihr eine Menge lernt, das Ihr nicht verstehen würdet, wenn ich auf Paonesisch unterrichte.«

»Ich verstehe euch doch jetzt«, murmelte Beran.

»Weil wir uns über die allerallgemeinsten Themen unterhalten. Jede Sprache ist ein besonderes Werkzeug von bestimmter Kapazität. Sie ist mehr als ein Mittel der Verständigung, sie ist ein gedankliches System. Versteht Ihr, was ich meine?«

Fanchiel fand seine Antwort in Berans Gesichtsausdruck.

»Vergleicht eine Sprache mit der Außenlinie einer Wasserscheide, welche den Zufluss in bestimmte Richtungen aufhält, ihn in andere kanalisiert. Die Sprache beherrscht die Funktion Eures Verstandes. Wenn Menschen unterschiedliche Sprachen sprechen, arbeitet ihr Verstand unterschiedlich, und sie handeln unterschiedlich. Kennt Ihr beispielsweise den Planeten Vale?«

»Ja. Die Welt, wo alle Leute verrückt sind.«

»Besser gesagt, ihre Handlungen erwecken den Anschein des Verrücktseins. Tatsächlich sind sie totale Anarchisten. Untersuchen wir nun die Sprache Vales, finden wir, wenn schon nicht eine Ursache für ihr Verhalten, so doch wenigstens ein paralleles Erscheinungsbild. Die Sprache ist auf Vale eine Sache persönlicher Improvisation mit nur den allerwenigsten Konventionen. Jedes Individuum sucht sich eine Sprechweise aus, wie Ihr oder ich vielleicht die Farbe unserer Kleider wählen.«

Beran runzelte die Stirn. »Wir Paonesen sind in diesen Dingen nicht unachtsam. Unsere Bekleidung ist vorgeschrieben, und keiner würde eine Tracht tragen, die ihm unbekannt ist, oder eine, die möglicherweise Missverständnisse verursacht.«

Ein Lächeln durchbrach den strengen Ausdruck auf Fanchiels Gesicht. »Richtig, richtig; ich vergaß. Die Paonesen empfinden auffallende Kleidung nicht als Tugend. Und – vermutlich als Folgeerscheinung – ist geistige Abnormalität selten. Die Paonesen, fünfzehn Milliarden insgesamt, sind angenehm vernünftig. Nicht so die Bewohner von Vale. Sie leben nur für die Spontaneität – der Bekleidung, des Benehmens, der Sprache. Die Frage stellt sich: Ruft die Sprache Exzentrizität hervor, oder spiegelt sie sie lediglich wider? Was war zuerst da: die Sprache oder das Verhalten?«

Beran gab zu, dass er um die Antwort verlegen sei.

»In jedem Fall«, sagte Fanchiel, »werdet Ihr nun, da euch die Bedeutung der Beziehung von Sprache und Verhalten aufgezeigt wurde, begierig sein, die Sprache von Breakness zu lernen.«

Beran hatte ganz unschmeichelhafte Zweifel. »Würde das heißen, dass ich wie Ihr werde?«

Fanchiel fragte ironisch: »Ein Schicksal, dem man um jeden Preis entgehen muss? Ich kann Eure Befürchtungen zerstreuen. Wir alle verändern uns, während wir lernen, doch Ihr könnt nie ein echter Breakness-Mann werden. Seit langem seid Ihr nach paonesischem Vorbild geformt worden. Aber indem Ihr unsere Sprache sprecht, werdet Ihr uns verstehen – und wenn Ihr so denken könnt, wie ein anderer Mensch denkt, könnt Ihr ihn nicht missbilligen. Nun, wenn Ihr soweit seid, fahren wir fort.«

IX

Auf Pao herrschte Friede, und das Leben plätscherte dahin. Die Bevölkerung bewirtschaftete ihre Bauernhöfe, fischte in den Ozeanen und siebte in bestimmten Gegenden große Bündel Pollen aus der Luft, um einen angenehm nach Honig schmeckenden Kuchen herzustellen. Jeder achte Tag war Markttag; am acht-mal-achten Tag versammelten sich die Menschen zu den Gesängen; am acht-mal-acht-mal-achten Tag fanden die kontinentalen Messen statt.

Das Volk hatte allen Widerstand gegen Bustamonte aufgegeben. Die durch die Brumbos erlittene Niederlage war vergessen; Bustamontes Steuern waren niedriger als die Aiellos, und seiner Herrschaft fehlte es in dem Ausmaß an Prachtentfaltung, wie es seinem zweifelhaften Aufstieg zum Schwarz angemessen war.

Doch Bustamontes Befriedigung über das Erreichen seines ehrgeizigen Ziels war nicht vollständig. Er war nicht im Mindesten ein Feigling, aber persönliche Sicherheit wurde für ihn zur fixen Idee; ein Dutzend zufälliger Besucher, die es wagten, abrupte Bewegungen auszuführen, wurden von Hammergewehren der Mamaronen zerfetzt. Bustamonte bildete sich außerdem ein, Gegenstand verachtungsvoller Scherze zu sein, und weitere dutzende büßten ihr Leben ein, weil sie einen fröhlichen Gesichtsausdruck zur Schau trugen, als Bustamontes Blick zufällig auf sie fiel. Der schlimmste Umstand jedoch war der Tribut an Eban Buzbek, Hetman der Brumbos.

Jeden Monat ersann Bustamonte eine verletzende Herausforderung, um sie Buzbek an Stelle der Million Mark zu schicken, doch jeden Monat siegte die Vorsicht; Bustamonte übersandte in hilfloser Wut den Tribut.

Vier Jahre vergingen; dann traf eines Morgens ein rot-schwarz-gelbes Kurierschiff am Raumhafen Eiljanres ein, um Cormoran Benbarth abzusetzen, den Spross eines untergeordneten Familienzweiges der Buzbeks. Er führte sich im Großen Palast auf, wie ein nicht ortsansässiger Gutsherr vielleicht einen abgelegenen Bauernhof besuchen würde, und begrüßte Bustamonte mit beiläufiger Freundlichkeit.

Bustamonte, der das Ganzschwarz trug, behielt mit großer Mühe ein ausdrucksloses Gesicht. Er stellte die zeremonielle Frage: »Welcher günstige Wind wirft euch an unsere Küste?«

Cormoran Benbarth, ein hoch gewachsener, junger Draufgänger mit geflochtenem blondem Haar und prachtvollem blondem Schnurrbart, musterte Bustamonte mit Augen so blau wie Kornblumen, weit aufgerissen und unschuldig wie der paonesische Himmel.

»Meine Mission ist ganz einfach«, sagte er. »Ich bin in den Besitz der Baronie von Nord-Faden gelangt, die, wie Ihr wissen mögt oder auch nicht, direkt an die südlichen Ländereien des Griffin-Clans angrenzt. Ich benötige Geldmittel für die Befestigung und muss Gefolgsleute anwerben.«

»Ah«, sagte Bustamonte. Cormoran Benbarth zupfte an dem lang herabhängenden blonden Schnurrbart.

»Eban Buzbek meinte, Ihr könntet eine Million Mark aus Eurem Überfluss entbehren, um euch meine Dankbarkeit zu sichern.«

Bustamonte saß da wie eine steinerne Plastik. Seine

Augen hielten dem unschuldigen, blauen Blick dreißig Sekunden lang stand, während seine Gedanken wie wild dahinrasten. Es war undenkbar, dass es sich bei dieser Bitte um etwas anderes handelte als um eine Forderung, die von einer stillschweigenden Drohung mit Gewaltmaßnahmen gestützt wurde, gegen die er keinen Widerstand leisten konnte. Er warf verzweifelt die Arme in die Luft, ließ die geforderte Summe kommen und nahm Cormoran Benbarths Dank mit unheilvollem Schweigen entgegen.

Benbarth kehrte in einer Stimmung milder Dankbarkeit nach Batmarsch zurück. Bustamontes Wut brachte ihm eine Magenverstimmung ein. Kurz darauf wurde deutlich, dass er seinen Stolz vergessen und jene um Hilfe bitten musste, deren Dienste er einst verschmäht hatte: die Lehrmeister des Breakness-Instituts.

Indem er die Identität eines reisenden Ingenieurs annahm, reiste Bustamonte zum Depotplaneten Journal und bestieg dort ein Postschiff für den Flug durch die äußeren Marklaiden. Alsbald traf er in Breakness ein.

Ein Zubringer kam dem Postschiff entgegen. Bustamonte verließ erleichtert den überfüllten Schiffsraum und wurde zwischen gigantischen Felsspitzen hinab zum Institut befördert.

In der Abfertigungshalle traf er auf keine der Formalitäten, die einem personalintensiven Sektor des paonesischen Staatsdienstes Beschäftigung verschaffte; in der Tat beachtete man ihn überhaupt nicht.

Bustamonte wurde ärgerlich. Er ging zum Portal, sah hinab auf die Stadt. Zur Linken lagen Fabriken und

Werkstätten, zur Rechten der schmucklose Gebäudekomplex des Instituts, dazwischen die verschiedenen Häuser, Herrensitze und Wohngebäude, jedes mit einem eigenen, angebauten Schlaftrakt.

Ein junger Mann mit strengem Gesicht – kaum mehr als ein Jüngling – tippte ihn am Arm, winkte ihn beiseite. Bustamonte wich zurück, als eine Schar von zwanzig jungen Frauen mit Haaren so hell wie Sahne an ihm vorbeigingen. Sie bestiegen einen Wagen in der Form eines Mistkäfers, der den Hang hinab davonglitt.

Kein anderes Fahrzeug war zu sehen, und die Abfertigungshalle war nun fast leer. Bustamonte gab nun endlich bleich vor Zorn und mit zuckenden Muskelknoten in den Wangen zu, dass er entweder nicht erwartet wurde oder dass keiner daran gedacht hatte, ihn abzuholen. Es war unerträglich! Er würde Aufmerksamkeit fordern; das stand ihm zu!

Er stolzierte zur Mitte der Abfertigungshalle und gestikulierte gebieterisch. Ein, zwei Menschen blieben neugierig stehen, doch als er ihnen auf Paonesisch befahl, einen verantwortlichen Beamten herbeizuholen, sahen sie ihn verständnislos an und gingen ihrer Wege.

Bustamonte gab seine Bemühungen auf; die Abfertigungshalle war abgesehen von ihm selbst leer. Er stimmte einen der donnernden paonesischen Flüche an und ging aufs Neue zum Portal.

Die Siedlung war ihm natürlich unbekannt; das nächstgelegene Haus war eine halbe Meile entfernt. Bustamonte spähte beunruhigt gen Himmel. Die kleine weiße Sonne war hinter eine Felsspitze gesunken; finsterer Nebel schwebte den Windfluss herab; das Licht über der Siedlung wurde schwächer.

Bustamonte atmete tief durch. Es half nichts; der

Panarch von Pao musste wie ein Vagabund auf Schusters Rappen Schutz suchen. Grollend stieß er das Tor auf und begab sich hinaus.

Der Wind ergriff ihn, wirbelte ihn die Straße hinab; die Kälte biss durch seine dünnen paonesischen Gewänder. Er drehte sich um, rannte auf seinen kurzen, dicken Beinen den Weg hinunter.

Ausgekühlt bis auf die Knochen, mit schmerzenden Lungen, erreichte er das erste Haus. Die Wände aus Schmelzgestein ragten vor ihm auf, ohne Öffnungen. Er schleppte sich am Gebäude entlang, konnte jedoch keinen Eingang finden; und so folgte er mit einem Wutschrei weiter der Straße.

Der Himmel war dunkel; kleine Hagelkörner begannen ihn im Nacken zu prickeln. Er rannte zu einem anderen Haus und entdeckte dieses Mal eine Tür, doch niemand antwortete auf sein Klopfen. Er wandte sich fröstelnd und zitternd ab, mit klammen Füßen, schmerzenden Fingern. Die Finsternis war nun so undurchdringlich, dass er kaum den Weg ausmachen konnte.

Licht drang durch die Fenster des dritten Hauses; wieder antwortete niemand auf sein Hämmern an der Tür. Wutentbrannt packte Bustamonte einen Felsbrocken, warf ihn gegen das nächstgelegene Fenster. Das Glas schepperte: ein beruhigender Laut. Bustamonte warf einen weiteren Stein und erregte endlich Aufmerksamkeit. Die Tür öffnete sich; Bustamonte fiel ins Innere so steif wie ein umstürzender Baum.

Der junge Mann fing ihn auf, schleppte ihn zu einem Stuhl. Bustamonte saß steif und breitbeinig da, die Augen quollen ihm vor, der Atem kam stoßweise.

Der Mann sagte etwas; Bustamonte konnte es nicht verstehen. »Ich bin Bustamonte, Panarch von Pao«, sagte er, und die Worte drangen undeutlich und bruchstückhaft über seine steif gefrorenen Lippen. »Dies ist ein schlimmer Empfang – jemand wird teuer dafür bezahlen.«

Dem jungen Mann, einem Sohn des hier wohnhaften Lehrmeisters, war das Paonesische fremd. Er schüttelte den Kopf und wirkte eher gelangweilt. Er sah zur Tür und dann wieder auf Bustamonte, als schicke er sich an, den nicht zu verstehenden Eindringling hinauszuwerfen.

»Ich bin Panarch von Pao!«, kreischte Bustamonte. »Bringt mich zu Palafox, Lord Palafox, hört Ihr? Palafox!«

Der Name rief eine Reaktion hervor. Der Mann bedeutete Bustamonte, sitzen zu bleiben, und verschwand in einem anderen Zimmer.

Zehn Minuten vergingen. Die Tür ging auf. Palafox erschien. Er verneigte sich mit schmeichelnder Förmlichkeit. »Ayudor Bustamonte, es ist ein Vergnügen, euch zu sehen. Ich war nicht in der Lage, euch am Raumhafen abzuholen, aber ich sehe, dass Ihr euch gut zurechtgefunden habt. Mein Haus befindet sich in der Nähe, und ich würde mich freuen, euch meine Gastfreundlichkeit anzubieten. Seid Ihr soweit?«

Am nächsten Morgen riss Bustamonte sich selbst straff am Riemen. Mit Empörung würde er nichts erreichen, und es könnte geschehen, dass sie sich im Umgang mit seinem Gastgeber störend auswirkte, auch wenn – er sah sich voller Verachtung im Raum um – die Gastfreundschaft wirklich von minderer Qualität war. Warum nur bauten so gelehrte Männer mit solcher Schmucklosigkeit? Und was das betraf, warum bewohnten sie überhaupt einen so unwirtlichen Planeten?

Palafox erschien, und die beiden setzten sich an einen Tisch mit einer Karaffe starken Tees zwischen sich. Palafox beschränkte sich auf schmeichlerische Plattitüden. Er überging die unerfreulichen Umstände ihrer ersten Begegnung auf Pao und zeigte kein Interesse an dem Grund für Bustamontes Anwesenheit.

Schließlich unternahm Bustamonte einen Vorstoß und kam zur Sache. »Der verblichene Panarch Aiello hat sich dereinst um Eure Unterstützung bemüht. Er hat, wie ich jetzt erkenne, in weiser Voraussicht und Weisheit gehandelt. Daher bin ich heimlich nach Breakness gekommen, um eine neue Vereinbarung zwischen uns auszuhandeln.«

Palafox nickte und schlürfte kommentarlos seinen Tee.

»Die Situation ist die«, sagte Bustamonte. »Die verfluchten Brumbos erpressen von mir einen monatlichen Tribut. Ich zahle nicht gern – dennoch beklage ich mich nicht sehr, weil es mich billiger kommt, als gegen sie zu Felde zu ziehen.«

»Der größte Verlierer scheint Mercantil zu sein«, bemerkte Palafox.

»Genau!«, sagte Bustamonte. »Vor kurzem hat jedoch eine zusätzliche Erpressung stattgefunden. Ich befürchte, dass es sich dabei um den Vorboten vieler weiterer, ganz ähnlicher handelt.« Bustamonte erzählte vom Besuch Cormoran Benbarths. »Meine Schatzkammer wird endlosen Raubzügen ausgesetzt sein – ich werde zu nichts anderem als zum Zahlmeister für sämtliche Banditen von Batmarsch. Ich weigere mich, mich dieser gemeinen Willkür zu beugen! Ich werde Pao befreien: Das ist meine Mission! Aus diesem Grund komme ich, um mir Beistand und strategische Ratschläge zu holen.«

Palafox stellte den Becher mit so bedeutungsvoller Vorsicht ab, dass sie Bände sprach. »Ratschläge sind unsere einzige Exportware. Sie gehören euch – zu einem bestimmten Preis.«

»Und der Preis?«, fragte Bustamonte, obwohl er ihn genau kannte.

Palafox machte es sich in seinem Stuhl bequemer. »Wie Ihr wisst, ist dies eine Welt der Männer, und sie ist es seit der Gründung des Instituts gewesen. Doch notwendigerweise bestehen wir fort, wir zeugen Nachkommen, wir erziehen unsere Söhne – diejenigen, die wir als unser würdig einschätzen. Ein Kind hat Glück, wenn es Zugang zum Institut erhält. Auf jedes von ihnen entfallen zwanzig, die den Planeten mit ihren Müttern verlassen, sobald der Vertrag abgelaufen ist.«

»Kurz«, sagte Bustamonte entschieden, »Ihr wollt Frauen.«

Palafox nickte. »Wir wollen Frauen – gesunde, junge Frauen von Intelligenz und Schönheit. Das ist die einzige Ware, die wir Zauberer von Breakness nicht herstellen können – außerdem bemühen wir uns auch gar nicht darum.«

»Was ist mit Euren eigenen Töchtern?«, fragte Bustamonte neugierig. »Könnt Ihr nicht Töchter ebenso leicht wie Söhne züchten?«

Die Worte machten keinen Eindruck auf Palafox; es war beinahe so, als hätte er sie nicht gehört. »Breakness ist eine Welt der Männer«, sagte er. »Wir sind Zauberer des Instituts.«

Bustamonte saß in nachdenkliche Betrachtung versunken da, ohne zu wissen, dass für einen Mann aus Breakness eine Tochter kaum erstrebenswerter war als ein mongoloides Kind mit zwei Köpfen. Der Lehrmeister von Breakness lebte, wie die klassischen Asketen, im Jetzt, sich nur seines eigenen Egos gewiss; die Vergangenheit war eine Aufzeichnung, die Zukunft ein amorphes Gebilde, das darauf wartete, Form und Gestalt anzunehmen. Es kam vor, dass er hundert Jahre voraus Pläne schmiedete; denn auch wenn der Zauberer von Breakness Lippenbekenntnisse hinsichtlich der Unvermeidbarkeit des Todes von sich gab, lehnte er den Gedanken gefühlsmäßig doch ab und war überzeugt, dass er durch das Hervorbringen von Söhnen mit der Zukunft verschmolz.

Bustamonte, der von Breakness-Psychologie nichts wusste, wurde lediglich in seiner Überzeugung bestärkt, dass Palafox leicht verrückt war. Widerwillig sagte er: »Wir können eine zufrieden stellende Vereinbarung treffen. Was euch betrifft, so müsst Ihr gemeinsam mit uns die Batcher vernichten und sicherstellen, dass nie wieder...«

Palafox schüttelte lächelnd den Kopf. »Wir sind keine Krieger. Wir verkaufen die Arbeit unseres Verstandes, sonst nichts. Wie könnten wir auch etwas anderes wagen? Breakness ist verwundbar. Ein einziges Geschoss könnte das Institut zerstören. Ihr werdet mit mir allein abschließen. Falls Eban Buzbek morgen hier einträfe, könnte er sich Rat bei einem anderen Zauberer kaufen, und er und ich würden unsere Kräfte messen.«

»Hmmph«, brummte Bustamonte. »Welche Garantie habe ich, dass er das nicht tut?«

»Gar keine. Grundsatz des Instituts ist Neutralität ohne Gefühlsduselei – die einzelnen Zauberer dürfen jedoch arbeiten, wo es ihnen beliebt, um ihr Schlafquartier noch besser auszustatten.«

Bustamonte trommelte gereizt mit den Fingern. »Was

könnt Ihr für mich tun, wenn Ihr mich schon nicht vor den Brumbos beschützen könnt?«

Palafox dachte mit halb geschlossenen Lidern nach, sagte dann: »Es gibt eine ganze Reihe Methoden, das Ziel zu erreichen, das Ihr euch wünscht. Ich kann für die Anwerbung von Söldnern aus Hallowmede oder Polensis oder der Erde sorgen. Möglicherweise könnte ich einen Zusammenschluss der Batch-Clans gegen die Brumbos anstiften. Wir könnten die paonesische Währung so abwerten, dass der Tribut wertlos würde.«

Bustamonte runzelte die Stirn. »Ich ziehe offenere Methoden vor. Ich möchte, dass Ihr uns Kriegsgerät liefert. Dann können wir uns selbst verteidigen und sind dadurch niemandes Gnade ausgeliefert.«

Palafox hob seine schwarzen Augenbrauen. »Seltsam, solche dynamischen Vorschläge von einem Paonesen zu hören.«

»Warum nicht?«, wollte Bustamonte wissen. »Wir sind keine Feiglinge.«

Ein Anflug von Ungeduld erschien in Palafox' Stimme. »Zehntausend Brumbos haben fünfzehn Milliarden Paonesen überwältigt. Euer Volk hatte Waffen. Aber niemandem fiel es ein, sich zu wehren. Sie verhielten sich so still wie die Grasvögel.«

Bustamonte schüttelte störrisch den Kopf. »Wir sind Männer genau wie alle anderen. Das Einzige, was wir brauchen, ist militärische Ausbildung.«

»Eine Ausbildung verhilft nicht zu dem Verlangen zu kämpfen.«

Bustamonte runzelte die Stirn. »Dann muss dieses Verlangen hervorgerufen werden!«

Palafox zeigte die Zähne in einem merkwürdigen

Grinsen. Er richtete sich in seinem Sitz auf. »Endlich haben wir den Kern der Sache berührt.«

Bustamonte sah zu ihm hinüber, verwirrt durch seine plötzliche Heftigkeit.

Palafox fuhr fort. »Wir müssen die fügsamen Paonesen dazu überreden, Kämpfer zu werden. Wie können wir das erreichen? Offenbar müssen wir ihr Wesen von Grund auf verändern. Sie müssen ihre Passivität und ihr allzu bereitwilliges Hinnehmen von Entbehrungen ablegen. Sie müssen Streitsucht und Stolz und Konkurrenzverhalten erlernen. Stimmt Ihr mir zu?«

Bustamonte zögerte. »Ihr könntet Recht haben.«

»Dies ist kein Vorgang, der über Nacht eintritt, versteht mich recht. Eine Veränderung grundlegender psychischer Strukturen ist ein umfassender Vorgang.«

In Bustamonte kam Misstrauen auf. In Palafox' Verhalten lag Anspannung, eine mühsam errungene Gleichgültigkeit.

»Wenn Ihr euch eine wirksame Streitmacht wünscht«, sagte Palafox, »liegt hier das einzige Mittel zu diesem Zweck. Es gibt keinen kürzeren Weg.«

Bustamonte wandte den Blick ab, hinaus über den Wind-Fluss. »Ihr glaubt, diese Streitmacht kann geschaffen werden?«

»Gewiss.«

»Und wie viel Zeit würde das erfordern?«

»Zwanzig Jahre, mehr oder weniger.«

»Zwanzig Jahre!«

Bustamonte schwieg mehrere Minuten lang. »Ich muss mir das überlegen.« Er sprang auf, marschierte auf und ab und schüttelte die Hände, als seien sie nass.

Palafox sagte mit einem Anflug von Schroffheit: »Wie soll es anders vonstatten gehen? Wenn Ihr eine Streitmacht wollt, müsst Ihr zunächst Kampfgeist schaffen. Das ist ein kulturabhängiger Charakterzug und kann nicht über Nacht hervorgerufen werden.«

»Ja, ja«, murmelte Bustamonte. »Ich sehe ein, Ihr habt Recht, aber ich muss nachdenken.«

»Denkt auch über eine zweite Angelegenheit nach«, riet Palafox. »Pao ist riesig und reich bevölkert. Es gibt Spielraum nicht nur für eine wirksame Armee, sondern es könnte auch ein riesiger Industriebereich angelegt werden. Warum Mercantil Waren abkaufen, wenn Ihr sie selbst herstellen könnt?«

»Wie soll das alles möglich sein?«

Palafox lachte. »In dieser Hinsicht müsst Ihr euch mein Spezialwissen sichern. Ich bin Lehrmeister der Vergleichenden Kulturwissenschaft am Breakness-Institut.«

»Dennoch«, sagte Bustamonte widerspenstig, »muss ich wissen, wie Ihr vorhabt, diese Veränderungen herbeizuführen – immer unter Berücksichtigung der Tatsache, dass sich die Paonesen gegen Veränderungen unerbittlicher sträuben als gegen das Herannahen des Todes.«

»Genau«, erwiderte Palafox. »Wir müssen das geistige Grundgerüst des paonesischen Volkes ändern – zumindest das eines gewissen Teils von ihnen –, was am leichtesten dadurch erreicht wird, dass man die Sprache ändert.«

Bustamonte schüttelte den Kopf. »Dieses Vorgehen klingt wenig direkt und bedenklich unsicher. Ich hatte gehofft ...«

Palafox unterbrach ihn scharf. »Worte sind Werkzeuge. Sprache ist ein Grundmuster und bestimmt die Art und Weise, wie die Wortwerkzeuge eingesetzt werden.«

Bustamonte beäugte Palafox von der Seite. »Wie wendet man diese Theorie in der Praxis an? Habt Ihr einen bestimmten, detaillierten Plan?«

Palafox betrachtete Bustamonte mit geringschätzigem Amüsement. »Für eine Angelegenheit von solch großem Ausmaß? Ihr erwartet Wunder, die nicht einmal ein Zauberer von Breakness bewirken kann. Vielleicht solltet Ihr besser mit dem Tribut an Eban Buzbek von Batmarsch weitermachen.«

Bustamonte schwieg.

»Ich verfüge über grundlegende Prinzipien«, sagte Palafox daraufhin. »Ich wende diese Abstraktionen auf praktische Situationen an. Dies ist der Rahmen für das Herangehen, der schließlich mit Einzelheiten aufgefüllt wird.«

Bustamonte schwieg immer noch.

»Eins möchte ich klarstellen«, sagte Palafox, »dass nämlich ein solcher Eingriff nur von einem Herrscher mit großer Macht bewirkt werden kann, von einem, der nicht von rührseligen Gefühlen ins Wanken gebracht wird.«

»Ich besitze diese Macht«, sagte Bustamonte. »Ich bin so unbarmherzig, wie die Umstände es erfordern.«

»Folgendes muss geschehen. Einer der paonesischen Kontinente – oder eine andere, passende Gegend – muss ausgewählt werden. Die Bevölkerung dieses Gebiets wird zum Gebrauch einer neuen Sprache überredet. Darin besteht der Umfang der Bemühungen. Und alsbald werden sie Krieger in großer Zahl hervorbringen.«

Bustamonte runzelte skeptisch die Stirn. »Warum nehmen wir nicht ein Umerziehungsprogramm und die Ausbildung an Waffen vor? Die Sprache zu ändern heißt doch, allzu weit abzuschweifen.«

»Ihr habt den entscheidenden Punkt nicht begriffen«, sagte Palafox. »Paonesisch ist eine passive, leidenschaftslose Sprache. Es spiegelt die Welt in zwei Dimensionen wider, ohne Spannung oder Kontrast. Ein Volk, das Paonesisch spricht, müsste theoretisch fügsam, passiv, ohne starke Persönlichkeitsentwicklung sein – was das paonesische Volk in der Tat ist. Die neue Sprache wird auf Kontrast und Kräftevergleich aufgebaut sein, mit einer einfachen und geradlinigen Grammatik. Nehmt als anschauliches Beispiel den Satz: ›Der Bauer fällt einen Baum.‹« (Wörtlich aus dem Paonesischen übersetzt, das die beiden Männer sprachen, lautete der Satz: *»Bauer im Zustand der Anstrengung; Axt Hilfsmittel; Baum im Zustand der Unterwerfung gegenüber Angriff.«*) »In der neuen Sprache lautet der Satz: ›Der Bauer überwindet die Trägheit der Axt; die Axt bricht den Widerstand des Baumes.‹ Oder vielleicht: ›Der Bauer besiegt den Baum, indem er als Waffengerät die Axt einsetzt.‹«

»Ah«, sagte Bustamonte voller Verständnis.

»Die Lautbildung wird reich an schwierigen Kehllauten und harten Vokalen sein. Eine Reihe von Schlüsselgedanken werden Synonyme sein; wie zum Beispiel *Vergnügen* und *Widerstand überwinden – Entspannung* und *Schande – Fremder* und *Rivale.* Selbst die Clans von Batmarsch werden verglichen mit dem zukünftigen paonesischen Militär sanftmütig erscheinen.«

»Ja, ja«, schnaufte Bustamonte. »Ich beginne zu verstehen.«

»Eine andere Gegend könnte für die Einführung einer weiteren Sprache bereitgestellt werden«, sagte Palafox ungezwungen. »In diesem Fall wird die Grammatik außerordentlich kompliziert, doch insgesamt in sich geschlossen und logisch sein. Die Vokabeln würden dann voneinander getrennt, aber durch ausführliche Regeln der Übereinstimmung untereinander verbunden und angepasst sein. Was ist das Ergebnis? Wird eine Gruppe von Menschen, die diesen Reizen ausgesetzt war, mit Hilfsmitteln und Arbeitsmöglichkeiten versorgt, ist industrielle Entwicklung unvermeidlich.

Und solltet Ihr vorhaben, euch außerplanetarische Märkte zu erschließen, könnte eine Gruppe Verkäufer und Handelsleute ratsam sein. Ihnen würde eine ebenmäßige Sprache mit nummernbetonter Satzgliederung eigen sein, schwierigen Höflichkeitsfloskeln, um Heuchelei zu lehren, einem an gleichklingenden Worten reichen Vokabular, um Zweideutigkeiten zu erleichtern, einem Satzbau mit Reflexiven, Verstärkungen und Wechselmöglichkeiten, um den analogen Austausch menschlicher Gedankengänge zu verstärken.

All diese Sprachen werden sich der Semantik bedienen. Für den militärischen Sektor wird ein ›erfolgreicher Mann‹ gleichbedeutend mit einem ›Sieger im ernsten Wettbewerb‹ sein. Für die Industrialisten wird es ›geschickter Hersteller‹ heißen. Für die Händler kommt es einem ›unwiderstehlich überzeugend wirkenden Menschen‹ gleich. Solche Einflüsse werden jede der Sprachen durchziehen. Natürlich werden sie nicht mit gleicher Macht auf jedes Individuum wirken, aber das Massenverhalten muss maßgeblich sein.«

»Wunderbar!«, rief Bustamonte gänzlich überzeugt. »Das ist wirklich Menschenformung!«

Palafox ging zum Fenster und blickte auf den Wind-Fluss. Er lächelte kaum merklich, und seine schwarzen Augen, normalerweise so düster und hart, blickten sanft ins Leere. Einen Augenblick lang wurde sein wirkliches Alter – zweimal das von Bustamonte und noch mehr –

sichtbar; doch nur einen Augenblick lang, und als er herumwirbelte, war sein Gesicht so ausdruckslos wie immer.

»Ihr versteht, dass ich nur Vorschläge mache – ich formuliere Gedanken, sozusagen. Eine echte, weitreichende Planung muss erst noch erarbeitet werden: Die verschiedenen Sprachen müssen künstlich geschaffen, ihr Vokabular entworfen werden. Instruktoren, die in den Sprachen unterrichten, müssen angeworben werden. Ich kann mich da auf meine Söhne verlassen. Eine weitere Gruppe muss zusammengestellt oder vielleicht der ersten Gruppe entnommen werden: ein Elitekorps von Koordinatoren, die so ausgebildet sind, dass sie jede der Sprachen beherrschen. Dieses Korps wird letztlich zu einer Leitungsgilde werden, die eure gegenwärtige Beamtenschaft unterstützt.«

Bustamonte blies die Wangen auf. »Nun ... vielleicht. Eine so weit reichende Funktion für diese Gruppe erscheint mir unnötig. Es reicht, dass wir eine Militärmacht schaffen, um Eban Buzbek und seine Banditen zu schlagen!«

Bustamonte sprang auf, marschierte aufgeregt hin und her. Er blieb abrupt stehen, sah listig zu Palafox hinüber. »Über eine Sache müssen wir noch diskutieren: Was wird der Preis für Eure Dienste sein?«

»Sechs Gelege Frauen im Monat«, sagte Palafox ruhig, »von bester Intelligenz und Wuchs, im Alter zwischen vierzehn und vierundzwanzig Jahren, wobei ihre Vertragszeit fünfzehn Jahre nicht übersteigen soll, ihre Rückbeförderung nach Pao garantiert wird, zusammen mit dem gesamten, nicht den Anforderungen entsprechenden und dem weiblichen Nachwuchs.«

Bustamonte schüttelte mit einem wissenden Lächeln den Kopf.

»Sechs Gelege – ist das nicht zu viel?«

Palafox warf ihm einen flammenden Blick zu. Bustamonte, der seinen Fehler erkannte, fügte hastig hinzu: »Ich werde dieser Zahl jedenfalls zustimmen. Als Gegenleistung müsst Ihr mir meinen geliebten Neffen Beran wiedergeben, damit er sich auf eine nützliche Laufbahn vorbereiten kann.«

»Als Besucher des Meeresbodens?«

»Wir müssen die Realitäten in Betracht ziehen«, murmelte Bustamonte.

»Da habt Ihr Recht«, sagte Palafox mit tonloser Stimme. »Sie gebieten, dass Beran Panasper, Panarch von Pao, seine Erziehung auf Breakness vollendet.«

Bustamonte brach in wütendes Protestgeschrei aus; Palafox antwortete schroff. Er blieb verächtlich ruhig, und Bustamonte ging schließlich auf seine Bedingungen ein.

Die Vereinbarung wurde auf Film festgehalten, und die zwei trennten sich, wenn nicht herzlich, so doch zumindest in gegenseitigem Einvernehmen.

X

Der Winter auf Breakness war eine Zeit der Kälte, der dünnen Wolken, die den Wind-Fluss hinabflogen, des Hagels, fein wie Sand, der den Felsen herabzischte. Die Sonne schob sich nur kurz über den riesigen Gesteinshaufen im Süden, und den größten Teil des Tages war das Breakness-Institut in Düsternis gehüllt.

Fünfmal kam und ging die dunkle Jahreszeit, und Beran Panasper erhielt eine grundlegende Breakness-Erziehung.

Die ersten beiden Jahre lebte Beran im Haus von Palafox, und viel von seiner Energie wurde darauf verwendet, die Sprache zu erlernen. Die ihm eigenen, vorgefassten Meinungen, was die Funktion der Sprache anbetraf, waren nutzlos, denn die Sprache von Breakness unterschied sich vom Paonesischen in vielen entscheidenden Punkten. Paonesisch gehörte zu der Art, die als ›polysynthetisch‹ bekannt war, mit Kernwörtern, die Vorsilben, Nachsilben und nachgestellte Präpositionen an sich zogen, um ihre Bedeutung zu erweitern. Die Sprache von Breakness war im Grunde ›isolativ‹, doch insofern einzigartig, als sie sich ganz vom Sprecher ableitete: Das heißt, der Sprecher war der Bezugsrahmen, von dem die Syntax abhing, ein System, das sowohl zu logischer Eleganz als auch zu Einfachheit verhalf. Da das Selbst die uneingeschränkte Grundlage des Ausdrucks war, erübrigte sich das Fürwort ›ich‹. Andere persönliche Fürwörter existierten ebenso wenig, ausgenommen in Sätzen in der dritten Person – auch wenn diese in Wirklichkeit zusammengezogene Hauptwortsätze waren.

Die Sprache enthielt keine Verneinungen; stattdessen gab es zahlreiche Polarisierungen wie ›gehen‹ und ›bleiben‹. Es gab keine Passivform – jeder sprachliche Begriff war in sich abgeschlossen: ›schlagen‹, ›Hieb-erhalten‹. Die Sprache war reich an Worten zur Bezeichnung geistiger Arbeit, aber beinahe völlig unzulänglich, was die Beschreibung verschiedener Gefühlszustände anging. Sollte sich ein Lehrmeister von Breakness überhaupt dazu herablassen, seine solipsistische Schale abzustreifen und seine Gemütslage aufzudecken, wäre er zum Gebrauch ungeschickter Umschreibungen gezwungen.

So gängige paonesische Begriffe wie ›Unwille‹, ›Freude‹, ›Liebe‹, ›Trauer‹ fehlten im Breakness-Vokabular. Andererseits gab es Wörter, um einhundert verschiedene Arten der Schlussfolgerung zu definieren, Feinheiten, die den Paonesen unbekannt waren – Unterscheidungen, die Beran so vollständig verwirrten, dass gelegentlich sein gesamtes Gleichgewicht, die Stabilität seines Egos in Gefahr schienen. Woche um Woche erklärte Fanchiel, veranschaulichte, umschrieb; Stück für Stück gewöhnte sich Beran an die fremde Denkweise – und gleichzeitig an die Breakness eigene Lebensauffassung.

Dann eines Tages rief Palafox ihn zu sich und stellte fest, dass Berans Kenntnisse der Sprache für den Unterricht am Institut ausreichten; dass er sofort zur Grundschulung eingetragen werde.

Beran fühlte sich leer und verlassen. Das Haus von Palafox hatte eine gewisse melancholische Sicherheit gegeben; was würde er am Institut vorfinden?

Palafox entließ ihn, und eine halbe Stunde später begleitete Fanchiel ihn zu dem riesigen Quader aus Schmelzgestein, sorgte dafür, dass er eingetragen und in eine Zelle im Schlafquartier der Studenten eingewiesen wurde. Dann ging er, und Beran sah weder Fanchiel noch Palafox wieder.

So begann eine neue Phase in Berans Leben auf Breakness. Seine gesamte vorhergegangene Erziehung war von Privatlehrern durchgeführt worden; er hatte an keinem der riesigen paonesischen Rezitative teilgenommen, bei denen tausende von Kindern im Chor alles Erlernte sangen – die Jüngsten piepsten dabei die Zahlen »Ai! Shrai! Vida! Mina! Nona! Drona! Hivan! Imple!«; die Ältesten die epischen Gesänge, mit denen sich die paonesische Gelehrsamkeit beschäftigte. Aus diesem Grund war Beran von den Gebräuchen am Institut nicht so verwirrt, wie er es hätte sein können.

Jeder Jugendliche wurde als Individuum angesehen, so einzigartig und einsam wie ein Stern im Weltraum. Er lebte für sich, teilte keine offiziell anerkannte Phase seines Lebens mit irgendeinem anderen Studenten. Wenn spontane Gespräche aufkamen, ging es darum, in eine anstehende Diskussion einen originellen Standpunkt oder einen neuen Gesichtspunkt einzubringen. Je unorthodoxer der Gedanke, desto sicherer, dass er sofort angegriffen werden würde. Der, der ihn geäußert hatte, musste dann seine Idee bis an die Grenzen der Logik verteidigen, aber nicht darüber hinaus. Falls es ihm gelang, erwarb er sich Prestige; falls er geschlagen wurde, setzte das sein Ansehen entsprechend herab.

Ein weiteres Thema erfreute sich insgeheim häufiger Erwähnung unter den Studenten: Alter und Tod. Die Angelegenheit war mehr oder weniger tabu – besonders in Anwesenheit eines Lehrmeisters – denn niemand starb auf Breakness durch Krankheit oder körperlichen Verfall. Die Lehrmeister durchstreiften das Universum; eine bestimmte Anzahl von ihnen starb trotz ihrer eingebauten Waffen und Verteidigungsmechanismen eines gewaltsamen Todes. Der größere Teil jedoch verbrachte seine Jahre auf Breakness, ohne sich zu verändern, vielleicht abgesehen von einer leichten Hagerkeit und Eckigkeit des Knochenbaus. Und dann musste sich der Lehrmeister unausweichlich dem Status eines Emeritus nähern: Er wurde weniger präzise, gefühlsbetonter; Egozentrik würde beginnen, über die notwendigen gesellschaftlichen Gepflogenheiten zu triumphieren; Anfälle von Gereiztheit, Zorn und zuletzt Größenwahn traten auf – und dann verschwand der Emeritus.

Da Beran schüchtern war und es ihm an Gewandheit fehlte, hielt er sich zunächst von den Diskussionen fern. Als er die Sprache mit größerer Leichtigkeit beherrschte, begann er sich an den Diskussionen zu beteiligen und stellte nach einer Periode polemischer Züchtigungen fest, dass er recht zufrieden stellender Erfolge fähig war. Diese Erlebnisse verschafften ihm das erste Gefühl von Vergnügen, das er auf Breakness erfuhr.

Die Beziehungen der Studenten untereinander waren förmlich, weder herzlich noch zänkisch. Von außerordentlichem Interesse für den Jugendlichen auf Breakness war der Akt der Zeugung in jeder möglichen Variation. Beran war auf paonesische Standards der Sittsamkeit konditioniert und war zunächst darüber entsetzt, doch zunehmende Vertrautheit nahm dem Thema seinen Stachel. Er stellte fest, dass Prestige auf Breakness nicht nur eine Folge intellektueller Leistung, sondern auch der Zahl der Frauen im Schlafquartier, der Zahl der Söhne, die die Zulassungstests bestanden, des Grades der Ähnlichkeit an Körper und Geist mit dem Erzeuger und der Leistungen der jeweiligen Söhne war. Bestimmte Lehrmeister genossen in dieser Hinsicht großen Respekt, und immer häufiger war der Name Lord Palafox zu hören.

Als Beran das fünfzehnte Lebensjahr begann, machte Palafox' Ruf dem von Lord Karollen Vampellte, Oberlehrmeister des Instituts, Konkurrenz. Beran gelang es nicht, ein Gefühl der Identifikation und damit des Stolzes zu unterdrücken.

Ein oder zwei Jahre nach der Pubertät durfte ein Jugendlicher am Institut erwarten, dass sein Erzeuger ihm ein Mädchen schenkte. Als Beran dieses besondere Stadium seiner Entwicklung erreichte, war er ein junger Mann von angenehmem Äußeren, recht zierlich gebaut, beinahe zerbrechlich. Sein Haar war dunkelbraun, seine Augen groß und grau, sein Gesicht zeigte einen nachdenklichen Ausdruck. Auf Grund seiner exotischen Herkunft und einer gewissen, ihm eigenen Schüchternheit nahm er selten an dem teil, was an Gruppenaktivitäten vorkam. Als er schließlich das dem Erwachsenwerden vorausgehende Rühren in seinem Blut spürte und anfing, an das Mädchen zu denken, das er vielleicht von Palafox als Geschenk erwarten durfte, ging er allein zum Raumhafen.

Er suchte sich einen Tag aus, an dem der Transport aus Journal fällig war, und als er gerade dort ankam, als der Zubringer von dem im Orbit befindlichen Schiff herabflog, fand er die Abfertigungshalle in scheinbarer Unordnung vor. Auf einer Seite standen in stillen, beinahe gleichgültigen Reihen Frauen, deren Vertragszeit abgelaufen war, zusammen mit ihren Töchtern und den

Söhnen, die die Breakness-Tests nicht bestanden hatten. Ihr Alter reichte von fünfundzwanzig bis fünfunddreißig; sie würden nun als wohlhabende Frauen auf ihre Heimatwelten zurückkehren und den größten Teil ihres Lebens noch vor sich haben.

Der Zubringer schob sich mit dem Bug unter die Überdachung, und die Türen öffneten sich; junge Frauen strömten heraus, sahen sich neugierig nach rechts und nach links um, schwankten und tänzelten unter der Gewalt des Windes. Anders als die Frauen am Ende ihrer Vertragszeit waren sie aufgeregt und nervös, zeigten ihren Trotz, verbargen ihre Ängste. Ihre Blicke wanderten überall hin, neugierig herauszufinden, was für ein Mann auf sie Anspruch erheben werde.

Beran sah fasziniert zu.

Ein Truppenleiter gab einen knappen Befehl; die ankommenden Scharen stellten sich quer durch die Abfertigungshalle auf, um sich registrieren und in Empfang nehmen zu lassen; Beran schlenderte näher, rückte seitwärts auf eins der jüngeren Mädchen zu. Sie richtete große, meergrüne Augen auf ihn, wandte sich dann plötzlich ab. Beran bewegte sich vorwärts – blieb dann abrupt stehen. Diese Frauen verwirrten ihn. Sie hatten etwas Vertrautes an sich, den Duft einer angenehmen Vergangenheit. Er hörte zu, als sie sich miteinander unterhielten. Ihre Sprache war eine, die er gut kannte.

Er stellte sich neben das Mädchen. Sie betrachtete ihn ohne Freundlichkeit.

»Du bis Paonesin«, rief Beran verwundert aus. »Was haben paonesische Frauen auf Breakness zu tun?«

»Das Gleiche wie alle anderen.«

»Aber das ist noch nie der Fall gewesen!«

»Du weißt sehr wenig über Pao«, sagte sie erbittert.

»Nein, nein, ich bin Paonese!«

»Dann musst du doch wissen, was auf Pao geschieht.«

Beran schüttelte den Kopf. »Ich bin seit dem Tod des Panarchen Aiello hier.«

Sie sprach mit leiser Stimme, den Blick über die Abfertigungshalle gerichtet. »Du hast eine gute Wahl getroffen, denn die Dinge stehen schlecht. Bustamonte ist ein Verrückter.«

»Er schickt Frauen nach Breakness?«, fragte Beran mit gedämpfter, heiserer Stimme.

»Einhundert jeden Monat – uns, die wir verarmt oder durch die Unruhen verwaist wurden.«

Beran versagte die Stimme. Er versuchte zu sprechen; während er noch eine Frage herausstammelte, begann die Frau, sich zu entfernen. »Warte«, krächzte Beran und rannte ihr nach. »Was sind das für Unruhen?«

»Ich kann mich nicht aufhalten lassen«, sagte das Mädchen voller Bitterkeit. »Ich bin durch Vertrag gebunden, ich muss tun, was mir befohlen wird.«

»Wohin gehst du? In das Schlafquartier welches Lords?«

»Ich stehe im Dienst bei Lord Palafox.«

»Wie heißt du?«, verlangte Beran zu wissen. »Sag mir deinen Namen!«

Verlegen und unsicher schwieg sie. Noch zwei Schritte, und sie würde verschwunden sein, verloren in der Anonymität des Schlafquartiers. »Sag mir deinen Namen!«

Rasch sagte sie über die Schulter: »Gitan Netsko«, dann trat sie durch die Tür und verschwand aus seinem Gesichtskreis. Das Fahrzeug glitt von der Rampe, schwankte im Wind, schwebte den Hang hinab und war fort.

Beran ging langsam vom Terminal aus nach unten, eine kleine Gestalt am Bergeshang, die sich gegen den Wind lehnte und stolperte. Er ging zwischen den Häusern hindurch und kam zum Haus von Palafox.

Vor der Tür zögerte er, stellte sich die hoch gewachsene Gestalt dort drinnen vor. Er sammelte all seine Kräfte, betätigte den Türklopfer. Die Tür öffnete sich; er trat ein.

Zu dieser Stunde war es gut möglich, dass sich Palafox in seinem unteren Arbeitszimmer aufhielt. Beran ging die vertrauten Stufen hinab, vorbei an den Zimmern aus Stein und wertvollem Breakness-Hartholz, an die er sich erinnerte. Einst hatte er das Haus für streng und kahl gehalten; jetzt gelang es ihm, es als auf subtile Weise schön anzusehen, in perfektem Einklang mit der Umgebung.

Wie er erwartet hatte, saß Palafox in seinem Arbeitszimmer und erwartete ihn, gewarnt von einem Signal aus einer seiner Modifikationen.

Beran trat langsam vor, starrte in das fragende, doch unfreundliche Gesicht und drang sofort zum Kern der Sache vor. Es war sinnlos, gegenüber Palafox Umwege zu versuchen. »Ich war heute am Terminal. Ich habe paonesische Frauen gesehen, die gegen ihren Willen hierher gekommen sind. Sie sprechen von Unruhen und Not. Was geht auf Pao vor?«

Palafox betrachtete Beran einen Moment lang, dann nickte er mit leichtem Amüsement. »Ich verstehe. Ihr seid nun alt genug, um das Terminal aufzusuchen. Findet Ihr irgendeine Frau geeignet für Euren persönlichen Gebrauch?«

Beran biss sich auf die Lippen. »Ich mache mir Sorgen über das, was auf Pao vorzugehen scheint. Nie zuvor ist unser Volk so erniedrigt worden!«

Palafox gab vor, schockiert zu sein. »Aber einem Lehrmeister von Breakness zu dienen ist keinesfalls eine Erniedrigung!«

Beran, der fühlte, dass er gegen seinen furchterregenden Gegner einen Punkt wettgemacht hatte, schöpfte Mut. »Ihr habt meine Frage noch nicht beantwortet.«

»Das ist wahr«, sagte Palafox. Er deutete auf einen Stuhl. »Setzt euch – ich werde euch genau beschreiben, was vor sich geht.« Beran setzte sich vorsichtig. Palafox musterte ihn mit halbgeschlossenen Augen. »Eure Information, was Unruhe und Not auf Pao angeht, ist zur Hälfte wahr. Es gibt etwas in der Art, bedauerlich, doch unvermeidbar.«

Beran war erstaunt. »Es treten Dürren auf? Seuchen? Hungersnöte?«

»Nein«, sagte Palafox. »Nichts davon. Es gibt nur gesellschaftliche Veränderungen. Bustamonte hat ein neuartiges, aber mutiges Unterfangen begonnen. Ihr erinnert euch an die Invasion aus Batmarsch?«

»Ja, aber wo ...«

»Bustamonte möchte jedes Wiedereintreten dieses beschämenden Ereignisses vermeiden. Er baut ein Korps von Kriegern zur Verteidigung Paos auf. Zu ihrem Gebrauch hat er die Hylanthküste des Kontinents Schraimand bestimmt. Die alte Bevölkerung ist entfernt worden. Eine neue Gruppe, die nach militärischen Idealen ausgebildet wird und eine neue Sprache spricht, hat ihren Platz eingenommen. Auf Vidamand bedient sich Bustamonte ähnlicher Mittel, um einen Industriekomplex aufzubauen, damit Pao unabhängig von Mercantil wird.«

Beran verfiel in Schweigen, beeindruckt von dem Ausmaß dieser ungeheuren Pläne, aber in seinen Gedanken waren immer noch Zweifel. Palafox wartete geduldig. Beran runzelte unsicher die Stirn, nagte an seinen Handknöcheln und platzte schließlich heraus: »Aber die Paonesen sind nie Krieger oder Mechaniker gewesen – sie wissen nichts von diesen Dingen! Wie kann Bustamonte mit diesem Plan Erfolg haben?«

»Ihr müsst daran denken«, sagte Palafox trocken, »dass ich Bustamonte berate.«

Es gab eine beunruhigende Folgerung aus Palafox' Bermerkung – die Vereinbarung, die offenbar zwischen ihm und Bustamonte bestand. Beran unterdrückte den Gedanken daran, schob ihn in den Hintergrund seines Verstandes. Er fragte mit matter Stimme: »War es denn nötig, die Bewohner aus ihrer Heimat zu vertreiben?«

»Ja. Es durfte keinen Beigeschmack der alten Sprache oder der alten Sitten mehr geben.«

Beran, ein geborener Paonese, der Tatsache bewusst, dass Massentragödien eine normale Erscheinung der paonesischen Geschichte waren, gelang es, die Überzeugungskraft von Palafox' Erklärung zu akzeptieren. »Diese neuen Menschen – werden sie echte Paonesen sein?«

Palafox schien überrascht. »Warum nicht? Sie werden von paonesischem Geblüt sein, geboren und aufgewachsen auf Pao, keinem anderen Ursprung gegenüber loyal.«

Beran öffnete den Mund, um zu sprechen, schloss ihn zweifelnd wieder.

Palafox wartete, aber Beran konnte, obwohl er offenkundig nicht glücklich darüber war, keinen logischen Ausdruck für seine Gefühle finden.

»Nun erzählt mir«, sagte Palafox mit veränderter Stimme, »wie läuft es am Institut?«

»Sehr gut, ich habe den vierten meiner Thesenentwürfe abgeschlossen – der Vorsteher hat in meinem letzten freien Essay Dinge entdeckt, die ihn interessierten.«

»Und was war das Thema?«

»Eine Ausarbeitung über das wichtige paonesische Wort *Präsens* mit dem Versuch einer Übertragung auf Breakness-Denkweisen.«

Palafox' Stimme nahm einen Anflug von Schärfe an. »Und wie schafft Ihr es, so einfach die Gedankengänge von Breakness zu analysieren?«

Beran war von der angedeuteten Missbilligung überrascht, antwortete aber dennoch ohne Schüchternheit. »Wenn, dann ist es mit Bestimmtheit ein Mensch wie ich, weder aus Pao noch aus Breakness, der Vergleiche anstellen kann.«

»Besser, in diesem Fall, als jemand wie ich?«

Beran dachte sorgfältig nach. »Ich habe keine Möglichkeit zu einem Vergleich.«

Palafox starrte ihn intensiv an, dann lachte er. »Ich muss mir Euer Essay kommen lassen und es studieren. Habt Ihr euch bereits für eine grundlegende Richtung Eurer Studien entschieden?«

Beran schüttelte den Kopf. »Es gibt ein Dutzend Möglichkeiten. Im Moment beschäftige ich mich ausführlich mit menschlicher Geschichte, mit der Möglichkeit einer Struktur darin und ihrem merkwürdigen Fehlen. Aber ich habe noch viel zu lernen, viele Autoritäten auf dem Gebiet zu konsultieren, und vielleicht wird sich mir allmählich diese Ordnung zu erkennen geben.«

»Wie es scheint, folgt Ihr der Anregung von Lehrmeister Arbursson, dem Teleologen.«

»Ich habe seine Ideen studiert«, sagte Beran.

»Ah, und sie interessieren euch nicht?«

Beran gab wieder eine vorsichtige Antwort. »Lord Arbursson ist Lehrmeister von Breakness. Ich bin Paonese.«

Palafox lachte kurz auf. »Die Form Eurer Bemerkung lässt durchblicken, dass diese beiden Seinszustände gleichwertig sind.«

Beran wunderte sich über Palafox' Gereiztheit und sagte nichts.

»Nun gut«, sagte Palafox ein wenig unbeholfen, »es scheint, als ob Ihr Euren Weg geht und Fortschritte macht.« Er besah sich Beran von oben bis unten. »Und Ihr habt das Terminal aufgesucht.«

Beran, der von paonesischer Geisteshaltung beeinflusst war, errötete. »Ja.«

»Dann wird es Zeit, dass Ihr beginnt, euch in der Fortpflanzung zu üben. Zweifelsohne seid Ihr mit den notwendigen Theorien wohl vertraut?«

»Die Studenten meines Alters sprechen von nicht viel anderem«, sagte Beran. »Mit Verlaub, Lord Palafox, heute im Terminal...«

»Nun also erfahren wir die Ursache Eurer Besorgnis, wie? Also gut, wie heißt sie?«

»Gitan Netsko«, sagte Beran heiser.

»Wartet hier auf mich«, Palafox verließ mit langen Schritten den Raum.

Zwanzig Minuten später erschien er an der Tür, winkte Beran. »Kommt.«

Ein Luftwagen mit Kuppeldach wartete vor dem Haus. Drinnen saß zusammengekauert eine kleine, einsame Gestalt. Palafox fixierte Beran mit strengem Blick.

»Es ist üblich, dass der Erzeuger für die Erziehung, das erste weibliche Wesen und ein gewisses Maß unparteiischer Beratung des Sohnes sorgt. Ihr profitiert bereits von der Erziehung – im Wagen befindet sich die, die Ihr euch erwählt habt, und den Wagen mögt Ihr auch behalten. Hier ist der Rat, und merkt ihn euch gut, denn nie werdet Ihr einen wertvolleren erhalten! Sucht Euer Denken nach Spuren von paonesischem Mystizismus und Sentimentalität ab. Isoliert diese Regungen – werdet euch ihrer bewusst, aber versucht nicht unbedingt, sie zu verdrängen, weil dann ihr Einfluss sich auf eine tiefere, grundlegendere Ebene verlagert.« Palafox hob die Hand zu einer der eindrucksvollen Gesten von Breakness. »Ich habe mich nun meiner Verantwortung entledigt. Ich wünsche euch eine erfolgreiche Laufbahn, hundert Söhne mit großartigen Leistungen und den respektvollen Neid der euch Gleichgestellten.« Palafox neigte höflich den Kopf.

»Ich danke euch«, sagte Beran mit ebensolcher Höflichkeit. Er drehte sich um und ging durch das Heulen des Windes zum Wagen.

Das Mädchen Gitan Netsko sah auf, als er einstieg, wandte dann die Augen ab und starrte hinaus auf den großen Wind-Fluss.

Beran saß still da, das Herz war ihm zu übervoll, um Worte zu finden. Schließlich streckte er die Hand aus, nahm ihre Hand. Sie war schlaff und kühl; ihr Gesicht war ruhig.

Beran versuchte, in Worte zu fassen, was er im Sinn hatte. »Ihr befindet euch nun unter meiner Obhut … Ich bin Paonese …«

»Lord Palafox hat mich dazu bestimmt, euch zu dienen«, sagte sie mit gemessener, leidenschaftsloser Stimme.

Beran seufzte. Er fühlte sich elend und voller Zweifel: Das war der paonesische Mystizismus und die Sentimentalität, die zu unterdrücken Palafox ihm ausdrücklich geraten hatte. Er ließ den Wagen hinauf in den Wind steigen; dann glitt er den Hügel hinab zum Schlafquartier. Er geleitete sie mit widersprüchlichen Gefühlen zu seinem Zimmer.

Sie standen in dem nüchternen kleinen Raum und betrachteten einander unsicher. »Morgen«, sagte Beran, »werde ich für besseres Quartier sorgen. Heute ist es zu spät.«

Die Augen des Mädchens hatten sich immer mehr gefüllt; nun sank sie auf die Couch, und plötzlich begann sie zu weinen – langsame Tränen der Verlassenheit, der Erniedrigung, des Kummers.

Beran ging voller Schuldgefühle zu ihr, um sich neben sie zu setzen. Er nahm ihre Hand, streichelte sie, murmelte tröstende Worte, die sie gewiss nicht hörte. Es handelte sich um seinen ersten engeren Kontakt mit Kummer; es beunruhigte ihn außerordentlich.

Das Mädchen sprach mit leiser, monotoner Stimme. »Mein Vater war ein gütiger Mann – nie hat er einem lebenden Wesen etwas zu Leide getan. Unser Haus war beinahe tausend Jahre alt. Sein Holz war geschwärzt vom Alter, und auf allem Gestein wuchs Moos. Wir haben am Mervanteich gelebt, mit unserem Schafgarbenfeld dahinter und unserem Pflaumengarten oben am Hang des Blauen Berges. Als die Verwalter kamen und uns zum Gehen aufforderten, war mein Vater erstaunt. Unser altes Haus verlassen? Ein Witz! Niemals!

Sie sagten nur drei Worte, und mein Vater war ärgerlich und bleich und still. Dennoch zogen wir nicht aus. Und das nächste Mal, als sie kamen ...« Die traurige Stimme wurde unhörbar; Tränen hinterließen sanfte Spuren auf Berans Arm.

»Es wird wieder gut!«, sagte Beran.

Sie schüttelte den Kopf. »Unmöglich ... Und am liebsten wäre ich auch tot.«

»Nein, sagt das nicht!« Beran versuchte sie zu trösten. Er streichelte ihr Haar, küsste ihre Wange. Er konnte nicht anders – die Berührung erregte ihn, seine Zärtlichkeiten wurden intimer. Sie wehrte sich nicht. Tatsächlich schien ihr der Liebesakt eine willkommene Ablenkung von ihrem Kummer.

Sie erwachten früh im trüben Licht des Morgens, als der Himmel noch die Farbe von Gusseisen hatte, der Berghang schwarz und formlos wie Teer war und der Wind-Fluss eine rauschende Finsternis.

Nach einer Weile sagte Beran: »Ihr wisst so wenig über mich – seid Ihr nicht neugierig?«

Gitan Netsko gab einen unverbindlichen Laut von sich, und Beran fühlte sich leicht verärgert.

»Ich bin Paonese«, sagte er ernst. »Ich bin vor fünfzehn Jahren in Eiljanre geboren. Ich lebe vorübergehend auf Breakness.«

Er hielt inne, da er erwartete, sie werde nach dem Grund für sein Exil fragen, doch sie wandte den Kopf und blickte hinauf durch das hoch liegende, schmale Fenster in den Himmel.

»Währenddessen studiere ich am Institut«, sagte Beran. »Bis gestern Abend war ich nicht sicher – ich wusste nicht, auf welchem Gebiet ich mich spezialisieren würde. Jetzt weiß ich es! Ich werde Lehrmeister der Linguistik!«

Gitan Netsko wandte den Kopf, sah ihn an. Beran konnte die Gefühle in ihren Augen nicht deuten. Es waren große Augen, seegrün, eindrucksvoll in ihrem blassen Gesicht. Er wusste, dass sie ein Jahr jünger war als er, doch als er ihrem Blick begegnete, fühlte er sich unsicher, unfähig, absurd.

»Was denkt Ihr?«, fragte er kläglich.

Sie zuckte die Achseln. »Nicht viel ...«

»Ach, kommt!« Er beugte sich über sie, küsste ihre Stirn, ihre Wange, ihren Mund. Sie leistete weder Widerstand, noch reagierte sie. Beran begann sich Sorgen zu machen. »Mögt Ihr mich nicht? Habe ich euch verärgert?«

»Nein«, sagte sie mit sanfter Stimme. »Wie könntet Ihr? Solange ich bei einem Breakness-Mann unter Vertrag stehe, haben meine Gefühle keine Bedeutung.«

Beran richtete sich hastig auf. »Aber ich bin kein Breakness-Mann! Es ist, wie ich euch gesagt habe! Ich bin Paonese!«

Gitan Netsko antwortete nicht und schien in eine eigene Welt zu versinken.

»Eines Tages werde ich nach Pao zurückkehren. Vielleicht bald, wer weiß? Ihr werdet mit mir zurückkommen.«

Sie schwieg. Beran war aufgebracht. »Glaubt Ihr mir nicht?«

Mit undeutlicher Stimme sagte sie: »Wenn Ihr wirklich Paonese wärt, würdet Ihr wissen, was ich glaube.«

Beran verfiel in Schweigen. Schließlich sagte er: »Ungeachtet dessen, was ich sein mag, sehe ich, dass ihr nicht glaubt, dass ich Paonese bin!«

Wütend brach es aus ihr hervor: »Was macht das schon aus? Warum solltet Ihr auf so eine Behauptung stolz sein? Die Paonesen sind rückgratlose Schlammwürmer – sie gestatten es dem Tyrannen Bustamonte, sie zu belästigen, zu berauben, zu töten, und nie erheben sie auch nur die Hand zum Protest! Sie suchen Zuflucht wie ein Schaf vor dem Wind, mit dem Rücken zur Bedrohung. Einige fliehen auf einen neuen Kontinent, andere . . .«, sie warf ihm eine kühlen Blick zu ». . . suchen Schutz auf einem fernen Planeten. Ich bin nicht stolz darauf, Paonesin zu sein!«

Beran stand ernüchtert auf, sah blicklos von dem Mädchen weg. Wie er sich so vor seinem inneren Auge betrachtete, zog er eine Grimasse: Was für eine erbärmliche Figur er abgab! Es gab nichts, was er zu seiner Verteidigung vorbringen konnte; sich der Unwissenheit und Hilflosigkeit zu bekennen wäre unehrenhaftes Geblöke. Beran stieß einen tiefen Seufzer aus, begann sich anzuziehen.

Er spürte eine Berührung an seinem Arm. »Vergebt mir – ich weiß, Ihr habt es nicht böse gemeint.«

Beran schüttelte den Kopf, fühlte sich tausend Jahre alt. »Ich habe es nicht böse gemeint, das ist wahr . . . Aber wahr ist auch alles andere, was Ihr gesagt habt . . . Es gibt so viele Wahrheiten – wie soll man sich entscheiden können?«

»Ich weiß nichts von all diesen Wahrheiten«, sagte das Mädchen. »Ich weiß nur, wie mir zu Mute ist, und ich weiß, wenn ich es könnte, dann würde ich Bustamonte, den Tyrannen, umbringen!«

Sobald es der Brauch auf Breakness erlaubte, wurde Beran im Hause von Palafox vorstellig. Einer der dort ansässigen Söhne ließ ihn ein, fragte nach seinem Begehr, aber Beran wich der Frage aus. Es entstand eine Verzögerung von mehreren Minuten, während Beran nervös in einem kahlen, kleinen Vorzimmer nahe dem oberen Teil des Hauses wartete.

Berans Instinkt riet ihm zur Vorsicht, zur vorherigen Prüfung des Bodens – doch er wusste mit einem mutlosen Gefühl tief in seinem Bauch, dass es ihm dazu an der notwendigen Finesse fehlte.

Schließlich wurde er gerufen und weit die Rolltreppe hinab in einen holzverkleideten Empfangsraum geführt, wo Palafox in einem schlichten blauen Gewand saß und kleine Stücke scharfer eingelegter Früchte aß. Er betrachtete Beran ohne Veränderung des Gesichtsausdrucks, nickte kaum wahrnehmbar. Beran machte die gebräuchliche Respektsgeste und sprach mit der ernstesten Stimme, die er aufbringen konnte: »Lord Palafox, ich bin zu einer wichtigen Entscheidung gelangt.«

Palafox sah ihn verblüfft an. »Warum solltet Ihr das nicht? Ihr habt das Alter der Verantwortung erreicht, und keine Eurer Entscheidungen sollte leichtfertig sein.«

Beran sagte hartnäckig: »Ich möchte nach Pao zurückkehren.«

Palafox antwortete nicht sofort, aber es war eindeutig, dass Berans Ansinnen keine Sympathie auslöste. Dann sagte er in trockenstem Tonfall: »Ich bin überrascht über Euren Mangel an Klugheit.«

Wieder das scharfsinnige Ablenkungsmanöver, die Umleitung zuwiderlaufender Energie in komplizierte Bahnen. Doch der Kunstgriff war an Beran verschwendet. Er drängte vorwärts. »Ich habe über Bustamontes Programm nachgedacht, und ich bin besorgt. Es mag

Vorteile mit sich bringen – aber ich habe das Gefühl, als ob da etwas Abnormes und Unnatürliches im Gang ist.«

Palafox' Mund presste sich zusammen. »Nehmen wir einmal an, Eure Empfindungen seien korrekt – was könntet Ihr unternehmen, um dieser Tendenz entgegenzutreten?«

»Ich bin der wahre Panarch, nicht wahr? Ist Bustamonte nicht lediglich Ayudor-Senior? Wenn ich bei ihm erscheine, muss er mir gehorchen.«

»Theoretisch. Wie werdet Ihr Eure Identität beweisen? Angenommen, er erklärt euch zu einem Irren, einem Schwindler?«

Beran stand schweigend da – das war ein Punkt, den er nicht bedacht hatte.

Palafox fuhr unbarmherzig fort. »Ihr würdet ertränkt, Euer Leben würde ausgelöscht. Was hättet Ihr damit erreicht?«

»Vielleicht würde ich mich Bustamonte nicht zu erkennen geben. Wenn ich auf einer der Inseln landen würde – Ferai oder Viamne ...«

»Gut, gut. Angenommen, Ihr überzeugt eine gewisse Anzahl von Menschen von Eurer Identität, Bustamonte würde immer noch Widerstand leisten. Es könnte euch gelingen, einen Bürgerkrieg anzuzetteln. Wenn Ihr Bustamontes Handlungen für rücksichtslos haltet, dann betrachtet Eure eigenen Absichten in diesem Licht.«

Beran lächelte. »Ihr versteht die Paonesen nicht. Es würde keinen Krieg geben. Bustamonte würde lediglich ohne Amt und Würden dastehen.«

Palafox fand keinen Geschmack am Korrigieren von Berans Ansichten. »Und wenn Bustamonte von Eurem

Kommen erfährt und dem Schiff mit einem Trupp Neutraloiden entgegenkommt, was dann?

»Wie sollte er es erfahren?«

Palafox aß einen Bissen gewürzten Apfel. Er sagte bedächtig: »Ich würde es ihm sagen.«

»Dann seid Ihr gegen mich?«

Palafox setzte sein schwaches Lächeln auf. »Nicht, wenn Ihr meinen Interessen nicht zuwiderhandelt – die sich derzeit mit denen Bustamontes decken.«

»Worin bestehen denn Eure Interessen?«, rief Beran. »Was hofft Ihr zu erreichen?«

»Auf Breakness«, sagte Palafox leise, »sind das Fragen, die keiner je stellt.«

Beran war einen Moment lang still. Dann wandte er sich ab und rief erbittert: »Warum habt Ihr mich hierher gebracht? Warum habt Ihr am Institut für mich gebürgt?«

Palafox entspannte sich, nun da der grundlegende Konflikt definiert war, und setzte sich bequem hin. »Wo liegt da das Geheimnisvolle? Der fähige Stratege rüstet sich mit so vielen Werkzeugen und Methoden wie möglich. Eure Funktion war es, als Druckmittel gegen Bustamonte zu dienen, sollte sich die Notwendigkeit ergeben.«

»Und nun bin ich euch nicht weiter nützlich?«

Palafox zuckte die Achseln. »Ich bin kein Prophet – ich kann die Zukunft nicht deuten. Aber meine Pläne für Pao ...«

»*Eure* Pläne für Pao!«, fuhr Beran dazwischen.

»... entwickeln sich reibungslos. Günstigenfalls meine ich, Ihr seid kein Aktivposten mehr, denn nun droht Ihr den reibungslosen Verlauf der Ereignisse zu stören. Es ist daher besser, dass unser grundlegendes Verhältnis zueinander deutlich wird. Ich bin keineswegs Euer Feind, aber unsere Interessen decken sich auch nicht. Ihr habt keinen Grund, euch zu beklagen. Ohne meine Hilfe wärt Ihr tot. Ich habe euch ein Auskommen, Schutz, eine unvergleichlich gute Erziehung zukommen lassen. Ich werde weiterhin Eure Laufbahn fördern, es sei denn, Ihr handelt mir zuwider. Es gibt nichts weiter zu sagen.«

Beran stand auf, verneigte sich in förmlichem Respekt. Er wandte sich ab, um zu gehen, zögerte, blickte sich um. Als er in die schwarzen Augen sah, groß und flammend, war er wie vom Schlag getroffen. Dies war nicht der bemerkenswert rationale Lehrmeister Palafox, intelligent, hochmodifiziert, nur dem Lordlehrmeister Vampellte an Prestige unterlegen; dieser Mann war fremdartig und wild und strahlte eine geistige Kraft aus, die jenseits der Logik der Normalität lag.

Beran kehrte zu seiner Kammer zurück, wo er Gitan Netsko auf dem steinernen Fensterbrett sitzend vorfand, das Kinn auf die Knie gestützt, die Arme um die Knöchel geschlungen.

Sie blickte auf, als er hereinkam, und trotz seiner Niedergeschlagenheit empfand Beran einen angenehmen, wenn auch wehmütigen Schauer des Besitzerstolzes. Sie ist reizend, dachte er: eine typische Paonesin aus dem Vineland, schlank und reinhäutig mit zarten Knochen und feinmodellierten Gesichtszügen. Ihr Ausdruck war nicht zu deuten; er hatte keine Ahnung, was sie von ihm hielt, aber so ging es auf Pao zu, wo die intimen Beziehungen der Jugendzeit der Tradition nach hinter Andeutungen und Gleichgültigkeit verborgen wurden. Das Heben einer Augenbraue konnte brennende Leidenschaft bedeuten; ein Zögern, eine gedämpfte Stimmlage absolute Abneigung ... Unvermittelt sagte Beran: »Palafox will meine Rückkehr nach Pao nicht gestatten.«

»Nicht? Und was jetzt?«

Er ging zum Fenster, blickte ernst hinaus auf den nebelumströmten Abgrund. »Jetzt – werde ich ohne seine Erlaubnis abreisen ... Sobald sich die Gelegenheit ergibt.«

Sie betrachtete ihn skeptisch. »Und wenn Ihr zurückkehrt – was hat das für einen Nutzen?«

Beran schüttelte zweifelnd den Kopf. »Ich weiß nicht genau. Ich würde die Hoffnung hegen, die Ordnung wiederherzustellen, die Rückkehr zum alten Brauchtum zu erreichen.«

Sie lachte traurig, ohne Spott. »Das ist ein gutes Streben. Ich hoffe, ich werde es erleben.«

»Ich hoffe auch, dass Ihr das tut.«

»Aber ich bin erstaunt. Wie werdet Ihr das alles erreichen?«

»Ich weiß nicht. Im einfachsten Fall werde ich lediglich die Befehle erteilen.« Als er ihren Gesichtsausdruck sah, rief Beran aus: »Ihr müsst wissen, ich bin der wahre Panarch. Mein Onkel Bustamonte ist ein Meuchelmörder – er hat meinen Vater Aiello umgebracht.«

XI

Berans Entscheidung, nach Pao zurückzukehren, war schwer in die Tat umzusetzen. Er hatte weder die Mittel, das nötige Beförderungsmittel zu kaufen, noch die Macht, es zu beschlagnahmen. Er versuchte, für sich und das Mädchen die Reise zu erbetteln; er wurde abgewiesen und ausgelacht. Enttäuscht schmollte er schließlich in seinen Räumen, vernachlässigte seine Studien und sprach kaum ein Wort mit Gitan Netsko, die den größten Teil ihrer Zeit damit zubrachte, mit leerem Blick den windigen Abgrund entlang zu starren.

Drei Monate vergingen. Und eines Morgens bemerkte Gitan Netsko, sie glaube, sie sei schwanger.

Beran nahm sie mit in die Klinik, meldete sie zur pränatalen Untersuchung an. Sein Erscheinen erregte Überraschung und Belustigung beim Personal der Klinik. »Ihr habt das Kind ohne fremde Hilfe gezeugt? Kommt schon, sagt uns: Wer ist der richtige Vater?«

»Sie ist mir durch Vertrag verbunden«, erklärte Beran entrüstet und verärgert. »Ich bin der Vater!«

»Verzeiht unsere Skepsis, aber Ihr scheint kaum alt genug.«

»Die Tatsachen scheinen euch Unrecht zu geben«, konterte Beran.

»Mal sehen, mal sehen.« Sie winkten Gitan Netsko. »Ins Laboratorium mit euch.«

Im letzten Moment wurde das Mädchen ängstlich. »Bitte, ich möchte lieber nicht.«

»Das gehört alles zum Ablauf, wie er bei uns üblich ist«, versicherte ihr der Empfangssekretär. »Kommt, hier entlang bitte.«

»Nein, nein«, murmelte sie und schreckte zurück. »Ich will da nicht hin!«

Beran war verwirrt. Er wandte sich an den Sekretär: »Ist es denn nötig, dass sie jetzt hingeht?«

»Aber gewiss!«, sagte der Angestellte aufgebracht. »Wir nehmen Standardtests gegen mögliche genetische Disharmonien oder Abnormalität vor. Werden diese Faktoren jetzt entdeckt, beugt man späteren Schwierigkeiten vor.«

»Könnt Ihr nicht warten, bis sie sich wieder gefasst hat?«

»Wir werden euch ein Beruhigungsmittel geben.« Sie legten die Hände auf die Schultern des Mädchens. Als sie sie wegführten, warf sie einen verängstigten Blick zurück auf Beran, der ihm vieles sagte, was sie nie ausgesprochen hatte.

Beran wartete – eine Stunde, zwei Stunden. Er ging zur Tür, klopfte. Ein junger Mediziner kam heraus, und Beran glaubte, Unbehagen in seinem Gesichtsausdruck zu entdecken.

»Warum diese Verzögerung? Sicherlich ist inzwischen ...«

Der Mediziner hob die Hand. »Ich fürchte, es hat Komplikationen gegeben. Es sieht so aus, als hättet ihr doch nicht gezeugt.«

Ein Frösteln begann, sich in Berans Eingeweiden auszubreiten. »Komplikationen welcher Art?«

Der Mediziner zog sich durch die Tür zurück. »Ihr kehrt besser in Euer Schlafquartier zurück. Es besteht keine Notwendigkeit, noch länger zu warten.«

Gitan Netsko wurde zum Laboratorium gebracht, wo sie einer Reihe von Routinetests unterzogen wurde. Dann wurde sie rücklings auf eine Pritsche gelegt und unter eine schwere Maschine gerollt. Ein elektrisches Feld dämpfte ihre Gehirnströme, anästhesierte sie, während die Maschine eine unendlich dünne Nadel in ihren Unterleib versenkte, in den Embryo vorstieß und ein halbes Dutzend Zellen entnahm.

Das Feld erlosch; Gitan Netsko erlangte das Bewusstsein wieder. Sie wurde nun in einen Warteraum geschickt, während die genetische Struktur der embryonalen Zellen von einem Rechner beurteilt, kategorisiert und klassifiziert wurde.

Die Antwort kam zurück: »Ein männliches Kind, normal in jedem Entwicklungsstadium. Lebenserwartung Klasse AA.« Der Index ihres genetischen Typs wurde ausgewiesen, und ebenso der des Vaters.

Der Techniker betrachtete den väterlichen Index ohne sonderliches Interesse, dann sah er noch einmal hin. Er rief einen Kollegen herbei, sie kicherten, und einer von ihnen sagte etwas in einen Kommunikator.

Die Stimme von Lord Palafox antwortete: »Ein paonesisches Mädchen? Zeigt mir ihr Gesicht... Ich erinnere mich – ich habe sie begattet, bevor ich sie meinem Schützling überlassen habe. Es ist ganz bestimmt mein Kind?«

»Allerdings, Lord Palafox. Es gibt nicht viele Indizes, die wir so gut kennen.«

»Also gut – ich werde sie in mein Schlafquartier überführen.«

Palafox traf zehn Minuten später ein. Er verneigte sich mit feierlichem Respekt vor Gitan Netsko, die ihn furchtsam ansah. Palafox sprach in höflichem Tonfall.

»Es sieht so aus, als würdet Ihr mein Kind im Leibe tragen, mit einer Lebenserwartung der Klasse AA, was ausgezeichnet ist. Ich werde euch in mein persönliches Krankenquartier mitnehmen, wo Ihr allerbeste Pflege erhalten werdet.«

Sie sah ihn verständnislos an. »Es ist Euer Kind, das ich im Leibe trage?«

»So sagen es die Analysatoren. Wenn Ihr gut gebärt, verdient Ihr euch einen Bonus. Ich versichere euch, Ihr werdet mich nie knauserig finden.«

Sie sprang mit blitzenden Augen auf. »Das ist widerlich – ich bin nicht bereit, so ein Ungeheuer zur Welt zu bringen!«

Sie rannte wie gehetzt durch den Raum, zur Tür hinaus, und der Mediziner und Palafox kamen hinterher.

Sie hastete an der Tür vorbei, die zu dem Zimmer führte, wo Beran wartete, sah jedoch nur das riesige Rückgrat der Rolltreppe, die mit den Stockwerken oberhalb und unterhalb in Verbindung stand.

Auf dem Treppenabsatz blieb sie stehen, sah sich mit einer wilden Grimasse um. Die schmale Gestalt von Palafox befand sich nur ein paar Meter hinter ihr. »Haltet ein!«, rief er leidenschaftlich. »Ihr tragt mein Kind im Leibe!«

Sie gab keine Antwort, sondern blickte, sich umwendend, in den Treppenschacht hinab. Sie schloss die Augen, seufzte, ließ sich nach vorn fallen. Sie wirbelte immer tiefer hinunter, trudelte und schlug auf, während Palafox hinter ihr her starrte. Endlich kam sie tief unten zur Ruhe, eine reglose Masse, blutüberströmt.

Die Mediziner brachten sie auf einer Tragbahre nach oben, doch das Kind war nicht mehr da, und Palafox entfernte sich verärgert.

Es gab noch weitere Verletzungen, und da Gitan Netsko sich für den Tod entschieden hatte, konnten die Mediziner von Breakness ihr das Leben nicht aufzwingen ...

Als Beran am nächsten Tag wiederkam, wurde ihm gesagt, dass das Kind von Lord Palafox gewesen sei; dass das Mädchen, als es von dieser Tatsache erfuhr, in das Quartier Palafox' zurückgekehrt sei, um den Geburtsbonus zu beanspruchen. Die wahren Umstände wurden strengstens geheim gehalten; in der Gesellschaft des Breakness-Instituts konnte nichts das Prestige eines Mannes so schmälern oder ihn in den Augen der ihm Gleichgestellten so lächerlich machen wie eine derartige Episode: dass nämlich eine Frau lieber Selbstmord begangen hatte, als sein Kind zur Welt zu bringen.

Eine Woche lang saß Beran in seiner Zelle oder durchwanderte die windigen Straßen, so lange sein Körper der Kälte zu widerstehen vermochte. Und in der Tat geschah es nicht durch bewusste Willensanstrengung, dass seine Füße ihn mühsam ins Quartier zurücktrugen.

Nie zuvor war ihm das Leben als derart düsteres Panorama erschienen.

Auf seine Erstarrung und Stumpfheit reagierte er schließlich mit beinahe bösartiger Erregung. Er stürzte sich auf seine Arbeit am Institut und polsterte seinen Kopf mit Wissen, als lindernden Umschlag gegen seinen Kummer.

Zwei Jahre vergingen. Beran wurde größer; die Knochen seines Gesichts zeichneten sich kantig unter der Haut ab. Gitan Netsko verschwand im Hintergrund seiner Erinnerung, um dort zu einem bitter-süßen Traum zu werden.

Ein oder zwei merkwürdige Dinge ereigneten sich während dieser Jahre – Vorkommnisse, für die er keine Erklärung fand. Einmal begegnete er Palafox in einem Korridor des Instituts; Palafox schenkte ihm einen derart frostigen Blick, dass Beran ihn voll Verwunderung anstarrte. Er selbst war es, der den Kummer hegte, nicht Palafox. Warum also Palafox' Feindseligkeit?

Bei einer anderen Gelegenheit sah er von einem Schreibtisch in der Bibliothek hoch, um zu entdecken, dass eine Gruppe hoch gestellter Lehrmeister daneben stand und ihn ansah. Sie waren amüsiert und redeten eifrig miteinander, als ob sie an einem geheimen Scherz teilhätten. In der Tat war das der Fall – und die arme Gitan Netsko hatte ihm die Pointe geliefert. Die Umstände ihres Ablebens waren einfach etwas zu Besonderes gewesen, um sie für sich zu behalten, und nun wurde Beran unter Kennern als jener Frischling hervorgehoben, der, um es zu umschreiben, Lord Palafox »auf dem Gebiet der Fortpflanzung« in einem Maße ausgestochen hatte, dass ein Mädchen lieber Selbstmord begangen hatte als zu Palafox zurückzukehren.

Der Scherz wurde schließlich schal und halb vergessen; nur emotionales Narbengewebe blieb zurück.

Nach dem Tode Gitan Netskos begann Beran wieder, regelmäßig den Raumhafen aufzusuchen – sowohl in der Hoffnung, Neuigkeiten aus Pao zu erfahren als auch um die ankommenden Frauen zu beobachten. Bei seinem vierten Besuch war er überrascht, eine große Gruppe junger Männer – vierzig oder fünfzig – aus dem Leichterschiff steigen zu sehen – beinahe mit Sicherheit Paonesen. Als er nahe genug herankam, um ihre Sprechweise zu hören, wurde seine Annahme bestätigt; sie waren tatsächlich Paonesen.

Er näherte sich einem aus der Gruppe, während sie dastanden und auf ihre Registrierung warteten, einem hoch gewachsenen Jugendlichen mit ernsthaften Gesichtszügen, nicht älter als er selbst. Er zwang sich, in beiläufigem Tonfall zu sprechen. »Wie geht es auf Pao?«

Der Neuankömmling musterte ihn vorsichtig, so als schätze er ab, wie viel Wahrheitstreue er riskieren könne. Schließlich gab er eine unverbindliche Antwort. »So gut es eben gehen kann, wie die Zeiten und die Umstände nun mal sind.«

Beran hatte kaum mehr erwartet. »Was tut ihr hier auf Breakness, so viele von euch in einer Gruppe?«

»Wir sind Linguistikstudenten, hier zum fortgeschrittenen Studium.«

»›Linguisten‹? Auf Pao? Was ist denn das für eine Neuerung?«

Der Neuankömmling musterte Beran. »Du sprichst paonesisch mit heimatlichem Akzent. Seltsam, dass du so wenig über die momentanen Verhältnisse dort weißt.«

»Ich lebe seit acht Jahren auf Breakness. Du bist der zweite Paonese, den ich seither getroffen habe.«

»Ich verstehe … Also, es hat Veränderungen gegeben. Heutzutage muss man auf Pao fünf Sprachen kennen, nur um ein Glas Wein zu bestellen.«

Der Trupp bewegte sich auf den Empfangstisch zu. Beran hielt mit ihm Schritt, wie er schon einmal mit Gitan Netsko Schritt gehalten hatte. Wähend er zusah, wie die Namen in ein Verzeichnis eingetragen wurden, kam ihm eine Idee in den Sinn, die ihn so sehr erregte, dass er kaum sprechen konnte … »Wie lange werdet ihr auf Breakness studieren?«, fragte er heiser.

»Ein Jahr.«

Beran trat zurück, unternahm eine vorsichtige Einschätzung der Situation. Der Plan erschien durchführbar; außerdem, was hatte er zu verlieren? Er sah auf seine Kleider hinab: typische Breaknesstracht. Er zog sich in eine Ecke zurück und entledigte sich seiner Bluse und des Unterhemdes; indem er sie in anderer Reihenfolge übereinander zog und sie lose über seine Hose hängen ließ, erzielte er einen annähernd paonesischen Effekt.

Er reihte sich am Ende der Schlange ein. Der junge Mann vor ihm sah sich neugierig um, sagte jedoch nichts. Bald kam er an den Anmeldetisch. Der Beamte war ein junger Institutsabsolvent, vier oder fünf Jahre älter als er. Er wirkte von seiner Aufgabe gelangweilt und sah kaum auf, als Beran an den Tisch kam.

»Name?«, fragte der Beamte in schwerfälligem Paonesisch.

»Ercole Paraio.«

Der Beamte durchforschte brütend seine Liste. »Wie lauten die Symbole?«

Beran buchstabierte den fingierten Namen.

»Seltsam«, murmelte der Beamte. »Er steht nicht im Verzeichnis... Irgendein unfähiger Idiot...« Seine Stimme verklang; er zupfte an dem Papierbogen. »Noch mal die Symbole?«

Beran buchstabierte den Namen, und der Beamte fügte ihn der Anmeldeschrift hinzu. »Also gut – hier ist dein Passierschein. Trage ihn auf Breakness zu allen Zeiten bei dir. Wenn du nach Pao zurückgehst, gibst du ihn wieder ab.«

Beran folgte den anderen zu einem wartenden Fahrzeug und fuhr in der neuen Identität Ercole Paraios den Hang hinab zu einem neuen Schlafquartier. Es schien eine fantastische Hoffnung zu sein... Und doch –

warum nicht? Die Linguistikstudenten hatten keinen Grund, ihn zu beschuldigen; ihre Gedanken waren beschäftigt mit all dem Neuen von Breakness. Wer würde schon nach Beran, dem vernachlässigten Schützling von Palafox fragen? Niemand. Jeder Schüler des Instituts war nur sich selbst verantwortlich. Als Ercole Paraio würde er genug Freizeit haben, die Identität Beran Panaspers aufrechtzuerhalten, bis zum Zeitpunkt, da Beran verschwinden musste.

Gemeinsam mit den anderen Linguistikstudenten aus Pao wurde Beran eine Schlafzelle und ein Platz am Tisch im Speisesaal zugewiesen.

Die Klasse wurde am nächsten Morgen in einer leeren Steinhalle mit einem Dach aus durchsichtigem Glas zusammengerufen. Das schwache Sonnenlicht fiel schräg herein, zerschnitt die Wand mit der Grenzlinie zwischen Licht und Schatten.

Ein junger Institutsabsolvent namens Finisterle, einer von Palafox' vielen Söhnen, erschien, um zu der Gruppe zu sprechen. Beran hatte ihn viele Male bemerkt – groß, noch hagerer als auf Breakness üblich, mit der bugähnlichen Nase und der dominierenden Stirn von Palafox, doch mit trüben braunen Augen und einer Haut wie dunkle Eiche, ererbt von seiner namenlosen Mutter. Er sprach mit ruhiger, beinahe sanfter Stimme, wobei er von Gesicht zu Gesicht blickte, und Beran fragte sich, ob Finisterle ihn wohl erkennen würde.

»In gewissem Sinne seid ihr eine experimentelle Gruppe«, sagte Finisterle. »Es ist erforderlich, dass viele Paonesen rasch viele Sprachen lernen. Die Schulung hier auf Breakness könnte ein Mittel zu diesem Zweck sein.

Möglicherweise herrscht in einigen eurer Köpfe Verwirrung. Warum, fragt ihr, müssen wir drei neue Sprachen lernen?

In eurem Fall ist die Antwort leicht: Ihr werdet ein elitäres Managerkorps – ihr werdet koordinieren, ihr werdet fördern, ihr werdet unterrichten.

Doch das beantwortet eure Frage nicht vollständig. Warum, fragt ihr, muss überhaupt jemand eine neue Sprache lernen? Die Antwort auf diese Frage findet sich in der Lehre von der dynamischen Linguistik. Hier sind die Grundregeln, die ich ohne Beweis oder Begründung vortragen werde, und die ihr, zumindest vorübergehend, unumschränkt akzeptieren müsst.

Die Sprache bestimmt den Gedankenablauf, die Reihenfolge, in welcher verschiedene Typen von Reaktionen sich an Aktionen anschließen.

Keine Sprache ist neutral. Alle Sprachen geben dem Bewusstsein der Masse Anregungen, einige stärker als andere. Ich wiederhole, wir kennen keine ›neutrale‹ Sprache – und es gibt keine ›beste‹ oder ›optimale‹ Sprache, auch wenn Sprache A für den Kontext X besser geeignet sein mag als Sprache B.

In einem noch weiter gefassten Bezugsrahmen stellen wir fest, dass jede Sprache dem Bewusstsein ein bestimmtes Weltbild aufdrängt. Welches ist nun das ›wahre‹ Weltbild? Gibt es eine Sprache, die dem ›wahren‹ Weltbild Ausdruck verleiht? Erstens besteht kein Grund, zu glauben, ein ›wahres‹ Weltbild, wenn es existiert, sei ein wertvolles und nützliches Werkzeug. Zweitens gibt es keine Regel, das ›wahre‹ Weltbild zu definieren. ›Wahrheit‹ ist in den Vorurteilen dessen enthalten, der sie zu definieren versucht. Jede Ordnung irgendwelcher Anschauungen setzt eine Beurteilung der Welt voraus.«

Beran saß da und hörte mit leisem Erstaunen zu. Finisterle sprach Paonesisch, das nur wenig von dem Stakkato des Breaknessakzents enthielt. Seine Ansichten waren weitaus gemäßigter und weniger eindeutig als alle anderen, deren Formulierung Beran im Bereich des Instituts gehört hatte.

Finisterle sprach weiter, beschrieb den Studienablauf, und während er sprach, schien es, als würden seine Augen immer häufiger und mit finsterem Blick auf Beran ruhen. Berans Zuversicht begann zu schwinden.

Doch als Finisterle seine Rede beendet hatte, machte er keinerlei Anstalten, Beran anzusprechen, und schien ihn sogar bewusst zu übersehen. Beran meinte, er sei vielleicht doch unerkannt geblieben.

Er versuchte, zumindest den Anschein seines früheren Lebens am Institut aufrechtzuerhalten, und machte sich in den diversen Studios, Forschungsbibliotheken und Schulräumen bemerkbar, damit keine offensichtliche Verminderung seiner Aktivitäten entstand.

Am dritten Tag stieß er beim Hineingehen in eine Sichtkabine beinahe mit Finisterle zusammen, der gerade herauskam. Die zwei blickten einander ins Auge. Dann trat Finisterle mit einer höflichen Entschuldigung beiseite und ging seiner Wege. Beran betrat mit feurig erhitztem Gesicht die Kabine, war aber zu fassungslos, um den Kode für den Film einzugeben, den zu studieren er gekommen war.

Am nächsten Morgen dann wurde er, wie es der Zufall wollte, zu einer Rezitationsstunde eingeteilt, die Finisterle abhielt, und musste feststellen, dass er dem allgegenwärtigen Sohn von Palafox an einem dunklen Teakholztisch direkt gegenübersaß.

Finisterles Gesichtsausdruck veränderte sich nicht; er

war ernst und höflich, wenn er zu Beran sprach – doch Beran glaubte, einen spöttischen Funken in den Augen des anderen gesehen zu haben. Finisterle wirkte allzu ernst, allzu besorgt, allzu höflich.

Berans Nerven konnten die Anspannung nicht länger ertragen. Nach dem Unterricht wartete er an seinem Platz, während die anderen gingen.

Finisterle hatte sich ebenfalls erhoben, um sich zu entfernen. Er hob mit höflichem Erstaunen die Augenbrauen, als Beran ihn ansprach. »Du hast eine Frage, Student Paraio?«

»Ich möchte wissen, was Ihr gegen mich im Schilde führt. Warum meldet Ihr mich nicht bei Palafox?«

Finisterle machte nicht den Versuch, so zu tun, als verstehe er nicht. »Die Tatsache, dass du als Beran Panasper das Institut besuchst und als Ercole Paraio zusammen mit den Paonesen Linguistik studierst? Was sollte ich denn im Schilde führen, warum sollte ich dich melden?«

»Ich weiß nicht. Ich frage mich, ob Ihr es tun werdet.«

»Ich sehe nicht ein, was dein Verhalten mit mir zu tun hat.«

»Ihr müsst wissen, ich bin hier als Schützling von Lord Palafox.«

»Ach ja. Aber ich habe nicht den Auftrag, seine Interessen zu wahren. Selbst dann nicht«, fügte er zartfühlend hinzu, »wenn ich Verlangen danach hätte.«

Beran sah so überrascht aus, wie er war. Finisterle fuhr mit sanfter Stimme fort: »Du bist Paonese; du verstehst uns aus Breakness nicht. Wir sind totale Individualisten – jeder hat sein ganz persönliches Ziel. Das paonesische Wort ›Kooperation‹ hat auf Breakness keine Entsprechung. Wie sollte ich mir dadurch einen Vorteil verschaffen, dass ich deinen Fall an Sire Palafox weitermelde? Eine derartige Tat ist unwiderruflich. Ich verpflichte mich dadurch ohne jeden wahrnehmbaren Vorteil. Wenn ich dagegen nichts sage, besitze ich immer noch mögliche Alternativen.«

Beran stotterte. »Verstehe ich also richtig, dass Ihr nicht vorhabt, mich zu melden?«

Finisterle nickte. »Nein, es sei denn, es wäre zu meinem Vorteil. Und das kann ich mir im Moment nicht vorstellen.«

XII

Ein Jahr verging – ein Jahr des Bangens, des innerlichen Triumphs, der sorgsam unterdrückten Hoffnung; ein Jahr der List, des intensiven Studiums, in welchem die Notwendigkeit des Lernens die Lernfähigkeit zu beflügeln schien; ein Jahr, in dessen Verlauf Beran Panasper, der paonesische Exilant, ein aufmerksamer, wenn auch unregelmäßiger Student am Institut war, und Ercole Paraio, der paonesische Linguistikstudent, rasche Fortschritte in drei neuen Sprachen machte: Valiant, Technikant und Kogitant.

Zu Berans Überraschung und seinem großen Vorteil erwies sich Kogitant als die Sprache von Breakness, beträchtlich modifiziert gegenüber dem in der ursprünglichen Mundart latent vorhandenen Ich-Bezug.

Beran hielt es für das Beste, seine Unwissenheit über die gegenwärtigen Verhältnisse auf Pao nicht zu zeigen, und unterdrückte seine Fragen. Dessen ungeachtet erfuhr er auf Umwegen viel von dem, was sich auf Pao zutrug.

In Teilgebieten zweier Kontinente, der Hylanth-Küste von Schraimand und an den Gestaden der Zelambrebucht entlang der Nordküste Vidamands kam es weiterhin zu Enteignungen und Anwendung von Gewalt, und das Elend der Flüchtlingslager setzte sich fort. Keiner kannte definitiv das Ausmaß der Pläne Bustamontes – zweifellos wie von Bustamonte beabsichtigt. In beiden Gebieten war die ursprüngliche Bevölkerung entwurzelt worden und wurde es noch, während die Enklave der neuen Sprechweise sich vergrößerte, eine Flut, die gegen die zurückweichenden Ufer alter paonesischer Sitten anstürmte. Die betroffenen Gebiete waren immer noch vergleichsweise klein und die neue Bevölkerung sehr jung: Kinder der ersten und zweiten Lebensoktade, beaufsichtigt von einem spärlichen Kader von Linguisten, die unter Androhung der Todesstrafe nur die neue Sprache benutzten.

Mit gedämpfter Stimme beschworen die Studenten Szenen der Qual: die absolute, passive Halsstarrigkeit der Bevölkerung selbst im Angesicht des Verhungerns; die Vergeltungsmaßnahmen, ausgeführt mit echt paonesischer Missachtung für das Leben des Einzelnen.

In anderer Hinsicht hatte Bustamonte sich als fähiger Herrscher erwiesen. Die Preise waren stabil, der Staatsapparat einigermaßen leistungsfähig. Sein persönlicher Lebensstil war prächtig genug, um die Liebe der Paonesen zum Pomp zu befriedigen, doch nicht so extravagant prachtvoll, dass er das Schatzamt Bankrott machte. Nur in Schraimand und Vidamand herrschte wirklich Unzufriedenheit – und Unzufriedenheit war hier natürlich ein schwacher Ausdruck für die trotzige Erbitterung, den Schmerz und die Trauer.

Über die im Aufbau befindlichen Gesellschaften, die sich im Lauf der Zeit über das geräumte Land ausbreiten würden, war nur wenig bekannt, und Beran fand es schwierig, zwischen Mutmaßung und Tatsache zu unterscheiden.

Eine in paonesische Sitten hineingeborene Person erbte deren Unempfindlichkeit gegenüber menschlichem Leid – nicht so sehr Gefühllosigkeit als intuitive Erkenntnis von Schicksal. Pao war eine Welt mit riesigen Bevölkerungszahlen, und Überschwemmungen betrafen automatisch große Massen von Menschen. Daher mochte ein Paonese vielleicht von der Not eines Vogels mit gebrochenem Flügel ergriffen sein, während er zugleich die Nachricht vom Ertrinken zehntausender in einer Sturmflut ignorierte.

Berans paonesische Herkunft war durch seine Erziehung modifiziert worden; denn keiner konnte die Bevölkerung von Breakness als etwas anderes betrachten als eine Ansammlung isolierter Einzelwesen. Vielleicht war er aus diesem Grunde von den Nöten Schraimands und Vidamands berührt. Hass, ein Element, das seiner Natur bis dahin fremd gewesen war, begann sich in seinem Bewusstsein einzunisten. Bustamonte, Palafox – diese Männer hatten sich für ungeheure Schrecken zu verantworten!

Das Jahr neigte sich seinem Ende zu. Beran erwarb sich durch eine Kombination aus natürlicher Intelligenz, Eifer und Vorkenntnissen der Sprache von Breakness einen beachtlichen Ruf als Linguistikstudent und hielt gleichzeitig etwas von seinem früheren Lehrplan aufrecht. Im Grunde genommen führte Beran zwei unterschiedliche Leben, von denen jedes einzelne vom anderen getrennt verlief. Sein altes Leben als Student am Breakness-Institut stellte kein Problem dar, denn niemand dort verwandte auch nur ein Jota Aufmerksamkeit auf etwas anderes als die eigenen Schwierigkeiten.

Als Linguistikstudent war die Lage schwieriger. Seine Mitstudenten waren Paonesen, gesellig und neugierig, und Beran erwarb sich den Ruf der Exzentrizität, denn er hatte weder die Zeit noch den Hang, sich an den Freizeitvergnügen zu beteiligen.

In einem heiteren Moment ersannen die Studenten ein Bastard-Gemisch von einer Sprache, zusammengetragen aus Bruchstücken von Paonesisch, Kogitant, Valiant, Technikant, Mercantil und Batch mit uneinheitlichem Satzbau und heterogenem Wortschatz. Die zusammengewürfelte Sprache war als Pastiche bekannt.

Die Studenten wetteiferten untereinander um ihre Beherrschung und gebrauchten sie zum ausdrücklichen Missfallen der Instruktoren, welche meinten, diese Mühe solle besser auf ihr Studium verwandt werden. Die Studenten verwiesen auf die Valianten, Technikanten und Kogitanten und argumentierten, dass nach allen Regeln der Logik und Konsequenz die Dolmetscher ebenfalls eine charakteristische Sprache sprechen sollten – warum also nicht Pastiche?

Die Lehrer stimmten dem im Prinzip zu, erhoben aber Einspruch gegen Pastiche als einer formalen Mixtur, einem Mischmasch ohne Stil und Würde. Die Studenten bekümmerte das nicht, dennoch unternahmen sie amüsiert den Versuch, Stil und Würde für ihr Werk zu ersinnen.

Beran meisterte Pastiche zusammen mit den anderen, nahm aber nicht an seinem Aufbau teil. Da seine Aufmerksamkeit noch auf andere Weise in Anspruch genommen war, besaß er nur wenig Energien für linguistische Spiele. Und als die Zeit der Rückkehr nach Pao immer näher rückte, spannten sich Berans Nerven an.

Ein Monat war noch verblieben, dann eine Woche, und die Linguisten sprachen von nichts anderem als von Pao. Beran hielt sich von den anderen fern, bleich und besorgt, und nagte an den Lippen.

Er traf Finisterle in einem der dunklen Gänge und blieb abrupt stehen. Würde Finisterle, dessen Erinnerung jetzt aufgefrischt war, ihn melden; würde Finisterle seine Bemühungen eines ganzen Jahres zunichte machen? Aber Finisterle ging, den Blick auf ein Bild in seinem Inneren gerichtet, vorbei.

Vier Tage, drei Tage, zwei Tage – und dann ließ der Lehrer während der abschließenden Vorlesungen die Bombe platzen. Der Schock setzte mit so verheerender Plötzlichkeit ein, dass Beran an seinem Platz erstarrte und ein rosa Nebel sein Sehvermögen trübte.

»... werdet ihr nun den hervorragenden Lehrmeister hören, der das Programm ins Leben gerufen hat. Er wird euch den Umfang eurer Arbeit erklären, die Verantwortung, der ihr unterliegt. Hier ist Lord Palafox.«

Palafox betrat mit langen Schritten den Raum und sah weder nach rechts noch nach links. Beran kauerte hilflos an seinem Platz, ein Kaninchen, das hofft, der Aufmerksamkeit eines Adlers zu entgehen.

Palafox verbeugte sich feierlich vor der Klasse und musterte beiläufig die Gesichter. Beran saß da und duckte den Kopf hinter den vor ihm sitzenden jungen Mann; Palafox' Blick verweilte nicht in seiner Richtung.

»Ich habe eure Fortschritte verfolgt«, sagte Palafox. »Ihr habt recht beachtlich abgeschnitten. Eure Anwesenheit hier auf Breakness war offen gestanden ein Experiment, und eure Leistungen sind mit der Arbeit ähnlicher, auf Pao studierender Gruppen verglichen worden. Anscheinend ist die Atmosphäre von Breakness ein Stimulans – eure Resultate sind spürbar überlegen. Ich hörte, ihr habt sogar eine eigene, charakteristische Sprache entwickelt – Pastiche.« Er lächelte milde. »Das ist eine kluge Idee und, obwohl es der Sprache an Eleganz fehlt, eine echte Errungenschaft.

Ich gehe davon aus, dass ihr die Bedeutung eurer Aufgaben begreift. Ihr stellt nichts Geringeres dar als die

Radlager, auf denen die Maschinerie Paos laufen wird. Ohne eure Arbeit könnten die neuen sozialen Mechanismen Paos nicht ineinander greifen, nicht fuktionieren.«

Er hielt inne, begutachtete seine Zuhörerschaft; wieder senkte Beran den Kopf.

Palafox fuhr in leicht verändertem Tonfall fort: »Ich habe viele Theorien gehört, die die Neuerungen des Panarchen Bustamonte erklären sollen, und sie waren größtenteils irreführend. Die Wirklichkeit ist im Grunde einfach und doch weitreichend in ihrer Wirkung. In der Vergangenheit war die paonesische Gesellschaft ein einheitlicher Organismus mit Schwächen, welche unvermeidlich Räuber anzogen. Die neue Mannigfaltigkeit erzeugt Stärke in jeder Beziehung, schützt die Bereiche früherer Schwächen. Dies ist unser Plan – doch welchen Erfolg wir damit haben, kann nur die Zukunft zeigen. Ihr Linguisten werdet enorm zu einem eventuellen Erfolg beitragen. Ihr müsst euch Flexibilität aneignen. Ihr müsst die Besonderheiten jeder der neuen paonesischen Gesellschaftsordnungen verstehen, denn eure Hauptaufgabe wird es sein, einander widersprechende Interpretationen der gleichen Phänomene in Einklang zu bringen. Im großen Maßstab gesehen werden eure Anstrengungen die Zukunft Paos bestimmen.«

Er verbeugte sich erneut und marschierte dem Ausgang entgegen. Beran sah ihn mit klopfendem Herzen näher kommen. Er ging um Armeslänge entfernt vorbei; Beran konnte den Luftzug seines Vorübergehens spüren. Mit äußerster Mühe hinderte er sich selbst daran, sein Gesicht in den Händen zu verbergen. Palafox wandte sich nicht um; er verließ den Raum, ohne seine Schritte zu verlangsamen.

Am folgenden Tag verließ die Klasse unter gewaltigem Jubel das Schlafquartier und fuhr mit dem Luftbus zum Hafen. Unter ihnen, verborgen durch seine Ähnlichkeit mit den anderen, befand sich Beran.

Die Klasse betrat den Hafen, bildete eine Schlange auf den Ausreisetisch zu. Die Reihe bewegte sich vorwärts; seine Gefährten sagten ihre Namen, lieferten ihre Passierscheine ab, erhielten Reisegutscheine und begaben sich durch die Sperre in das wartende Leichterschiff. Beran kam an den Tisch. »Ercole Paraio«, sagte er heiser und legte seinen Passierschein hin.

»Ercole Paraio.« Der Beamte strich den Namen aus, schob ihm einen Gutschein zu.

Beran nahm den Gutschein mit zitternden Fingern, bewegte sich vorwärts, lief so schnell er es wagte zur Sperre. Er sah nicht nach rechts und nicht nach links, denn er fürchtete, dem höhnischen Blick von Lord Palafox zu begegnen.

Er begab sich durch die Sperre in den Zubringer. Kurz darauf schloss sich die Schleuse, das Leichterschiff stieg von der Ebene aus geschmolzenem Fels auf, schwankte im stürmischen Wind. Auf und davon, weg von Breakness, hinauf zum Raumschiff in der Umlaufbahn. Und endlich wagte Beran zu hoffen, dass sein ein ganzes Jahr über durchgehaltenes Vorhaben, seine List, Erfolg haben könnte.

Die Linguisten stiegen ins Raumschiff um, der Zubringer löste sich von ihm. Ein Pulsieren, ein Dröhnen – die Reise hatte begonnen.

XIII

Die kleine weiße Sonne schrumpfte, wurde zu einem einsamen vereinzelten Leuchtpunkt unter Myriaden anderer; das Raumschiff schwebte im schwarzen Weltraum und schob sich unmerklich durch den Sternhaufen.

Schließlich glänzte die gelbe Sonne Auriol auf, in Begleitung des blaugrünen Pao. Beran konnte sich nicht vom Bullauge losreißen. Er sah zu, wie der Planet sich vergrößerte, unversehens von einer Scheibe zur Kugel wurde. Er zeichnete die Stellung der acht Kontinente zueinander nach, versah hundert Inseln mit Namen, machte die großen Städte ausfindig. Neun Jahre waren vergangen – beinahe die Hälfte seines bisherigen Lebens; er durfte nicht hoffen, Pao so vorzufinden, wie er sich an diese Welt erinnerte.

Wie, wenn seine Abwesenheit am Breakness-Institut entdeckt worden war, wie, wenn Palafox sich mit Bustamonte in Verbindung gesetzt hatte? Das war ein Gedanke, mit dem Beran während der gesamten Dauer der Reise gespielt hatte. Wenn das stimmte, würde ein Trupp Mamaronen das Schiff erwarten, und Berans Heimkehr würde ein, zwei Blicke auf die Landschaft bedeuten, ein Emporheben, ein Stoß, die vorbeisausende Luft mit über ihm wirbelndem Himmel und Wolken, der nasse Aufprall, das sich vertiefende Blau des Meerwassers, während er seinem Tod entgegensank.

Der Gedanke schien nicht nur logisch, sondern sogar wahrscheinlich. Das Zubringerschiff legte sich längsseits; Beran ging an Bord. Die anderen Linguisten stimmten eine alte paonesische Hymne an, scherzhaft in Pastiche übertragen.

Der Zubringer ließ sich auf dem Feld nieder; die Ausgangsschleusen öffneten sich. Die anderen purzelten fröhlich nach draußen; Beran raffte sich mühsam auf, folgte ihnen zaghaft. Es war niemand da außer dem üblichen Personal. Er holte tief Luft, sah sich auf dem gesamten Flugfeld um. Es war früher Nachmittag; Schäfchenwolken schwebten an einem Himmel, der vom tiefsten Blau war. Sonnenschein fiel warm auf sein Gesicht. Beran empfand ein beinahe religiöses Glücksgefühl. Er würde Pao nie wieder verlassen, weder im Leben noch im Tode; falls ihn der Tod durch Ertränken erwartete, dann zog er ihn einem Leben auf Breakness vor.

Die Linguisten marschierten vom Flugfeld herunter in das schäbige, alte Abfertigungsgebäude. Es war niemand da, sie zu empfangen, eine Tatsache, die nur Beran außergewöhnlich fand, der an die automatenhafte Tüchtigkeit von Breakness gewöhnt war. Als er reihum in die Gesichter seiner Gefährten blickte, dachte er: Ich habe mich verändert. Palafox hat mir das Schlimmste angetan. Ich liebe Pao, aber ich bin kein Paonese mehr. Ich bin mit dem Geruch von Breakness besudelt; ich kann nie wieder wahrhaft und ganz Teil dieser Welt werden – oder irgendeiner anderen Welt. Ich bin entwurzelt, zusammengeflickt; ich bin Pastiche.

Beran sonderte sich von den anderen ab, ging zum Portal, blickte den baumüberschatteten Boulevard hinab in Richtung Eiljanre. Er konnte jetzt losgehen, sich in einem Augenblick verlieren.

Doch wohin sollte er gehen? Wenn er im Palast auftauchte, würde man kurzen Prozess mit ihm machen.

Beran hatte nicht den Wunsch, Ackerbau zu treiben, zu fischen, Lasten zu tragen. Nachdenklich wandte er sich ab, gesellte sich wieder zu den Linguisten.

Das offizielle Empfangskomitee traf ein; einer der Würdenträger verlas eine Glückwunschrede, und die Linguisten sprachen feierlich ihren Dank aus. Dann wurden sie an Bord eines Busses gebeten und zu einem der großen Gasthöfe Eiljanres gebracht.

Beran, der gespannt die Straßen beobachtete, war verblüfft; er sah nur die übliche paonesische Gelassenheit. Sicher, dies hier war Eiljanre, nicht eins der neubesiedelten Gebiete von Schraimand und Vidamand – aber der bloße Widerschein von Bustamontes Tyrannei musste doch eine Spur hinterlassen! Und dennoch ... die Gesichter am Rande der Prachtstraße waren gleichmütig.

Der Bus fuhr in den Cantatrino, einen großen Park mit drei künstlichen Bergen und einem See, dem Denkmal eines ehemaligen Panarchen für seine verstorbene Tochter, der legendären Can. Der Bus passierte einen moosbewachsenen Torbogen, wo die Parkverwaltung ein Blumenporträt des Panarchen Bustamonte aufgestellt hatte. Jemand hatte dort mit einer Hand voll schwarzem Schlamm seinen Gefühlen Ausdruck verliehen. Ein kleines Zeichen – aber es offenbarte viel, denn die Paonesen fällten nur selten politische Urteile. Ercole Paraio wurde der Fortschrittsschule in Cloeopter an der Küste der Zelambrebucht im Norden Vidamands zugewiesen. Dies war das Gebiet, welches von Bustamonte zum Handwerks- und Industriezentrum für ganz Pao ausersehen worden war. Die Schule war in einem alten steinernen Kloster untergebracht, das von den ersten Siedlern zu einem längst vergessenen Zweck erbaut worden war.

In den gewaltigen, kühlen Hallen mit ihrem durch grünes Laub gefiltertem Sonnenlicht lebten Kinder aller Altersstufen beim Klang der Technikantensprache und wurden im Sinne einer speziellen Doktrin des Laissez-faire im Umgang mit Energie liefernden Maschinen, Mathematik, wissenschaftlichen Grundlagen, Maschinenbau und Fertigungsprozessen unterwiesen. Der Unterricht wurde in gut ausgestatteten Räumen und Werkstätten abgehalten; dagegen waren die Schüler in hastig aus Stangen und Segeltuch errichteten Schlafquartieren zu beiden Seiten des Klosters untergebracht. Mädchen und Jungen trugen rotbraune Kombinationen und Tuchmützen und lernten und arbeiteten mit der Intensität von Erwachsenen. Nach dem Unterricht gab es keine Einschränkung ihrer Aktivitäten, solange sie auf dem Schulgelände blieben.

Die Schüler wurden nur mit dem Notwendigsten verpflegt, gekleidet, untergebracht und ausgestattet. Wenn sie sich Luxusartikel wünschten, Sportgerät, besondere Werkzeuge, eigene Räume, konnten sie sich diese verdienen durch die Herstellung von Artikeln, die anderswo auf Pao gebraucht wurden, und fast die gesamte Freizeit der Schüler war kleinen Produktionsvorhaben gewidmet. Sie stellten Spielzeug her, Geschirr, einfache elektrische Vorrichtungen, Aluminiumbarren aus nahe gelegenen Erzvorkommen und sogar in Technikant gedruckte Zeitschriften. Eine Gruppe von Schülern des achten Schuljahrs hatte sich zu einem komplizierteren Projekt zusammengetan, einer Anlage, die dem Ozean Mineralien entziehen sollte, und zu diesem Zweck gaben sie Mittel für die dazu notwendige Ausrüstung aus.

Die Lehrer waren größtenteils junge Breakness-Tutoren. Vom ersten Moment an war Beran von einer Besonderheit verwirrt, die er nicht lokalisieren konnte, geschweige denn benennen; erst als er zwei Monate lang in Cloeopter gelebt hatte, wurde ihm der Ursprung dieser Merkwürdigkeit klar. Sie lag begründet in der Ähnlichkeit, die diese Breakness-Absolventen verband. Sobald Beran einmal so weit gekommen war, folgte die vollständige Erleuchtung. Diese jungen Männer waren ausnahmslos Söhne von Palafox. Alter Tradition nach hätten sie eigentlich von intensivem Studium am Institut in Anspruch genommen sein, sich auf das Befähigungszeugnis vorbereiten und sich Modifikationen verdienen müssen. Beran empfand die ganze Situation als rätselhaft.

Seine eigenen Pflichten waren recht einfach und unter den Bedingungen paonesischer Kultur höchst lohnend. Der Rektor der Schule, ein von Bustamonte Ernannter, hatte zwar theoretisch die Aufsicht über den Forschungsrahmen und die Methoden der Schule, doch seine Verantwortung war nur nominell. Beran diente ihm als Dolmetscher und übersetzte alle Äußerungen, die der Rektor kundzutun geruhte, in Technikant. Als Gegenleistung für seine Dienste brachte man ihn in einem hübschen Häuschen aus Feldgestein und handbehauenen Balken unter, einem ehemaligen Bauernhaus, zahlte ihm ein gutes Gehalt und gestand ihm eine besondere, graugrüne Uniform mit schwarz-weißem Besatz zu.

Ein Jahr verging. Beran fand auf melancholische Weise Gefallen an seiner Arbeit und nahm allmählich sogar teil an den Vorhaben und Plänen der Studenten. Er versuchte zu kompensieren, indem er mit vorsichtigem Enthusiasmus die Ideale des alten Pao schilderte, stieß aber dabei auf blanke Gleichgültigkeit. Interessanter waren die technischen Wunder, deren Zeuge er, wie sie annahmen, in den Breakness-Laboratorien geworden war.

Während eines seiner Urlaube unternahm Beran eine schmerzliche Pilgerfahrt zum alten Haus Gitan Netskos ein paar Meilen landeinwärts. Mit einiger Mühe fand er den alten Bauernhof neben dem Mervanteich. Er war inzwischen verlassen; das Holz trocken, die Schafgarbenfelder überwachsen mit Diebsgras. Er nahm auf einer zerfallenen Bank unter einem niedrigen Baum Platz, und traurige Bilder kamen ihm in den Sinn...

Er erkletterte den Hang des Blauen Berges, blickte zurück auf das Tal. Die Einsamkeit erstaunte ihn. Am gesamten Horizont, über einem fruchtbaren Land, in dem sich dereinst die Bevölkerung gedrängt hatte, gab es nun keine andere Bewegung als den Flug der Vögel. Millionen Menschen waren weggeschafft worden, die meisten auf andere Kontinente, doch andere hatten es vorgezogen, mit ihrer angestammten Erde über sich dazuliegen. Und die Blüten des Landes – die schönsten und intelligentesten der Mädchen – waren nach Breakness gebracht worden, um die Schulden Bustamontes zu begleichen.

Verzagt kehrte Beran zur Zelambrebucht zurück. Theoretisch lag es in seiner Macht, das Unrecht wieder gutzumachen – falls er einen Weg finden konnte, seine rechtmäßige Amtsgewalt wiederzuerlangen. Die Schwierigkeiten schienen unüberwindlich. Er fühlte sich ungeeignet, unfähig...

Getrieben von seiner Unzufriedenheit, setzte er sich absichtlich der Gefahr aus und reiste in den Norden nach Eiljanre. Er nahm sich ein Zimmer im alten Gasthaus Morai am Gezeitenkanal, direkt den Mauern des

Großen Palastes gegenüber. Seine Hand verhielt über dem Meldebogen; er unterdrückte den leichtsinnigen Impuls, *Beran Panasper* hinzuschreiben, und trug sich schließlich als Ercole Paraio ein.

Die Hauptstadt wirkte ziemlich prachtvoll. War es nur seine Einbildung, die ein unterschwelliges Echo des Zorns, der Unsicherheit, der Hysterie verspürte? Möglicherweise nicht: Die Paonesen lebten in der Gegenwart, wozu die Syntax ihrer Sprache und der unabänderliche Rhythmus des paonesischen Tages sie zwangen.

Aus einer Laune zynischer Neugier heraus durchforschte er die Archive der Urkundenbibliothek. Neun Jahre zurück fand er die letzte Erwähnung seines Namens: »Während der Nacht vergifteten die fremden Meuchelmörder den geliebten jungen Medaillon. So endet auf tragische Weise die direkte Erbfolge der Panaspers, und die vom Panarchen Bustamonte abstammende Seitenlinie beginnt mit allen Anzeichen für eine Amtszeit von anhaltender Dauerhaftigkeit.«

Unentschlossen, nicht überzeugt, ohne die Macht, einen Beschluss oder eine Überzeugung durchzusetzen, zu denen er vielleicht gelangt sein mochte, kehrte Beran zur Schule an der Zelambrebucht zurück.

Ein weiteres Jahr verging. Die Technikanten wurden älter, zahlreicher und wesentlich erfahrener. Vier kleine Fabrikationssysteme waren errichtet worden und produzierten Werkzeuge, Plastikfolien, Industriechemikalien, Mess- und Anzeigegeräte; ein Dutzend weiterer war in der Planung, und es sah ganz danach aus, als werde sich zumindest diese Phase von Bustamontes Traum als Erfolg erweisen.

Am Ende von zwei Jahren wurde Beran nach Pon in Nonamand versetzt, dem kahlen Inselkontinent auf der südlichen Hemisphäre. Die Versetzung war eine unangenehme Überraschung, denn Beran hatte sich in der Zelambrebucht auf bequeme Routine eingerichtet. Noch beunruhigender war die Entdeckung, dass er inzwischen die Routine dem Wechsel vorzog. War er im Alter von einundzwanzig bereits entkräftet? Wo blieben seine Hoffnungen, seine Vorsätze; hatte er sie so leicht aufgegeben? Verärgert über sich selbst, wütend auf Bustamonte flog er mit dem Transporter nach Südosten über das wogende Ackerland Südvidamands, über den Plarth, über die Obstgärten und Weinberge der Quraihalbinsel von Minamand, über jene lange, seltsame Bucht hinweg, die als ›Die Schlange‹ bekannt war, über die grüne Insel Fraevarth mit ihren unzähligen weißen Dörfern und über das Große Meer des Südens. Die Klippen von Nonamand stiegen vor ihm auf, glitten unter ihm weg, fielen zurück; sie flogen in das öde Herz des Kontinents. Nie zuvor hatte Beran Nonamand besucht, und die windgepeitschten Moore, die mit Donnersteinen, schwarzem Stechginster und verkrüppelten Zypressen bedeckt waren, wirkten völlig unpaonesisch.

Vorn ragten die Sgolaphberge auf, die höchsten von ganz Pao. Und plötzlich befanden sie sich über eisverkrusteten Basaltklüften in einem Land der Gletscher, der unfruchtbaren Täler, der dahineilenden weißen Flüsse. Der Transporter kreiste um die zerklüftete Kuppe des Berges Droghead, schwang sich rasch herab auf eine kahle Ebene, und Beran war in Pon eingetroffen.

Die Siedlung erinnerte in ihrer Atmosphäre, wenn nicht durch ihren Anblick, an das Breakness-Institut. Eine Anzahl Wohnhäuser war wahllos im Gelände verstreut und umgab eine zentrale Ansammlung massiverer Gebäude. Diese, so erfuhr Beran, bestanden aus Laboratorien, Schulräumen, einer Bibliothek, Schlafsälen, Speiseräumen und einem Verwaltungsgebäude.

Beinahe sofort entwickelte Beran eine ungeheure Abneigung gegen die Siedlung. Kogitant, die Sprache, die die paonesischen Geschulten benutzten, war ein vereinfachtes Breakness unter Verzicht auf mehrere quasikonditionale Wortfolgen und mit beträchtlich freierem Umgang mit Fürwörtern. Dennoch war die Atmosphäre der Siedlung reinstes Breakness, bis hin zu den Sitten, die die ›Lehrmeister‹ – in Wahrheit Tutoren mit höherem Rang – eingeführt hatten. Die Landschaft war, wenn auch bei weitem nicht so wild wie die von Breakness, dennoch abstoßend hässlich. Ein Dutzend Mal überlegte Beran, ob er seine Versetzung beantragen solle, hielt sich aber jedes Mal zurück. Er hatte nicht den Wunsch, auf sich aufmerksam zu machen, mit der Möglichkeit, dadurch seine wahre Identität zu verraten.

Das Lehrpersonal bestand, wie das der Schulen von Zelambre, vorwiegend aus jungen Breakness-Absolventen, und wieder waren sie alle Söhne von Palafox. Ansässig waren außerdem ein Dutzend untergeordneter paonesischer Verwaltungsbeamter, Beauftragte Bustamontes, und Berans Funktion war es, die Koordination der beiden Gruppen zu bewerkstelligen.

Eine Situation, die beträchtliches Unbehagen bei Beran hervorrief, war die Tatsache, dass Finisterle, jener Breakness-Tutor, der Berans wahre Identität kannte, auch in Pon arbeitete. Dreimal gelang es Beran mit klopfendem Herzen, beiseite zu schlüpfen, bevor Finisterle ihn bemerken konnte, aber bei der vierten Gelegenheit konnte das Zusammentreffen nicht vermieden werden.

Finisterle grüßte nur ganz beiläufig, ging weiter und ließ Beran, der hinter ihm herstarrte, stehen.

In den nächsten Wochen sah Beran Finisterle mehrmals und fing schließlich behutsam ein Gespräch mit ihm an. Finisterles Bemerkungen waren der Inbegriff von Zweideutigkeit.

Beran erriet, dass Finisterle begierig war, seine Studien am Institut fortzusetzen, aber aus drei Gründen in Pon blieb: Erstens war es der Wunsch seines Erzeugers Lord Palafox. Zweitens hatte Finisterle das Gefühl, die Gelegenheiten, selbst Söhne zu zeugen, seien auf Pao zahlreicher als auf Breakness. Insoweit war er vergleichsweise offen; der dritte Grund wurde eher durch sein Schweigen als durch seine Worte offenbar. Er schien Pao als eine Welt in ständiger Bewegung anzusehen, einen Ort mit ungeheuren Möglichkeiten, wo ein genügend gewandter und entschlossener Mann viel Macht und Prestige erwerben konnte.

Was ist mit Palafox?, fragte sich Beran.

Was ist schon mit Palafox, schien Finisterle zu sagen, und indem er hinaus auf die Ebene blickte, wechselte er betont das Thema. »Ein seltsamer Gedanke, dass eines Tages sogar diese Felsspitzen, der Sgolaph, bis auf die Erosionsebene abgetragen sein werden. Und andererseits könnte der unschuldigste kleine Hügel als Vulkan zum Ausbruch kommen.«

Diese Gedanken seien unbestreitbar, sagte Beran.

Finisterle brachte ein weiteres scheinbar paradoxes Naturgesetz zur Sprache: »Je kraftvoller und umfangreicher der Verstand eines Lehrmeisters ist, desto verrückter und gewalttätiger werden seine Eingebungen, sobald er der Sklerose erliegt und sein Besitzer Emerit wird.«

Mehrere Monate darauf stieß Beran, als er das Hauptquartier der Verwaltung verließ, von Angesicht zu Angesicht auf Palafox.

Beran blieb abrupt stehen; Palafox starrte von oben auf ihn herab.

Indem er all seine Gelassenheit aufbot, führte Beran die paonesische Grußgeste aus. Palafox grüßte spöttisch zurück. »Ich bin überrascht, euch hier zu sehen«, sagte Palafox. »Ich hatte angenommen, Ihr würdet mit Sorgfalt Eure Schulbildung auf Breakness betreiben.«

»Ich habe eine Menge gelernt«, sagte Beran. »Und dann hatte ich nicht mehr das Herz zum Weiterlernen.«

Palafox' Augen blitzten. »Bildung wird nicht mit dem Herzen erworben – sie ist eine Systematisierung gedanklicher Prozesse.«

»Aber ich bin mehr als ein gedanklicher Prozess«, sagte Beran. »Ich bin ein Mensch. Ich muss meine ganze Person berücksichtigen.«

Palafox dachte nach, wobei seine Augen zuerst Beran musterten, dann die Linie der Sgolaph-Felsspitzen betrachteten. Als er sprach, war seine Stimme liebenswürdig. »Es gibt keine absolute Gewissheit in diesem Universum. Jeder Mann muss versuchen, einer kläffenden Meute von Wahrscheinlichkeiten Ordnung einzupeitschen, und gleich bleibender Erfolg ist unmöglich.«

Beran begriff die verborgene Bedeutung der recht allgemein gehaltenen Äußerungen von Palafox. »Da Ihr mir versichert hattet, dass Ihr kein weiteres Interesse an meiner Zukunft hattet, war es erforderlich, dass ich mich um mich selbst kümmere. Das habe ich getan und bin nach Pao zurückgekommen.«

Palafox nickte. »Zweifellos hat es Ereignisse außerhalb des Radius meiner Kontrolle gegeben. Immerhin sind diese zufälligen Umstände oft so vorteilhaft wie die auf das sorgfältigste genährten Pläne.«

»Bitte berücksichtigt mich auch weiterhin nicht bei Euren Berechnungen«, sagte Beran mit vorsichtig leidenschaftsloser Stimme. »Ich habe gelernt, das Gefühl der Bewegungsfreiheit zu schätzen.«

Palafox lachte mit ungewohnter Herzlichkeit. »Gut gesagt! Und was haltet Ihr vom neuen Pao?«

»Ich bin verwirrt. Ich habe mir keine eindeutige Meinung gebildet.«

»Verständlich. Es sind Millionen von Fakten auf tausend verschiedenen Ebenen zu beurteilen und in Einklang zu bringen. Verwirrung ist unvermeidlich, es sei denn, man wird von einem elementaren Ehrgeiz getrieben wie ich selbst und wie Panarch Bustamonte. Für uns lassen sich diese Fakten in zwei Kategorien aufteilen: vorteilhafte und unvorteilhafte.«

Er trat einen Schritt zurück, betrachtete Beran von Kopf bis Fuß. »Offenbar seid Ihr als Linguist beschäftigt.«

Beran gab zögernd zu, dass dies der Fall sei.

»Wenn schon aus keinem anderen Grund«, sagte Palafox, »solltet Ihr Dankbarkeit gegenüber mir und dem Breakness-Institut empfinden.«

»Dankbarkeit wäre eine irreführende Vereinfachung.«

»Möglicherweise«, stimmte Palafox zu. »Und nun, wenn Ihr mich entschuldigen wollt, muss ich mich beeilen, zu meiner Verabredung mit dem Direktor zu kommen.«

»Einen Moment«, sagte Beran. »Ich bin völlig überrascht. Ihr scheint nicht im Mindesten beunruhigt von meiner Anwesenheit auf Pao. Habt Ihr vor, Bustamonte zu informieren?«

Palafox zeigte Widerwillen gegenüber dieser direkten Frage; es war eine, die zu stellen ein Breakness-Lehrmeister sich nie herabgelassen hätte. »Ich habe nicht vor, mich in Eure Angelegenheiten einzumischen.« Er zögerte einen Augenblick, sprach dann in einem neuen, vertraulichen Tonfall weiter: »Da Ihr schon danach fragt, die Umstände haben sich geändert. Panarch Bustamonte wird mit den Jahren immer halsstarriger, und Eure Anwesenheit könnte einem nützlichen Zweck dienen.«

Beran begann verärgert zu sprechen, hütete aber, da er Palafox' leicht amüsierten Gesichtsausdruck sah, seine Zunge.

»Ich muss weiter zu meinen Geschäften«, sagte Palafox. »Die Ereignisse entwickeln sich in immer rascherem Tempo. Die nächsten ein, zwei Jahre werden eine ganze Reihe von Unsicherheiten beheben.«

Drei Wochen nach seinem Zusammentreffen mit Palafox wurde Beran nach Deirombona in Schraimand versetzt, wo eine Vielzahl von Kindern – die Erben von fünftausend Jahren paonesischer Gelassenheit – in ein Plasma ständigen Wettbewerbs getaucht worden waren. Viele von ihnen waren inzwischen nur wenige Jahre vom Erwachsensein entfernt.

Deirombona war die älteste bewohnte Siedlung auf Pao, eine großflächige, niedrig gebaute Stadt aus Korallengestein in einem Wald aus Phaltorhyncus. Aus nicht sofort einsichtigen Gründen waren die zwei Millionen Einwohner der Stadt evakuiert worden. Der Hafen Deirombona blieb in Betrieb, ein paar Verwaltungsbüros waren Valiantenangelegenheiten übertragen worden, ansonsten lagen die alten Gebäude nackt wie Skelette da und bleichten aus unter den hohen Bäumen. Im Kolonialsektor schlichen ein paar Strauchdiebe verstohlen zwischen den Wohnblocks umher und wagten sich des Nachts heraus, um Abfälle zu sammeln und zu plündern. Sie riskierten den Tod durch Ertränken, doch da die Behörde wohl kaum das Labyrinth aus Straßen, Sackgassen, Kellern, Häusern, Läden, Lagerhäusern, Wohnungen und öffentlichen Gebäuden durchkämmen würde, glaubten die Strauchdiebe sich sicher.

Die Valiantengarnisonen waren in regelmäßigen Abständen die Küste hinauf errichtet worden, jede war das Hauptquartier einer Legion Myrmidonen, wie die Krieger Valiants sich nannten.

Beran war der Deirombonalegion zugeteilt und hatte die gesamte verlassene Stadt zur Verfügung, um sich eine Wohnung zu suchen. Er wählte ein luftdurchflutetes Landhaus am alten Lido aus und konnte es sich dort ausgesprochen bequem machen.

In vielerlei Hinsicht waren die Valianten die interessanteste aller neuen paonesischen Gesellschaftsordnungen. Mit Leichtigkeit waren sie jedenfalls die dramatischste. Wie die Technikanten der Zelambrebucht und die Kogitanten aus Pon waren die Valianten ein Volk von Jugendlichen, die ältesten noch nicht einmal in Berans Alter. Sie boten ein merkwürdig prächtiges Bild, wie sie durch den paonesischen Sonnenschein marschierten, die Arme schwenkend, die Augen in mystischer Begeisterung geradeaus gerichtet. Ihre Kleidung war kompliziert und farbenfroh, doch jeder trug ein persönliches Abzeichen auf der Brust und die Insignien der Legion auf dem Rücken.

Während des Tages exerzierten die jungen Männer und Frauen getrennt und übten den Gebrauch ihrer neuen Waffen und Geräte, aber abends aßen und schliefen sie wahllos miteinander, wobei die einzige Unterscheidung zwischen ihnen die des Rangs war. Emotionelle Bedeutung wurde nur organisatorischen Beziehungen beigemessen, dem Wettbewerb um Rang und Ehre.

Am Abend von Berans Ankunft in Deirombona fand eine feierliche Versammlung in der Garnison statt. In der Mitte des Paradeplatzes brannte ein großes Feuer auf einem Podest. Dahinter ragte die Deirombonasäule auf, ein Prisma aus schwarzem Metall, bemalt mit Emblemen. Zu beiden Seiten standen Reihen junger Myrmidonen, und heute Abend trugen alle die gleiche Tracht: einen einfachen, dunkelgrauen Trainingsanzug. Jeder hielt eine zeremonielle Lanze mit einer blassen, flackernden Flamme an Stelle der Spitze in der Hand.

Eine Fanfare ertönte. Ein Mädchen in Weiß, dass ein Emblem aus Kupfer, Silber und Messing trug, trat vor. Während die Myrmidonen sich hinknieten und die Köpfe senkten, trug das Mädchen das Emblem dreimal um das Feuer und befestigte es dann an der Säule.

Das Feuer loderte hoch empor. Die Myrmidonen standen auf, schleuderten ihre Lanzen in die Luft. Sie formierten sich zu Reihen und marschierten vom Platz.

Am nächsten Tag erhielt Beran die Erklärung dafür von seinem unmittelbaren Vorgesetzten, dem Substrategen Gian Firanu, einem Legionär von einer der fernen Welten. »Ihr habt einem Begräbnis beigewohnt, einem Heldenbegräbnis. Letzte Woche hat Deirombona Kriegsspiele gegen Tarai abgehalten, dem die Küste hinauf nächstgelegenen Lager. Ein Unterseeboot aus

Tarai hatte unser Netz durchbrochen und bedrohte unsere Basis. Alle Krieger Deirombonas waren voller Kampfbegierde, aber Lemauden war der Erste. Er ist mit einem Schweißbrenner fünfhundert Fuß tief getaucht und hat den Ballast losgeschnitten. Das Unterseeboot tauchte auf und wurde gekapert. Doch Lemauden ertrank – möglicherweise durch einen Unfall.«

»›Möglicherweise durch einen Unfall‹? Wie denn sonst? Sicher werden die Tarai ...«

»Nein, nicht die Tarai. Aber es könnte ein vorsätzlicher Akt gewesen sein. Diese Burschen sind ganz wild darauf, ihre Embleme auf der Säule zu platzieren – sie würden alles tun, um eine Legende zu erzeugen.«

Beran ging zum Fenster. Die Deirombona-Allee entlang stolzierten Gruppen jugendlicher Helden. War dies Pao? Oder irgendeine fantastische Welt hundert Lichtjahre entfernt?

Gian Firanu sagte etwas; seine Worte drangen zunächst nicht in Berans Bewusstsein vor. »Es geht da ein neues Gerücht um – vielleicht habt Ihr es schon gehört – da heißt es, Bustamonte sei gar nicht der echte Panarch, nur der Senior-Ayudor. Man sagt, dass Beran Panasper noch irgendwo am Leben ist und zum Manne heranwächst und dabei an Stärke gewinnt wie ein mythischer Held. Und wenn die Stunde schlägt – so lautet die Annahme – wird er vortreten, um Bustamonte ins Meer zu werfen.«

Beran starrte ihn argwöhnisch an, dann lachte er. »Ich hatte dieses Gerücht noch nicht gehört. Aber es könnte sogar den Tatsachen entsprechen, wer weiß?«

»Bustamonte wird die Geschichte gar nicht gefallen!«

Beran lachte wieder, diesmal in allerbester Stimmung.

»Er wird besser als irgendein anderer wissen, welchen Wahrheitsgehalt das Gerücht hat. Ich frage mich, wer es wohl in die Welt gesetzt hat.«

Firanu zuckte die Achseln. »Wer setzt schon Gerüchte in die Welt? Niemand. Sie entstehen durch müßiges Gerede und Missverständnisse.«

»In den meisten Fällen – aber nicht in allen«, sagte Beran. »Einmal angenommen, dies hier entspricht den Tatsachen?«

»Dann steht uns Ärger bevor. Und ich kehre zur Erde zurück.«

Beran hörte das Gerücht später am Tag noch einmal mit Ausschmückungen. Der angeblich ermordete Medaillon lebe auf einer abgelegenen Insel, er bilde ein Korps in Metall gekleideter Krieger aus, die unempfindlich seien gegen Feuer, Stahl oder Stromstöße; seine Lebensaufgabe bestehe darin, den Tod seines Vaters zu rächen – und Bustamonte sitze die Angst im Nacken.

Das Gerede flaute ab, flackerte dann drei Monate später wieder auf. Diesmal lautete das Gerücht, Bustamontes Geheimpolizei durchkämme die Welt, tausende junger Männer würden zum Verhör nach Eiljanre geschleppt und anschließend hingerichtet, damit Bustamontes Besorgnis nicht bekannt werde.

Beran war lange Zeit in der Identität Ercole Paraios sicher gewesen; doch nun ließ ihn alle Gelassenheit im Stich. Er wurde unaufmerksam und zögerlich in seiner Arbeit. Seine Mitarbeiter sahen ihn neugierig an, und schließlich fragte Gian Firanu nach dem Grund für seine Zerstreutheit.

Beran murmelte etwas von einer Frau in Eiljanre, die sein Kind im Leibe trage. Firanu schlug bissig vor, Beran solle sich doch derart triviale Sorgen entweder ganz aus dem Kopf schlagen oder sich beurlauben lassen, bis er wieder geneigt sei, sich auf seine Arbeit zu konzentrieren. Hastig nahm Beran das Urlaubsangebot an.

Er kehrte zu seinem Landhaus zurück und saß mehrere Stunden auf der meerumfluteten Veranda, in der Hoffnung, dabei auf einen sinnvollen Aktionsplan zu kommen. Die Linguisten mochten zwar nicht die ersten Verdachtsobjekte sein, aber ebenso wenig würden sie die letzten sein.

Er konnte sich in seine Rolle versenken, die Identität Ercole Paraios zu einer zuverlässigen Maskerade machen. Doch ihm fiel zu diesem Zweck nichts ein, und die Geheimpolizei war um ein Vielfaches raffinierter als er.

Er konnte Palafox um Hilfe bitten. Er spielte nur einen Augenblick lang mit dem Gedanken, bevor er ihn mit einem Anflug von Entrüstung über sich selbst fallen ließ. Er überlegte sich, den Planeten zu verlassen, doch wo sollte er hingehen – angenommen, er schaffte es, die Reise zu buchen?

Er fühlte sich unruhig. Es lag Dringlichkeit in der Luft, ein Gefühl des Drucks. Er stand auf, sah sich nach allen Seiten um: die verlassenen Straßen hinauf, nach draußen über das Meer. Er sprang hinunter auf den Strand, ging die Küste entlang zu dem einzigen Wirtshaus, das in Deirombona noch in Betrieb war. In der öffentlichen Schänke bestellte er gekühlten Wein und trank ihn, nachdem er ihn mit hinaus auf die mit Rattan überdachte Terrasse genommen hatte, in tieferen Zügen und hastiger, als er es gewohnt war.

Die Luft war schwer, der Horizont nahe. Die Straße hinauf, in der Nähe des Gebäudes, wo er arbeitete, sah er Bewegung, Farben: mehrere Männer in Purpur und Braun.

Beran stand halb aus seinem Stuhl auf und starrte hin. Er sank langsam zurück, saß zusammengesunken da. Nachdenklich nippte er an seinem Wein. Ein dunkler Schatten kreuzte seinen Gesichtskreis. Er sah auf; eine hoch gewachsene Gestalt stand vor ihm: Palafox.

Palafox nickte beiläufig grüßend und setzte sich. »Es scheint«, sagte Palafox, »dass die Gegenwartsgeschichte Paos sich noch nicht völlig entfaltet hat.«

Beran sagte etwas Unverständliches. Palafox nickte feierlich mit dem Kopf, als habe Beran eine profunde Weisheit zum Besten gegeben. Er zeigte auf die drei Männer in Purpur und Braun, die das Gasthaus betreten hatten und sich jetzt mit dem Wirt unterhielten.

»Ein nützlicher Aspekt paonesischer Kultur ist der Stil der Bekleidung. Man kann auf den ersten Blick den Beruf einer Person erkennen. Sind nicht Braun und Purpur die Farben der Geheimpolizei?«

»Ja, das stimmt«, sagte Beran. Plötzlich war seine Angst verflogen. Das Schlimmste war eingetreten, die Anspannung war gebrochen: Unmöglich, zu fürchten, was bereits geschehen war. Er sagte mit nachdenklicher Stimme: »Ich nehme an, sie kommen, um mich zu suchen.«

»In diesem Fall«, sagte Palafox, »wäre es klug, Ihr würdet gehen.«

»Gehen? Wohin?«

»Wohin ich euch bringe.«

»Nein«, sagte Beran. »Ich werde nicht länger Euer Werkzeug sein.«

Palafox hob die Augenbrauen. »Was verliert Ihr schon dabei? Ich biete euch an, euch das Leben zu retten.«

»Nicht aus Sorge um mein Wohlbefinden.«

»Natürlich nicht.« Palafox grinste und zeigte dabei einen Moment lang blitzartig die Zähne. »Wer außer einem Einfaltspinsel würde sich von so etwas leiten lassen? Ich diene euch, um mir selbst zu dienen. Nachdem dies nun klargestellt ist, schlage ich vor, wir verlassen jetzt das Gasthaus. Mir liegt nichts daran, in dieser Affäre offen aufzutreten.«

»Nein.«

Palafox geriet in Wut. »Was wollt Ihr dann?«

»Ich will Panarch werden.«

»Aber natürlich«, rief Palafox aus. »Warum sonst, glaubt Ihr, bin ich hier? Kommt, lasst uns gehen, oder Ihr werdet nicht mehr sein als ein Kadaver.«

Beran stand auf; sie verließen den Gasthof.

XIV

Die zwei Männer flogen gen Süden über die an uralten Spuren des Bewohntseins reiche paonesische Landschaft; dann über die mit den Segeln von Fischerbooten gepunkteten Meere. Meile um Meile flogen sie dahin, und keiner der Männer sagte etwas, jeder hing seinen eigenen Gedanken nach.

Beran brach schließlich das Schweigen: »Wie sieht das Verfahren aus, durch das ich zum Panarchen werde?«

Palafox sagte kurz: »Das Verfahren hat vor einem Monat begonnen.«

»Die Gerüchte?«

»Es ist erforderlich, dass die Menschen auf Pao bemerken, dass Ihr existiert.«

»Und warum bin ich Bustamonte vorzuziehen?«

Palafox lachte trocken. »Allgemein gesagt, wäre meinen Interessen durch gewisse Pläne Bustamontes nicht gedient.«

»Und Ihr hofft, ich werde euch freundlicher gesonnen sein?«

»Ihr könnt nicht widerspenstiger sein als Bustamonte.«

»In welcher Hinsicht ist Bustamonte widerspenstig gewesen?«, hakte Beran nach. »Hat er sich geweigert, all Euren Wünschen zu willfahren?«

Palafox lachte kehlig. »Ah, du junger Spitzbube! Ich nehme an, Ihr würdet mich all meiner Privilegien berauben.«

Beran schwieg und dachte, dass dies, wenn er je Panarch wurde, in der Tat zu seinen vordringlichsten Anliegen gehören würde. Palafox fuhr in versöhnlicherem Tonfall fort: »Diese Angelegenheiten gehören in die Zukunft und brauchen uns jetzt nicht zu interessieren. Gegenwärtig sind wir Verbündete. Um dieser Tatsache Ausdruck zu verleihen, habe ich dafür gesorgt, dass eine Modifikation an Eurem Körper vorgenommen wird, sobald wir in Pon eintreffen.«

Beran war gänzlich überrascht. »Eine Modifikation?« Er überlegte einen Moment lang und empfand einen Anflug von Unbehagen. »Welcher Art?«

»Was für eine Modifikation wäre euch denn am liebsten?«, fragte Palafox milde.

Beran warf einen Blick auf das harte Profil. Palafox schien es völlig ernst zu meinen. »Die totale Ausnutzung meines Gehirns.«

»Ah«, sagte Palafox. »Das ist von allen die heikelste und größte Genauigkeit erfordernde, und sie würde ein ganzes Jahr Plackerei auf Breakness selbst erfordern. In Pon ist das unmöglich. Wählt noch einmal.«

»Offensichtlich wird mein Leben voller Notfälle sein«, sagte Beran. »Die Fähigkeit, mit meiner rechten Hand Energiestöße abzugeben, könnte sich als wertvoll erweisen.«

»Richtig«, bestätigte Palafox. »Und doch, was könnte andererseits Eure Feinde noch vollständiger verwirren, als euch in die Luft aufsteigen und davonschweben zu sehen? Und da bei einem Anfänger der einfache Zugang zur Zerstörung Freund und Feind gleichermaßen gefährdet, sollten wir uns besser für die Levitation als Eure erste Modifikation entscheiden.«

Die gischtumtosten Klippen Nonamands stiegen aus

dem Meer auf; sie überquerten ein schmutziges Fischerdorf, glitten über die ersten Ausläufer des Sgolaph hinweg, flogen tief über die Moore zum zentralen Rückgrat des Kontinents. Der Berg Droghead erhob seine schroffen Felsspitzen; sie fegten dicht an eisigen Hängen vorbei, schwenkten hinab auf die Ebene von Pon. Der Wagen ließ sich neben einem lang gestreckten, niedrigen Gebäude mit Mauern aus Schmelzgestein und einem Glasdach nieder. Türen öffneten sich; Palafox veranlasste den Wagen, hineinzugleiten. Sie landeten auf einem Fußboden aus weißen Kacheln; Palafox öffnete die Schleuse und winkte Beran hinaus.

Beran zögerte, musterte misstrauisch die vier Männer, die näher kamen. Jeder unterschied sich in Größe, Gewicht, Haut- und Haarfarbe von den anderen, doch jeder war den anderen ähnlich.

»Meine Söhne«, sagte Palafox. »Überall auf Pao werdet Ihr meine Söhne antreffen ... Doch die Zeit ist kostbar, und wir haben Eure Modifikation vorzunehmen.«

Beran stieg aus dem Wagen; die Söhne von Palafox führten ihn weg.

Sie legten den narkotisierten Körper auf eine Pritsche, injizierten und imprägnierten das Gewebe mit diversen Tonisierern und Konditionierern. Dann betätigten sie, weit zurücktretend, einen Schalter. Ein schrilles Wimmern klang auf, violettes Licht flackerte auf, eine Verzerrung des Raumes, so als betrachte man die Szenerie durch sich bewegende Scheiben aus Türglas.

Das Wimmern erstarb; die Gestalten traten vor, um den nun steifen, leblosen, starren Körper herum. Das

Fleisch war hart, aber elastisch; die Körpersäfte waren geronnen; die Gelenke steif.

Die Männer arbeiteten flink, mit höchster Geschicklichkeit. Sie verwendeten Messer mit Schneiden, die nur sechs Moleküle dick waren. Die Messer schnitten ohne Druck, spalteten das Gewebe in glasglatte Schichten. Der Körper wurde auf der Hälfte des Rückens offen gelegt, zu beiden Seiten durch die Gesäßhälften, Schenkel und Waden aufgeschlitzt. Mit einzelnen Schnitten einer anderen, merkwürdig summenden Art Messer wurden die Sohlen der Füße entfernt. Das Fleisch war steif, wie Gummi; es gab keine Spur von Blut oder anderen Körperflüssigkeiten, kein Erzittern durch muskuläre Bewegung.

Ein Stück Lunge wurde herausgeschnitten, eine eiförmige Energiezelle hineingelegt. Leitungen wurden in das Fleisch eingesetzt, welche die flexiblen Transformatoren im Gesäß mit Prozessoren in den Waden verbanden. Das Antischwerkraftnetz wurde in die Sohlen der Füße verlegt und mit den Prozessoren in die Waden mithilfe flexibler Röhren verbunden, die durch die Füße nach oben geleitet wurden.

Der Schaltkreis war komplett. Er wurde getestet und überprüft; ein Schalter wurde unter der Haut des linken Schenkels angebracht. Und nun begann die mühevolle Aufgabe, den Körper wiederherzustellen.

Die Sohlen wurden in eine besondere, stimulierende Flüssigkeit gelegt, wieder exakt an ihren Platz gebracht, mit einer Genauigkeit, die groß genug war, Zellwand an Zellwand, durchtrennte Arterie an durchtrennte Arterie, Nervenfaser an Nervenfaser zu legen. Die Schlitze am Körper wurden fest zusammengepresst, das Fleisch wieder über der Energiezelle zurechtgezogen.

Acht Stunden waren vergangen. Die vier Männer begaben sich nun zur Ruhe, und der leblose Körper lag allein im Dunkeln da.

Am nächsten Tag kehrten die vier Männer zurück. Wieder wimmerte die große Maschine, und das violette Licht flackerte durch den Raum. Das Feld, das die Atome von Berans Körper gepackt und theoretisch ausgedrückt seine Temperatur auf den absoluten Nullpunkt gesenkt hatte, erlosch, und die Moleküle nahmen ihre Bewegungen wieder auf.

Der Körper lebte wieder.

Eine Woche verstrich, während Beran, immer noch im Koma, genas. Er erlangte das Bewusstsein wieder und fand Palafox vor, der vor der Pritsche stand.

»Erhebt euch«, sagte Palafox. »Stellt euch auf die Füße.«

Beran lag einen Moment lang still da und war sich mittels eines inneren Mechanismus klar, dass viel Zeit vergangen war.

Palafox wirkte ungeduldig und von Eile getrieben. Seine Augen glitzerten; er machte eine drängende Geste mit seiner schmalen, kräftigen Hand. »Erhebt euch! Steht auf!«

Beran kam langsam auf die Füße.

»Geht!«

Beran ging durch den Raum. Er hatte ein strammes Gefühl an seinen Beinen hinab, und die Energiezelle lastete auf den Muskeln seines Zwerchfells und des Brustkastens.

Palafox beobachtete scharf die Bewegung seiner Füße.

»Gut!«, rief er aus. »Ich kann keinerlei Hinken oder Fehlkoordination entdecken. Kommt mit mir.«

Er führte Beran in einen hohen Raum, befestigte Gurte an seinen Schultern, ließ ein Seil in einem Ring an seinem Rücken einschnappen.

»Fühlt einmal hier.« Er lenkte Berans Hand zu einer Stelle an seinem Schenkel. »Drückt darauf.«

Beran ertastete eine Festigkeit und drückte darauf. Der Boden hörte auf, sich gegen seine Füße zu pressen; sein Magen hüpfte; sein Kopf fühlte sich an wie ein Ballon.

»Dies ist die erste Stufe«, sagte Palafox. »Ein Rückstoß von etwas weniger als einem G, so angepasst, dass er die Zentrifugalwirkung der planetaren Rotation aufhebt.«

Er befestigte das andere Ende des Seils an einer Klampe. »Drückt noch einmal.«

Beran berührte die Platte, und sogleich schien es, als sei die gesamte Umgebung auf den Kopf gestellt, als stünde Palafox über ihm an die Decke geklebt, als falle er selbst Hals über Kopf auf den dreißig Fuß unter ihm befindlichen Boden. Er keuchte, ruderte mit den Armen; das Seil fing ihn auf, hielt ihn davon ab, zu fallen. Er wandte Palafox, der leise lächelnd dastand, einen verzweifelten Blick zu.

»Um das Feld zu verstärken, müsst Ihr den unteren Teil der Platte drücken«, rief Palafox. »Um es abzuschwächen, drückt auf den oberen Teil. Wenn Ihr zweimal drückt, erlischt das Feld.«

Beran schaffte es, wieder auf den Boden zu kommen. Der Raum richtete sich auf, schwankte und hüpfte aber schwindelerregend.

»Es wird Tage dauern, bis Ihr euch an das Schwebenetz gewöhnt habt«, sagte Palafox heiter. »Da die Zeit knapp ist, schlage ich vor, Ihr übt diese Kunst fleißig.« Er wandte sich der Tür zu.

Beran beobachtete, wie er fortging, und runzelte verwirrt die Stirn. »Warum ist die Zeit knapp?«, rief er dem schmalen, sich entfernenden Rücken hinterher.

Palafox drehte sich um. »Das heutige Datum«, sagte er, »ist der vierte Tag der dritten Woche des achten Monats. Ich habe vorgesehen, dass Ihr am Kanetsidestag Panarch von Pao werdet.«

»Warum?«

»Warum fordert Ihr unentwegt, dass ich mich euch offenbare?«

»Ich frage sowohl aus Neugier als auch, um mein eigenes Verhalten zu planen. Ihr wollt, dass ich Panarch werde. Ihr möchtet mit mir arbeiten.« Das Glitzern in Palafox' Augen verstärkte sich. »Vielleicht sollte ich sagen, Ihr hofft, durch mich zu arbeiten, um Eure Absichten zu verfolgen. Daher frage ich mich, was das für Absichten sind.«

Palafox dachte einen Augenblick lang nach, dann antwortete er mit kühler, tonloser Stimme. »Eure Gedanken bewegen sich mit der gewandten Präzision von Wurmspuren im Schlamm. Natürlich habe ich vor, dass Ihr meinen Absichten dient. Eure Absicht ist es, oder zumindest hofft Ihr, dass ich den euren dienen werde. Soweit es euch betrifft, wird dieser Prozess schon bald Früchte tragen. Ich arbeite fleißig darauf hin, Euer Geburtsrecht durchzusetzen, und wenn ich damit Erfolg habe, werdet Ihr Panarch von Pao. Wenn Ihr nach meinen Motiven fragt, offenbart Ihr damit, dass Eure Denkweise unreif, spitzfindig, oberflächlich, zaghaft, unsicher und unverschämt ist.«

Beran fing an, eine wütende Gegenrede hervorzusprudeln, doch Palafox schnitt ihm mit einer Geste das Wort ab. »Natürlich nehmt Ihr meine Hilfe an – warum solltet Ihr nicht? Es ist nur gerecht, dass Ihr Eure Ziele verfolgt. Doch nachdem Ihr meine Hilfe angenommen habt, müsst Ihr euch für einen von zwei Wegen entscheiden: mir behilflich zu sein oder mich zu bekämpfen. Fördert meine Absichten oder versucht, sie zu durchkreuzen. Das sind positive Wege. Doch zu erwarten, ich würde aus einer Haltung der Selbstverleugnung heraus fortfahren, euch zu dienen, ist negativ und absurd.«

»Ich kann Massenelend nicht als absurd betrachten«, fuhr Beran ihn an. »Meine Ziele sind ...«

Palafox hob die Hand. »Es gibt nichts mehr dazu zu sagen. Den Inhalt meiner Pläne müsst Ihr selbst herausfinden. Unterwerft euch oder widersetzt euch, ganz wie Ihr wollt. Ich mache mir keine Sorgen, da Ihr nicht die Macht besitzt, mir im Wege zu sein.«

Tag um Tag übte Beran den Einsatz seiner Modifikation und gewöhnte sich nach und nach an das Gefühl, kopfüber vom Boden weg zu fallen.

Er lernte, sich durch die Luft zu bewegen, indem er sich in die Richtung lehnte, in die zu schweben er wünschte; er lernte, niederzugehen, indem er so rasch fiel, dass ihm die Luft an den Ohren vorbeisauste und dann mit geschicktem Timing bremste, um ohne Ruck zu landen.

Am elften Tag lud ein Knabe in einem schmucken, grauen Cape, nicht älter als acht Jahre, mit den typischen Palafox'schen Gesichtszügen, ihn in Palafox' Gemächer ein.

Während er den betonierten Hof überquerte, wappnete sich Beran innerlich und ordnete seine Gefühle für das Gespräch. Er schritt steif vor Entschlossenheit durch das Portal.

Palafox saß an seinem Schreibtisch und ordnete

gemächlich polierte Trapezoide aus Felskristall. Sein Benehmen war beinahe leutselig, als er Beran einen Stuhl zuwies.

Beran setzte sich bedächtig.

»Morgen«, sagte Palafox, »beginnen wir mit der zweiten Phase des Programms. Die emotionale Aufnahmebereitschaft ist in ausreichendem Maß vorhanden: Es herrscht ein allgemeines Gefühl der Erwartung. Morgen dann der schnelle Schlag, die Vollendung! Auf angemessene Weise bestätigen wir die Existenz des althergebrachten Panarchen. Und dann«, Palafox stand auf, »und dann, wer weiß? Bustamonte könnte sich der Situation anpassen, oder aber er könnte Widerstand leisten. Wir werden auf beide Möglichkeiten vorbereitet sein.«

Beran ließ sich durch die unerwartete Herzlichkeit nicht auftauen. »Ich würde es besser verstehen, wenn wir diese Pläne eine Zeit lang besprochen hätten.«

Palafox lachte herzlich. »Unmöglich, mein geschätzter Panarch. Ihr müsst die Tatsache akzeptieren, dass wir hier in Pon als Generalstab fungieren. Wir haben dutzende von Programmen mit größerer und geringerer Komplexität vorbereitet, die zu den verschiedenen Situationen passen. Dies ist die erste Abfolge von Ereignissen, die einem der Pläne entspricht.«

»Wie ist denn nun die Abfolge der Ereignisse?«

»Morgen nehmen drei Millionen Menschen an den Pamalisthen-Gesängen teil. Ihr werdet dort erscheinen, euch zu erkennen geben. Teleision wird Euer Gesicht und Eure Worte an andere Orte Paos übertragen.«

Beran nagte an seinen Lippen, wütend sowohl auf seine eigene Unsicherheit als auch auf Palafox' unwiderstehliche Freundlichkeit. »Wie sieht das Programm exakt aus?«

»Es ist von äußerster Einfachheit. Die Gesänge beginnen eine Stunde nach dem Morgengrauen und setzen sich bis Mittag fort. Zu dieser Zeit ist die Pause. Ein Gerücht wird ausgestreut, und man wird euch erwarten. Ihr werdet in Schwarz gekleidet erscheinen. Ihr werdet sprechen.« Palafox überreichte Beran ein Stück Papier. »Diese wenigen Sätze dürften genügen.«

Beran überflog unschlüssig die Zeilen. »Ich hoffe, die Ereignisse verlaufen wirklich so, wie Ihr es geplant habt. Ich will kein Blutvergießen, keine Gewalt.«

Palafox zuckte die Achseln. »Es ist unmöglich, die Zukunft vorauszusagen. Wenn die Sache gut geht, wird niemand zu leiden haben außer Bustamonte.«

»Und wenn die Sache nicht gut geht?«

Palafox lachte. »Der Meeresboden ist der Treffpunkt aller, die schlecht planen.«

XV

Jenseits des Hyalingolfs von Eiljanre aus gesehen lag Mathiole, ein Gebiet von außergewöhnlicher eigentümlicher Schönheit. In den Volkssagen des frühen Pao war Mathiole immer dann, wenn märchenhafte oder romantische Episoden vorkamen, der Schauplatz.

Südlich von Mathiole lag das Pamalisthen, eine grüne Ebene mit Bauernhöfen und Obsthainen, die wie Lustgärten angelegt waren. Hier gab es sieben Städte, welche die Spitzen eines riesigen Heptagons bildeten; und genau in der Mitte lag der Festplatz, wo die Gesänge stattfanden. Unter all den zahlreichen Zusammenkünften, Versammlungen und Massenveranstaltungen Paos wurde den Pamalisthen-Gesängen die höchste gesellschaftliche Bedeutung beigemessen.

Lange vor Morgengrauen am achten Tag der achten Woche des achten Monats begann der Festplatz sich zu füllen. Kleine Feuer loderten zu tausenden; ein Flüstern stieg in der Ebene auf.

Mit dem Morgengrauen kamen weitere Menschenmassen: nach paonesischem Brauch feierlich heitere Familien. Die kleinen Kinder trugen saubere weiße Kleider, die Heranwachsenden Schuluniformen mit unterschiedlichen Wappenzeichen auf der Schulter, die Erwachsenen die Stilrichtungen und Farben, die ihrem Platz in der Gesellschaft angemessen waren.

Die Sonne ging auf und erzeugte das Blau, Weiß und Gelb des paonesischen Tages. Die Massen drängten auf den Platz: Millionen Individuen, die Schulter an Schulter standen, sich nur in gedämpftem Flüsterton unterhielten, doch größtenteils schwiegen, und jedermann erprobte die Identifikation seiner selbst mit der Menge, fügte seine Seele in das Gemisch ein und entzog ihm das Gefühl leidenschaftlicher Stärke.

Das erste Wispern des Gesangs hub an: lange Seufzer von Tönen, Intervalle des Schweigens dazwischen. Die Seufzer wurden lauter und das Schweigen kürzer, und bald erreichten die Gesänge ihre volle Lautstärke – durch nicht ganz gleichmäßige Steigerung, ohne Melodie und Tonalität: ein Akkord aus drei Millionen Einzelteilen, der dahinglitt und floß, aber immer mit klarem emotionalem Gehalt. Die Stimmungen veränderten sich spontan und doch in geordneter Reihenfolge, prächtige und abstrakte Stimmungen, die zu Jubel oder Wehklagen im gleichen Verhältnis standen wie ein Tal voller Nebel zu einem Springbrunnen aus Diamanten.

Stunden vergingen, die Gesänge wurden höher in ihrem Grundton, irgendwie nachdrücklicher und drängender. Als die Sonne zwei Drittel hoch am Himmel stand, tauchte ein langer schwarzer Salonflieger aus Richtung Eiljanre auf. Er landete geräuschlos auf einer niedrigen Erhebung am äußersten Rand des Platzes. Die, welche dort Platz genommen hatten, wurden auf die Ebene hinabgestoßen und entgingen nur knapp der herabstoßenden Schiffshülle. Einige Neugierige ließen sich Zeit, spähten durch die schimmernden Bullaugen. Ein Trupp Neutraloide in Rostbraun und Blau stieg aus und scheuchte sie mit lautloser Präzision fort.

Vier Diener holten zunächst einen schwarz und braun gefärbten Teppich hervor, dann einen polierten schwarzen Holzstuhl mit schwarzen Polstern.

Auf der gesamten Ebene bekamen die Gesänge einen unmerklich anderen Charakter, der nur für paonesische Ohren wahrnehmbar war.

Bustamonte, der dem schwarzen Salonwagen entstieg, war Paonese. Er nahm es wahr und verstand.

Die Gesänge gingen weiter. Der Tonfall änderte sich von neuem, als sei Bustamontes Eintreffen nicht mehr als eine vorübergehende Nebensächlichkeit – wurde ein wenig schärfer noch als der ursprüngliche Akkord der Abneigung und des Spotts.

Die Gesänge durchliefen die vorschriftsmäßige Abfolge von Veränderungen. Kurz vor Mittag ebbte der Klang ab. Die Menge erzitterte und bewegte sich; ein Seufzen der Zufriedenheit mit dem Erreichten erhob sich und verstummte. Die Menge änderte Farbe und Zusammensetzung, als alle, die dazu in der Lage waren, sich auf den Boden kauerten.

Bustamonte ergriff die Armlehne seines Stuhls, um sich zu erheben. Die Menge befand sich jetzt in ihrer empfänglichsten Stimmung, sensibilisiert und wachsam. Er schaltete sein Schultermikrofon ein, trat vor, um zu sprechen.

Ein ungeheures Keuchen erscholl von der Ebene her, ein Geräusch ungeheuren Staunens und großer Freude.

Alle Augen waren auf den Himmel über Bustamontes Kopf gerichtet, wo ein großes Rechteck aus sich kräuselndem, schwarzem Samt erschienen war, welches das Wappen der Panasper-Dynastie trug. Darunter stand mitten in der Luft eine einzelne Gestalt. Der Mann trug kurze schwarze Hosen, schwarze Stiefel und ein verwegenes schwarzes Cape, das an einer Schulter befestigt war. Er sprach; der Klang hallte auf dem gesamten Festplatz wider.

»Paonesen: Ich bin euer Panarch. Ich bin Beran, Sohn Aiellos, Spross der uralten Panasperdynastie. Viele Jahre habe ich im Exil gelebt, bin zur Reife herangewachsen. Bustamonte hat die Funktion des Ayudors übernommen. Er hat Fehler begangen – nun bin ich gekommen, um ihn abzulösen. Ich rufe hiermit Bustamonte auf, mich anzuerkennen, eine geordnete Übergabe der Befugnisse einzuleiten. Bustamonte, sprecht!«

Bustamonte hatte bereits gesprochen. Ein Dutzend Neutraloide rannte mit Gewehren los, kniete sich hin, zielte. Lanzen aus weißem Feuer schossen hinauf, um die Gestalt in Schwarz zu treffen. Die Gestalt schien zu zerbrechen, zu explodieren; die Menge keuchte vor Entsetzen.

Die Feuerlanzen wandten sich nun gegen das schwarze Rechteck, doch dies schien unempfindlich gegen die Energiestöße zu sein. Bustamonte stolzierte trotzig nach vorn. »Dies ist das Schicksal, das Idioten, Scharlatanen und all denen zugedacht ist, welche die gesetzmäßige Regierung antasten möchten. Der Hochstapler dort, wie Ihr gesehen habt...«

Berans Stimme ertönte vom Himmel herab. »Ihr habt nur mein Abbild zerschmettert, Bustamonte. Ihr müsst mich anerkennen: Ich bin Beran, Panarch von Pao.«

»Beran existiert nicht!«, brüllte Bustamonte. »Beran ist gleichzeitig mit Aiello gestorben!«

»Ich bin Beran. Ich lebe. Hier und jetzt werden du und ich die Wahrheitsdroge nehmen, und jeder, der es wünscht, mag uns befragen und die Wahrheit ans Licht bringen. Bist du einverstanden?«

Bustamonte zögerte. Die Menge johlte. Bustamonte drehte sich um, erteilte einem seiner Minister einige knappe Befehle. Er hatte vergessen, sein Mikrofon abzuschalten; die Worte wurden von drei Millionen Menschen gehört. »Ruft Polizeifahrzeuge herbei. Riegelt die Gegend ab. Er muss getötet werden.«

Die Geräusche der Menge verstärkten sich und verebbten und verstärkten sich wieder angesichts des unmittelbar Mitangehörten. Bustamonte riss sich das Mikrofon herunter, bellte weitere Befehle. Der Minister zögerte, schien Bedenken zu äußern. Bustamonte wandte sich ab, marschierte zu dem schwarzen Salonwagen. Hinterher kam sein Gefolge und drängte sich in das Fahrzeug.

Die Menge raunte und beschloss sodann wie mit einem einzigen Gedanken, den Festplatz zu verlassen. In der Mitte, am Punkt der größten Konzentration, war das Gefühl der Einengung am stärksten. Gesichter verzerrten sich und wandten sich hin und her; aus einiger Entfernung entstand der Eindruck eines raschen, bleichen Aufblitzens.

Eine mahlende Bewegung setzte ein. Familien wurden auseinander gerissen, voneinander weggetrieben. Dann waren Schreie und Rufe die Hauptbestandteile eines stetig anschwellenden, heiseren Geräuschs. Die Angst wurde greifbar; der bisher heitere Platz war von beißendem Geruch erfüllt.

Über den Köpfen verschwand das schwarze Rechteck, der Himmel war wieder klar. Die Menge fühlte sich ungeschützt; das Schieben wurde zum Trampeln; das Trampeln wurde zur Panik.

Am Himmel erschienen Polizeifahrzeuge. Sie kreuzten hin und her wie Haie; die Panik wurde zur Tollheit; die Schreie wurden zu einem ununterbrochenen Kreischen. Doch die Menge an der Peripherie floh, schwärmte aus auf die verschiedenen Straßen und Wege, verteilte sich über die Felder. Die Polizeifahrzeuge glitten unschlüssig vor und zurück; dann wendeten sie und verließen den Schauplatz.

Beran wirkte geschrumpft, in sich zusammengefallen. Er war bleich, seine Augen glänzten vor Entsetzen. »Warum konnten wir ein Ereignis wie dieses nicht voraussehen? Wir sind ebenso schuldig wie Bustamonte!«

»Es hat keinen Sinn, sich von Gefühlen anstecken zu lassen«, sagte Palafox.

Beran antwortete nicht. Er saß zusammengesunken da und starrte in die Luft.

Die Landschaft Südvidamands blieb achtern zurück. Sie überquerten die lange, schmale Schlangenbucht und die Insel Fraevarth mit ihren beinweißen Dörfern und glitten hinaus über das Große Meer des Südens. Dann über die Moore und die Sgolaph-Felszacken, dann um den Berg Droghead herum, um auf der kahlen Ebene zu landen.

In Palafox' Räumen tranken sie gewürzten Tee, wobei Palafox in einem hochlehnigen Stuhl an einem Schreibtisch saß und Beran trübsinnig an einem Fenster stand.

»Ihr müsst euch für unerfreuliche Taten wappnen«, sagte Palafox. »Es wird noch viele weitere geben, bevor diese Sache bereinigt ist.«

Welchen Vorteil hat es, eine Sache zu bereinigen, wenn die Hälfte der Bevölkerung Paos tot ist?«, fragte Beran erbittert.

»Alle Menschen sterben. Eintausend Tote stellen qualitativ gesehen nicht mehr dar als einer ... Gefühle steigern sich nur in einer Richtung, die der Intensität, nicht die der Vielfalt. Wir müssen unsere Gedanken auf das letzte ...« Palafox unterbrach sich, hielt den Kopf schief, horchte auf den Lautsprecher, der im Innern seiner Gehörgänge verborgen war. Er sagte etwas in einer Sprache, die Beran unbekannt war; es folgte eine unhörbare Erwiderung, auf die Palafox kurz antwortete. Dann lehnte er sich zurück und betrachtete Beran mit einer Art verachtungsvollem Amüsement. »Bustamonte entscheidet Eure Bedenken für euch. Er hat eine Blockade um Pon herum errichtet. Mamaronen dringen über die Ebene hinweg vor.«

Beran fragte erstaunt: »Woher weiß er, dass ich hier bin?«

Palafox zuckte die Achseln. »Bustamontes Spionagedienst ist recht geschickt, aber er beeinträchtigt ihn durch seine arrogante Dummheit. Seine taktischen Züge sind unverzeihlich. Er greift an, wenn es eindeutig die beste Methode wäre, Kompromisse zu schließen.«

»Kompromisse? Auf welcher Basis?«

»Er könnte eine neue Vereinbarung mit mir treffen, als Gegenleistung für die Auslieferung Eurer Person in den Großen Palast. Er könnte dadurch seine Herrschaft verlängern.«

Beran war verblüfft: »Und Ihr würdet euch auf diesen Handel einlassen?«

Palafox zeigte sich gleichfalls verwundert. »Selbstverständlich. Wie konntet Ihr etwas anderes annehmen?«

»Aber Eure Verpflichtung mir gegenüber – bedeutet sie denn gar nichts?«

»Eine Verpflichtung ist so lange gut, wie sie vorteilhaft ist.«

»Das trifft nicht immer zu«, sagte Beran mit kräftigerer Stimme, als er sie bisher eingesetzt hatte. »Einem

Menschen, der seine Verpflichtung nicht erfüllt, wird man selten ein zweites Mal eine anvertrauen.«

»›Vertrauen‹? Was ist das? Die gegenseitige Abhängigkeit des Bienenstocks; ein wechselseitiges Parasitentum der Schwachen und Unfertigen.«

»Es ist auch eine Schwäche«, konterte Beran entrüstet, »Vorteile aus dem Vertrauen eines anderen zu ziehen – Loyalität entgegenzunehmen und sie dann nicht zu erwidern.«

Palafox lachte in echtem Vergnügen. »Wie dem auch sei, die paonesischen Konzepte von ›Vertrauen‹, ›Loyalität‹, und ›gutem Glauben‹ gehören nicht zu meinem geistigen Rüstzeug. Wir Lehrmeister vom Breakness-Institut sind Individuen, jeder ist seine höchsteigene Zuflucht. Wir erwarten keine sentimentalen Dienste aus Familiensinn oder Gruppenzugehörigkeit; genauso wenig leisten wir sie. Ihr tätet gut daran, euch dies zu merken.«

Beran antwortete nicht. Palafox sah ihn neugierig an. Beran hatte sich versteift, wirkte gedankenverloren. In der Tat hatte sich ein merkwürdiger Vorfall in seinem Kopf abgespielt; plötzlich war einen Augenblick lang Betäubung aufgetreten, ein Wirbeln und ein Ruck, der eine ganze Zeitspanne zu überspringen schien, und er war ein neuer Beran, wie eine Schlange, die eine alte Haut abgestreift hat.

Der neue Beran drehte sich langsam um, musterte Palafox leidenschaftlos abschätzend. Hinter dem Anschein von Alterslosigkeit sah er einen Mann von ungeheurem Alter, behaftet sowohl mit den Stärken als auch mit den Schwächen dieses Alters.

»Nun gut«, sagte Beran. »Notwendigerweise muss ich mit euch auf dieser Grundlage umgehen.«

»Natürlich«, sagte Palafox, wenn auch mit einem Anflug von Irritation. Dann wurde sein Blick wieder verschwommen; er neigte den Kopf, horchte auf die lautlose Nachricht.

Er stand auf, winkte. »Kommt. Bustamonte greift uns an.«

Sie begaben sich hinaus auf das Dach, unter eine durchsichtige Kuppel.

»Dort ...«, Palafox deutete zum Himmel, »... Bustamontes elende Geste der Böswilligkeit.«

Ein Dutzend Himmelsschlitten der Mamaronen zeigten sich als schwarze Rechtecke am wolkigen, grauen Himmel. In zwei Meilen Entfernung war ein Transporter gelandet und spuckte eine rotbraune Masse neutraloider Truppen aus.

»Es ist gut, dass es zu diesem Zwischenfall gekommen ist«, sagte Palafox. »Es könnte sein, dass dies Bustamonte von einer weiteren, ähnlichen Frechheit abhält.« Er neigte den Kopf, horchte auf die Laute in seinem Inneren. »Jetzt – seht euch unser Gegenmittel gegen Belästigungen an!«

Beran fühlte, oder hörte möglicherweise, ein pulsierendes Wimmern, so hoch, dass es nur teilweise wahrnehmbar war.

Die Himmelsschlitten begannen, sich merkwürdig zu verhalten, zu sinken, zu steigen, zu schleudern. Sie wendeten und ergriffen überstürzt die Flucht. Gleichzeitig entstand Aufregung unter den Truppen. Sie befanden sich in Aufruhr, schwenkten die Arme, sprangen und hüpften umher. Das pulsierende Wimmern erstarb; die Mamaronen brachen zusammen.

Palafox lächelte leise. »Sie werden uns gewiss nicht weiter ärgern.«

»Bustamonte könnte doch versuchen, uns auszubomben.«

»Wenn er klug ist«, sagte Palafox gleichgültig, »wird er nichts derart Drastisches unternehmen. Und so klug ist er immerhin.«

»Was wird er dann unternehmen?«

»Oh – die üblichen Sinnlosigkeiten eines Herrschers, der seinen Thron wanken sieht...«

Bustamontes Maßnahmen waren wahrhaft dumm und plump. Die Nachricht von Berans Erscheinen durcheilte die acht Kontinente, trotz Bustamontes Bemühungen, den Vorfall zweifelhaft erscheinen zu lassen. Die Paonesen, welche einerseits von Ihrem Verlangen nach dem Traditionellen getrieben wurden, andererseits von Bustamontes gesellschaftlichen Neuerungen abgestoßen waren, reagierten auf die übliche Weise. Die Arbeit verlangsamte sich, geriet ins Stocken. Die Kooperation mit der Zivilverwaltung hörte auf.

Bustamonte versuchte es mit Überredung, grandiosen Versprechungen und Straferlassen. Das Desinteresse der Bevölkerung war beleidigender, als es eine Reihe wütender Demonstrationen gewesen wäre. Das Transportsystem kam zum Stillstand, die Energieversorgung und das Nachrichtenwesen brachen zusammen, Bustamontes persönliche Dienerschaft erschien nicht zur Arbeit.

Ein Mamarone, zur Hausarbeit abgestellt, verbrühte Bustamontes Arme mit einem heißen Handtuch: Dies war der Auslöser, der Bustamontes unterdrückte Wut zum Ausbruch brachte. »Ich habe ihnen vorgesungen! Jetzt sind sie an der Reihe, mir vorzusingen!«

Nach dem Zufallsprinzip wählte er ein halbes Hundert Dörfer aus. Mamaronen fielen in diesen Siedlungen ein und hatten dort völlig freie Hand.

Die Gräueltaten verfehlten gänzlich ihre Wirkung auf die Bevölkerung – ein längst eingeführtes Prinzip paonesischer Geschichte. Beran, der von den Ereignissen erfuhr, empfand das ganze Elend der Opfer. Er wandte sich gegen Palafox, beschimpfte ihn.

Palafox bemerkte ungerührt, alle Menschen müssten sterben, Schmerz sei eine vorübergehende Erscheinung und in jedem Fall das Ergebnis schlechter geistiger Disziplin. Um das zu belegen, hielt er seine Hand in eine Flamme, das Fleisch geriet in Brand und brutzelte; Palafox sah unbeteiligt zu.

»Diesen Leuten fehlt es an dieser Disziplin – sie empfinden Schmerzen!«, rief Beran aus.

»Das ist allerdings traurig«, sagte Palafox. »Ich wünsche keinem Menschen Schmerzen, aber bis Bustamonte abgesetzt ist – oder bis er tot ist – werden diese Vorfälle sich wiederholen.«

»Warum gebietet Ihr diesen Ungeheuern nicht Einhalt?«, wütete Beran. »Ihr besitzt die Möglichkeit dazu.«

»Ihr könnt Bustamonte ebenso gut Einhalt gebieten wie ich selbst.«

Beran erwiderte voller Wut und Verachtung: »Jetzt verstehe ich euch. Ihr wollt, dass ich ihn umbringe. Vermutlich habt Ihr diese ganze Abfolge von Ereignissen geplant. Ich will ihn gerne umbringen! Bewaffnet mich, nennt mir seinen Aufenthaltsort – sollte ich dabei sterben, wird wenigstens dem allen ein Ende gesetzt.«

»Kommt«, sagte Palafox; »Ihr erhaltet nun Eure zweite Modifikation.«

Bustamonte war eingefallen und hager. Er ging auf dem schwarzen Teppich des Foyers auf und ab, hielt dabei die

Arme steif, wackelte mit den Fingern, als wolle er Sandkörner abschütteln.

Die Glastür war zu, verschlossen, verriegelt. Draußen standen vier schwarze Mamaronen.

Bustamonte fröstelte. Wo sollte das nur enden? Er begab sich zum Fenster, sah in die Nacht hinaus. Eiljanre breitete sich geisterhaft weiß nach allen Seiten hin aus. Drei Punkte am Horizont glühten zornig rostrot, wo drei Dörfer und die, welche dort gelebt hatten, das Ausmaß seiner Vergeltung zu spüren bekamen.

Bustamonte stöhnte, nagte an seinen Lippen, flatterte krampfartig mit den Fingern. Er wandte sich vom Fenster ab, begann wieder, auf- und abzugehen. Am Fenster entstand ein schwaches Zischen, das Bustamonte nicht wahrnahm.

Es erfolgte ein dumpfer Aufschlag, ein Luftzug.

Bustamonte drehte sich um, erstarrte mitten in seiner Bewegung. Im Fenster stand ein starräugiger junger Mann in Schwarz.

»Beran«, krächzte Bustamonte. *»Beran!«*

Beran sprang hinab auf den schwarzen Teppich, kam ruhig näher. Bustamonte versuchte, sich abzuwenden, versuchte, sich davonzumachen und sich zu drücken. Doch seine Zeit war gekommen; er wusste es, er konnte sich nicht bewegen.

Beran erhob die Hand. Aus seinem Finger schoss blaue Energie.

Die Angelegenheit war erledigt. Beran trat über den Leichnam hinweg, entriegelte die Glastüren, stieß sie auf.

Die Mamaronen sahen sich um, wichen hastig zurück, verdrehten vor Staunen die Augen.

»Ich bin Beran Panasper, Panarch von Pao.«

XVI

Pao feierte die Thronbesteigung Berans in rasender Begeisterung. Überall außer in den Valiantenlagern, an der Küste der Zelambrebucht und in Pon gab es Freudensbekundungen von derart orgiastischer Natur, dass sie beinahe unpaonesisch wirkten. Trotz seiner ungeheuren Abneigung dagegen bezog Beran im Großen Palast Quartier und unterzog sich bis zu einem gewissen Grade dem Pomp und Ritual, die von ihm erwartet wurden.

Seine erste Eingebung war es, alle Beschlüsse Bustamontes aufzuheben, das gesamte Kabinett nach Vredeltope zu verbannen, der Gefängnisinsel hoch im Norden. Palafox jedoch riet zur Zurückhaltung. »Ihr handelt gefühlsmäßig – es hat keinen Sinn, das Gute zusammen mit dem Bösen wegzuwerfen.«

»Zeigt mir etwas Gutes«, erwiderte Beran. »Vielleicht bin ich dann weniger erpicht darauf.«

Palafox dachte einen Moment lang nach, schien kurz davor, zu sprechen, zögerte, sagte dann: »Zum Beispiel: die Regierungsbeamten.«

»Alles Vertraute von Bustamonte. Alle ruchlos, alle korrupt.«

Palafox nickte: »Das könnte stimmen. Doch wie verhalten sie sich jetzt?«

»Ha!«, lachte Beran. »Sie arbeiten Tag und Nacht, wie die Wespen im Herbst, daran, mich von ihrer Redlichkeit zu überzeugen.«

»Und damit leisten sie wirkungsvolle Arbeit. Ihr würdet nur Verwirrung stiften, indem Ihr sie alle ihres Amtes enthebt. Ich rate euch, langsam vorzugehen – entlasst die offenkundigen Schmeichler und Heuchler, nehmt nur dann neue Männer in die Regierung auf, wenn sich die Gelegenheit ergibt.«

Beran war gezwungen zuzugeben, dass Palafox' Äußerungen berechtigt waren. Doch nun lehnte er sich in seinem Stuhl zurück – die zwei nahmen gerade eine Zwischenmahlzeit aus Feigen und neuem Wein auf dem Dachgarten des Palastes ein – und schien seine Kräfte zusammenzunehmen. »Dies sind nur die nebensächlichen Änderungen, die ich vorzunehmen wünsche. Meine Hauptaufgabe, meine Bestimmung besteht darin, Pao in seinen früheren Zustand zurückzuversetzen. Ich habe vor, die Valiantenlager auf verschiedene Gegenden Paos zu verteilen und etwas ähnliches mit den Technikantenanlagen zu tun. Diese Menschen müssen Paonesisch lernen, sie müssen ihren Platz in unserer Gesellschaft einnehmen.«

»Und die Kogitanten?«

Beran klopfte mit den Knöcheln auf den Tisch. »Ich will kein zweites Breakness auf Pao. Die Möglichkeiten sind vorhanden für tausend Lehrinstitute – aber sie müssen mitten unter dem paonesischen Volk errichtet werden. Sie müssen paonesische Fächer in paonesischer Sprache lehren.«

»Ah ja«, seufzte Palafox. »Nun, ich hatte nichts Besseres erwartet. Bald werde ich nach Breakness zurückkehren, und Ihr mögt Nonamand den Hirten und Stechginsterschnittern zurückgeben.«

Beran verbarg seine Überraschung über Palafox' Fügsamkeit.

»Offenbar«, sagte er schließlich, »habt Ihr etwas ganz

anderes vor. Ihr habt mir nur deshalb zum Schwarzen Thron verholfen, weil Bustamonte nicht mit euch zusammenarbeiten wollte.«

Palafox lächelte vor sich hin, während er eine Feige schälte. »Ich habe gar nichts vor. Ich sehe nur zu, und wenn man mich darum bittet, erteile ich Ratschläge. Was immer sich ereignet, rührt von Plänen her, die vor langer Zeit formuliert und ins Laufen gebracht worden sind.«

»Es könnte sich als notwendig erweisen, diese Pläne zu durchkreuzen«, sagte Beran.

Palafox verspeiste ungerührt seine Feige. »Es steht euch natürlich frei, so etwas zu versuchen.«

Während der nächsten paar Tage dachte Beran gründlich nach. Palafox schien ihn als berechenbare Größe anzusehen, als eine, die automatisch in eine Richtung reagieren würde, die für Palafox günstig war. Diese Überlegung bewegte ihn zur Vorsicht, und er verzögerte die sofortige Aktion gegen die drei nichtpaonesischen Enklaven.

Bustamontes prächtigen Harem jagte er fort und begann mit dem Aufbau seines eigenen. Es wurde von ihm so erwartet; ein Panarch ohne angemessene Konkubinen wurde mit Argwohn betrachtet.

Beran empfand keine Abneigung bei dieser Aufgabe; und da er jung, beliebt und ein Volksheld war, bestand sein Problem weniger im Suchen als in der Auswahl.

Die Staatsgeschäfte ließen ihm jedoch nur wenig Zeit für persönliche Befriedigung. Bustamonte hatte die Strafkolonie auf Vredeltope überfüllt, mit Kriminellen und mit politischen Straftätern, wahllos gemischt. Beran ordnete eine Amnestie für alle außer für eingefleischte Verbrecher an. Im letzten Abschnitt seiner Herrschaft hatte Bustamonte außerdem die Steuern erhöht, bis sie sich denen unter Aiellos Herrschaft näherten, mit betrügerischen Staatsbeamten, die den Mehrertrag verschlangen. Beran ging entschlossen gegen sie vor und teilte den Betrügern unerfreuliche Arten niedriger Arbeiten zu, und ihre Einkünfte wurden mit ihren Schulden verrechnet.

Eines Tages sank ohne Vorwarnung eine rot, blau und braun bemalte Korvette aus dem Weltraum herab. Der Überwachungsmann dieses Sektors sprach die übliche Anrufung aus; die Korvette verweigerte jede Antwort außer der, einen langen, an der Spitze gespalteten Wimpel zu hissen, und landete mit unverschämter Achtlosigkeit auf dem Dach des Großen Palastes. Eban Buzbek, Hetman der Brumbos von Batmarsch, und ein Geleitzug aus Kriegern stiegen aus. Sie ignorierten die Palastbediensteten und marschierten zum großen Thronsaal, riefen lauthals nach Bustamonte.

Beran betrat in feierliches Schwarz gewandet den Saal.

Mittlerweile hatte Eban Buzbek die Nachricht von Bustamontes Tod gehört. Er gönnte Beran einen unfreundlichen und höhnischen starren Blick, rief dann einem Dolmetscher zu: »Fragt an, ob der neue Panarch mich als seinen Oberherrn anerkennt.«

Auf die zaghafte Frage des Dolmetschers hin gab Beran keine Antwort.

Eban Buzbek bellte: »Wie lautet die Antwort des neuen Panarchen?«

Der Dolmetscher übersetzte.

»Ehrlich gesagt«, sprach Beran, »habe ich keine Antwort parat. Ich möchte in Frieden herrschen, dennoch habe ich das Gefühl, dass der Tribut an Batmarsch lange genug gezahlt wurde.«

Eban Buzbek brach in dröhnendes Gelächter aus, als er die Übersetzung des Dolmetschers hörte. »Dies ist nicht die Art und Weise, in der sich die Realitäten zeigen. Das Leben ist eine Pyramide – nur einer kann an der Spitze stehen. In diesem Fall bin ich das. Gleich darunter befinden sich andere aus dem Brumbo-Clan. An den übrigen Stufen habe ich kein Interesse. Ihr müsst euch die Stelle erkämpfen, zu der euch Eure Tapferkeit befähigt. Meine Mission hier besteht darin, mehr Geld von Pao zu verlangen. Meine Unkosten steigen – daher muss der Tribut steigen. Wenn Ihr zustimmt, trennen wir uns in gutem Einvernehmen. Wenn nicht, werden meine wilden Clansleute Pao heimsuchen, und Ihr werdet Eure Widerspenstigkeit bereuen.«

Beran sagte: »Mir bleibt keine Alternative. Unter Protest zahle ich euch Euren Tribut. Allerdings möchte ich bemerken, dass Ihr als unser Freund besser dran wärt denn als unser Oberherr.«

In die Mundart von Batmarsch konnte das Wort »Freund« nur als »Waffenbruder« übersetzt werden. Als er Berans Antwort entgegennahm, lachte Eban Buzbek. »Paonesen als Waffenbrüder? Die ihre Hinterteile zum Treten hochgehalten haben, wenn man es ihnen befohlen hat? Bessere Krieger sind die Dinghals vom Feuerplaneten, die mit ihren Großmüttern als Schutzschild ins Feld ziehen. Nein – wir Brumbos haben keinen Bedarf an solch einem Bündnis.«

Ins Paonesische zurückübersetzt wurden diese Worte zu etwas, das nach einer Reihe mutwilliger Beschimpfungen aussah. Beran schluckte seinen Zorn hinunter.

»Euer Geld wird euch übersandt werden.« Er verneigte sich steif, wandte sich ab, verließ mit langen Schritten den Raum. Einer der Krieger, der sein Benehmen respektlos fand, sprang vor, um ihn aufzuhalten. Berans Hand hob sich, zielte mit dem Finger – doch wieder hielt er sich zurück. Der Krieger spürte irgendwie, dass er seinem Verderben nahe gewesen war, und trat zurück.

Beran verließ unbehelligt den Saal.

Zitternd vor Wut begab sich Beran in die Gemächer von Palafox, der kein großes Interesse an der Neuigkeit zum Ausdruck brachte. »Ihr habt euch richtig verhalten«, sagte er. »Es ist ein aussichtsloses Unterfangen, derart erfahrene Krieger herauszufordern.«

Beran stimmte ihm verdrießlich zu. »Es steht außer Frage, dass Pao einen Schutz gegen Räuberbanden braucht ... Dennoch fällt es uns leicht, den Tribut aufzubringen, und es ist billiger, als einen großen militärischen Apparat zu unterhalten.«

Palafox pflichtete ihm bei. »Der Tribut ist eine eindeutige Sparmaßnahme.«

Beran suchte in dem langen, hageren Gesicht nach der Ironie, die er darin vermutete, doch als er keine fand, empfahl er sich.

Am nächsten Tag, als die Brumbos abgeflogen waren, verlangte er nach einer Karte von Schraimand und studierte die Anordnung der Valiantenlager. Sie nahmen einen Küstenstreifen von zehn Meilen Breite und hundert Meilen Länge ein, wenngleich das Hinterland auf weitere zehn Meilen in Erwartung ihres Anwachsens entvölkert worden war.

Als er sich an seine Dienstzeit in Deirombona erinnerte, fielen Beran die temperamentvollen Männer und Frauen wieder ein, die angespannten Gesichter, ihr gleichmäßiger, unbeirrter Gesichstausdruck, ihre Hingabe an Ruhm und Ehre... Er seufzte. Solche Eigenschaften hatten ihren Nutzen.

Er rief Palafox zu sich und begann hitzig zu streiten, obwohl Palafox gar nichts gesagt hatte. »Theoretisch stimme ich der Notwendigkeit eines Heeres zu, und auch der einer wirksamen industriellen Einrichtung. Aber Bustamontes Vorgehen ist grausam, künstlich, zersetzend!«

Palafox sagte ernst: »Angenommen, Ihr schafft es durch irgendein Wunder, ein paonesisches Heer zu rekrutieren, auszubilden und zu schulen – was dann? Woher werden sie ihre Waffen nehmen? Wer wird die Kriegsschiffe liefern? Wer wird Geräte und Nachrichteninstrumente bauen?«

»Mercantil ist momentan die Quelle für unsere Bedürfnisse«, sagte Beran langsam. »Vielleicht könnte uns eine der außerhalb des Sternhaufens gelegenen Welten versorgen.«

»Die Mercantilen werden sich niemals gegen die Brumbos verschwören«, sagte Palafox. »Und um Waren von einer Welt außerhalb des Sternhaufens zu beschaffen, müsst ihr in der entsprechenden Währung zahlen. Um diese fremde Währung zu bekommen, müsst ihr Handel treiben.«

Beran blickte traurig aus dem Fenster. »Wenn wir keine Frachtschiffe haben, können wir keinen Handel treiben.«

»Sehr richtig«, sagte Palafox in gehobener Stimmung. »Kommt, ich möchte euch etwas zeigen, von dem ihr möglicherweise nichts wisst.«

In einem flinken, schwarzen Torpedoboot flogen Palafox und Beran zur Telambrebucht. Trotz Berans Fragen sagte Palafox nichts. Er brachte Beran an die Ostküste, zu einem isolierten Gebiet am Anfang der Maesthgelai-Halbinsel. Hier stand eine Ansammlung neuer Gebäude, abweisend und hässlich. Palafox landete das Boot und führte Beran in das größte Gebäude. Sie standen vor einem langen Zylinder.

Palafox sagte: »Dies ist das Geheimprojekt einer Gruppe fortgeschrittener Studenten. Wie Ihr vermutet, handelt es sich um ein kleines Raumschiff. Das erste, nehme ich an, das je auf Pao gebaut worden ist.«

Beran betrachtete das Fahrzeug kommentarlos. Offensichtlich spielte Palafox mit ihm wie ein Angler mit einem Fisch.

Er trat näher an das Schiff heran. Die Ausführung war grob, die Detailbehandlung ungehobelt; der Gesamteindruck war jedoch der stabiler Zweckdienlichkeit. »Fliegt es denn?«, fragte er Palafox.

»Noch nicht. Aber es wird zweifelsohne einmal soweit sein – in weiteren vier oder fünf Monaten. Bestimmte empfindliche Einzelteile sind in Breakness bestellt worden. Abgesehen von diesen handelt es sich um ein echtes paonesisches Produkt. Mit einer solchen Flotte von Schiffen könntet Ihr Pao von Mercantil unabhängig machen. Ich bezweifle nicht, dass Ihr genügend Märkte finden werdet, da die Mercantilen den größtmöglichen Profit aus jeder Transaktion herauspressen.«

»Natürlich bin ich – erfreut«, sagte Beran zögernd. »Aber warum wurden diese Arbeiten vor mir geheim gehalten?«

Palafox hob die Hand und sprach mit beruhigender Stimme.

»Es wurde nicht versucht, euch das Wissen vorzuenthalten. Dies ist ein Projekt von vielen. Diese jungen Männer und Frauen gehen die Probleme und Mängel Paos mit ungeheurer Energie an. Jeden Tag nehmen sie etwas Neues in Angriff.«

Beran brummte skeptisch. »So bald wie möglich werden diese isolierten Gruppen in den Hauptstrom des paonesischen Lebens zurückgeführt.«

Palafox äußerte Bedenken. »Meiner Ansicht nach ist die Zeit noch nicht reif für eine Abschwächung des Enthusiasmus der Technikanten. Zugegebenermaßen hat es Unbequemlichkeiten für die umgesiedelte Bevölkerung gegeben, doch die Ergebnisse scheinen das Vorgehen zu rechtfertigen.«

Beran gab keine Antwort. Palafox winkte der ruhig zusehenden Gruppe von Technikanten. Sie traten herzu, wurden vorgestellt, zeigten sich leicht überrascht, als Beran sie in ihrer eigenen Sprache anredete, und führten ihn dann durch das Schiff. Das Innere verstärkte Berans ursprünglichen Eindruck grober, aber bodenständiger Tauglichkeit. Und als er zum Großen Palast zurückkehrte, geschah dies mit einer völlig neuen Art von Zweifeln und Theorien im Kopf. Konnte es sein, dass Bustamonte Recht gehabt hatte und er, Beran, Unrecht?

XVII

Ein Jahr verging. Der Raumschiff-Prototyp der Technikanten wurde fertig gestellt, getestet und als Übungsschiff eingesetzt. Auf Bitten des Koordinationsrats der Technikanten wurden öffentliche Mittel für ein groß angelegtes Schiffbauprogramm bereitgestellt.

Die Betätigung der Valianten ging weiter wie bisher. Ein Dutzend Mal beschloss Beran, die Ausbreitung der Garnisonen einzuschränken, doch jedes Mal erschien das Gesicht von Eban Buzbek vor seinem inneren Auge, und seine Entschlossenheit schwand dahin.

Das Jahr brachte großes Gedeihen für Pao. Nie war es dem Volk so gut gegangen. Die Beamtenschaft war ungewöhnlich zurückhaltend und ehrlich; die Steuern waren niedrig; von der Angst und dem Misstrauen, die während Bustamontes Regiment vorherrschten, war nichts mehr übrig. Daher ging die Bevölkerung mit geradezu unpaonesischem Eifer ihrem Leben nach. Die neusprachlichen Enklaven wurden ähnlich Tumoren, die weder gut noch bösartig waren, nicht vergessen, aber toleriert. Beran besuchte das Kogitanten-Institut in Pon nicht; er wusste jedoch, dass es sich stark vergrößert hatte; dass neue Gebäude hochwuchsen, neue Hallen, Schlafquartiere, Werkstätten, Labors – dass die Schülerzahlen täglich stiegen, dank der aus Breakness anreisenden Jugendlichen, die alle eine unverkennbare Ähnlichkeit mit Lord Palafox aufwiesen, und anderer, viel jüngerer Leute, die aus den Kinderheimen des Instituts abgingen – Kinder von Palafox und Kinder seiner Kinder.

Ein weiteres Jahr verging, und aus dem Weltraum herab kam die fröhlich bunte Korvette Eban Buzbeks. Wie zuvor beachtete sie den Anruf des Überwachungstechnikers nicht und landete auf der Dachfläche des Großen Palastes. Wie zuvor marschierten Eban Buzbek und ein großtuerisches Gefolge zum großen Saal, wo sie nach der Gegenwart Berans verlangten. Es entstand eine Verzögerung von zehn Minuten, während deren die Krieger ungeduldig umherstampften und klirrten.

Beran betrat die Räumlichkeiten und blieb stehen, wobei er die Clansleute prüfend ansah, die ihm ihre Gesichter mit kaltem Blick zuwandten.

Beran kam näher. Er täuschte keine Herzlichkeit vor. »Warum kommt Ihr dieses Mal nach Pao?«

Wie zuvor übertug ein Dolmetscher die Worte in die Batmarschsprache.

Eban Buzbek machte es sich in einem Stuhl bequem, winkte Beran zu einem anderen in der Nähe. Beran nahm ohne Kommentar Platz.

»Wir haben unerfreuliche Nachrichten vernommen«, sagte Eban Buzbek und streckte die Beine aus. »Unsere Verbündeten und Lieferanten, die Artifaktoren Mercantils, sagen uns, dass Ihr kürzlich eine Flotte von Frachtschiffen in den Weltraum entsandt habt – dass Ihr handelt und hökert und schließlich große Mengen technischer Gerätschaften nach Pao zurückbringt.« Die Batch-Krieger schoben sich hinter Beran; sie ragten über seinem Sitz auf.

Er blickte über die Schulter, wandte sich wieder Eban Buzbek zu. »Ich kann nicht einsehen, was euch das angeht. Warum sollten wir nicht Handel treiben, wo wir wollen?«

»Ausreichend sollte die Tatsache sein, dass dies den

Wünschen von Eban Buzbek, Eurem Lehnsherrn, zuwiderläuft.«

Beran sprach mit versöhnlicher Stimme. »Aber Ihr dürft nicht vergessen, dass wir eine bevölkerungsreiche Welt sind. Wir haben ganz natürliche Bedürfnisse ...«

Eban Buzbek beugte sich vor; seine Hand schlug klatschend auf Berans Wange. Beran fiel nach hinten in den Stuhl, vor Überraschung wie gelähmt, das Gesicht weiß bis auf die roten Striemen. Das war die erste Ohrfeige, die er je erhalten hatte, sein erster Kontakt mit körperlicher Gewalt. Die Wirkung war merkwürdig – sie bedeutete einen Schock, einen nicht gänzlich unangenehmen Reiz, das plötzliche Öffnen eines vergessenen Raums. Eban Buzbeks Stimme erklang beinahe ungehört: »... Eure Bedürfnisse müssen zu allen Zeiten dem Brumbo-Clan zur Beurteilung vorgelegt werden.«

Einer der Krieger aus dem Gefolge sagte: »Es ist keine große Überredungskunst erforderlich, um die *Ocholos* zu überzeugen.«

Berans Augen richteten sich aufs Neue auf das breite, rote Gesicht Eban Buzbeks. Er richtete sich in seinem Sitz auf. »Ich bin froh, dass Ihr hier seid, Eban Buzbek. Es ist besser, dass wir von Angesicht zu Angesicht miteinander sprechen. Die Zeit ist gekommen, da Pao euch keinen Tribut mehr leistet.«

Eban Buzbeks Mund öffnete sich, verzog sich zu einer komischen Grimasse der Überraschung.

»Außerdem werden wir weiterhin unsere Schiffe durch das Universum schicken. Ich hoffe, Ihr werdet diese Tatsachen gutwillig akzeptieren und mit Frieden in Eurem Herzen auf Euren Planeten zurückkehren.«

Eban Buzbek sprang auf. »Ich werde mit Euren Ohren

zurückkehren, um sie in unserem Waffensaal aufzuhängen.«

Beran erhob sich, zog sich vor den Kriegern zurück. Sie kamen mit grinsender Behutsamkeit hinterdrein. Eban Buzbek zog eine Klinge aus seinem Gürtel. »Bringt den Halunken her.« Beran hob die Hand zum Signal. An drei Seiten glitten Türen auf; drei Trupps Mamaronen traten mit zusammengekniffenen Augen vor. Sie trugen Hellebarden mit einen Meter langen spitzen Klingen und aufgesetzten Flammensicheln.

»Wie lauten Eure Wünsche bezüglich dieser Schakale?«, krächzte der Hauptmann.

Beran sagte: »Tod durch Ertränken. Bringt sie zum Meer.« Eban Buzbek fragte den Dolmetscher nach dem Sinn dieser Bemerkungen. Als er es vernahm, sprudelte er vor. »Das ist ein ruchloses Unterfangen. Pao wird vernichtet werden! Meine Gefolgsleute werden keine lebende Seele in Eiljanre zurücklassen. Wir werden Eure Felder mit Feuer und Knochen besäen!«

»Wollt Ihr also in Frieden heimwärts ziehen und uns nicht länger belästigen?«, verlangte Beran zu wissen. »Kommt, Ihr habt die Wahl. Tod – oder den Frieden.«

Eban Buzbek sah sich nach rechts und nach links hin um; seine Krieger scharten sich dicht zusammen, beäugten die schwarzen Gegner.

Eban Buzbek schob mit einem entschiedenen Schnappen die Klinge in die Scheide. Er murmelte etwas beiseite zu seinen Männern. »Wir gehen«, sagte er zu Beran.

»Dann wählt Ihr den Frieden?« Eban Buzbeks Schnurrbart zitterte vor Wut. »Ich wähle – den Frieden.«

»Dann werft Eure Waffen weg, verlasst Pao und kehrt nie mehr wieder.«

Eban Buzbek entledigte sich mit steinernem Gesichtsausdruck seiner Waffen. Seine Krieger taten es ihm gleich. Die Horde verließ, getrieben von den Neutraloiden, den Saal. Kurz darauf löste sich die Korvette, schoss empor und hinweg.

Minuten vergingen; dann wurde Beran zum Teleschirm gerufen. Eban Buzbeks Gesicht war glühend rot vor Hass. »Ich bin in Frieden abgereist, junger Panarch, und Ihr sollt Euren Frieden haben – doch nur so lange, wie es dauert, die Clansleute zurück nach Pao zu bringen. Nicht nur Eure Ohren, sondern Euer Kopf wird zwischen unseren Trophäen aufgehängt.«

Beran sagte: »Kommt, aber auf eigene Gefahr.«

Drei Monate später griffen die Clansmänner von Batmarsch Pao an. Eine Flotte aus achtundzwanzig Kriegsschiffen, einschließlich sechs rundbäuchiger Transporter, erschien am Himmel. Die Überwacher unternahmen keinen Versuch, sie herauszufordern oder Verteidigungsmaßnahmen zu ergreifen, und die Batch-Kriegsschiffe glitten verachtungsvoll hinab in die Atmosphäre.

Hier wurden sie von Raketengeschossen angegriffen, doch Abfangraketen ließen, ohne Schaden anzurichten, die Salve explodieren.

In dichter Formation nahmen sie Kurs auf das nördliche Minamand und landeten einige Meilen nördlich von Eiljanre. Die Transporter setzten eine Unzahl von Clansmännern ab, die Luftpferde steuerten. Sie schossen hoch hinauf, vollführten Sturzflüge, Hüpfer und Schwenks in auffällig zur Schau gestellter Prahlerei.

Ein Pulk unbemannter Geschosse flitzte auf sie zu, doch die Verteidigungsanlagen der unten liegenden Schiffe waren in Alarmbereitschaft, und Abfanggeschosse zerstörten die Salve. Die Drohung reichte jedoch aus, um die Reiter in der Nähe der Flottille festzuhalten.

Der Abend kam und dann die Nacht. Die Reiter schrieben mit goldenem Gas großspurige Parolen in den Himmel, zogen sich dann in ihre Schiffe zurück, und es folgten keine weiteren Aktivitäten.

Eine weitere Reihe von Vorkommnissen hatte sich bereits auf Batmarsch zugetragen. Kaum hatte sich die achtundzwanzig Schiffe umfassende Flottille nach Pao aufgemacht, da senkte sich schon ein anderes Schiff, zylindrisch und gedrungen, offenbar umgebaut aus einem Frachter, auf die nasskalten, bewaldeten Hügel am südlichen Ende der Brumbo-Gütereien herab. Hundert junge Männer stiegen aus. Sie trugen komplizierte, segmentierte Anzüge aus Transpar, die zu stromlinienförmigen Hüllen wurden, wenn die Arme ihrer Träger herabhingen. Antischwerkraftnetze machten sie gewichtslos, elektrische Düsen trieben sie mit großer Geschwindigkeit vorwärts.

Sie flogen tief über die schwarzen Bäume, am Boden der wilden Täler entlang. Der See Chagaz glitzerte vor ihnen und reflektierte die schimmernden Konstellationen des Sternhaufens.

Jenseits des Sees lag Slagoe, die Stadt aus Stein und Balkenholz, mit der Ehrenhalle, die hoch über den niedrigeren Gebäuden aufragte.

Die Flieger stießen wie Habichte herab. Vier rannten zum geheiligten Feuer, überwältigten die betagten Feuerwächter, löschten die Flamme bis auf ein einzelnes Stück Kohle, das sie in einen metallenen Beutel steckten. Die Übrigen waren weiter die zehn steinernen Stufen hinaufgelaufen. Sie betäubten die wachhabenden Priester, stürmten in die hohe, mit rauchgeschwärzten Balken versehene Halle.

Der Wappenteppich des Clans, gewoben aus Haaren vom Kopf eines jeden in dem Clan geborenen Brumbo, wurde von der Wand gerissen. Die Trophäen wanderten in Taschen und Antischwerkraftbehälter, die geheiligten Fetische: alte Rüstungen, hundert verschlissene Banner, Schriftrollen und Deklamationsprotokolle, Bruchstücke von Gestein, Knochen, Stahl und Kohle, Schalen voll getrocknetem schwarzem Blut, die an Schlachten und an das Heldentum der Brumbos erinnerten.

Als Slagoe endlich dessen gewahr wurde, was geschah, befanden sich die Krieger wieder im Weltraum, auf dem Weg nach Pao. Frauen, Kinder, alte Männer rannten zum geheiligten Park, weinten und schrien.

Doch die Plünderer waren abgeflogen und hatten die Seele des Clans mitgenommen, den allerkostbarsten Schatz.

Im Morgengrauen des zweiten Tages holten die Eindringlinge Kisten hervor und bauten acht Kampfplattformen, indem sie Generatoren, Abfanganlagen, dynamische Stachel, Pyreumatoren und sonische Ohrzerfetzer darauf befestigten.

Andere Brumbo-Helden kamen auf Luftpferden heraus, aber nun ritten sie in strenger Formation. Die Kampfplattformen erhoben sich vom Boden und explodierten sofort. Mechanische Maulwürfe, die sich durch den Erdboden gruben, hatten Minen an der Unterseite eines jedes Floßes angebracht.

Die Luftkavallerie stob bestürzt auseinander. Ohne Schutz waren sie ein leichtes Ziel für Geschosse – von Feigheit zeugende Waffen nach den Maßstäben von Batmarsch.

Die Valianten-Myrmidonen hatten ebenfalls eine Abneigung gegen Geschosse. Beran hatte darauf bestanden, jede Möglichkeit wahrzunehmen, um das Blutvergießen gering zu halten, doch als die Kampfflöße zerstört waren, war es ihm unmöglich, die Myrmidonen zurückzuhalten. In ihren Transparhüllen schossen sie zum Himmel auf und stürzten sich auf die Brumbo-Kavallerie. Eine wütende Schlacht entbrannte wirbelnd und kreischend über der lieblichen Landschaft.

Die Schlacht entschied sich nicht. Myrmidonen und die Luftreiter der Brumbos fielen in gleicher Zahl, aber nach zwanzig Minuten machten sich die Luftreiter plötzlich los und warfen sich zu Boden, wodurch sie die Myrmidonen schutzlos einer Salve von Geschossen aussetzten. Die Myrmidonen wurden nicht völlig hiervon überrascht und stürzten sich kopfüber zu Boden. Nur einige wenige Zauderer – vielleicht zwanzig – wurden erfasst und explodierten.

Die Reiter zogen sich in den Schatten ihrer Schiffe zurück; die Myrmidonen traten den Rückzug an. Sie waren weniger zahlreich gewesen als die Brumbos; dessen ungeachtet hatten die Clansleute nachgegeben, verwirrt und erschreckt durch die Heftigkeit der Gegenwehr.

Der Rest des Tages verlief ruhig, ebenso der nächste Tag, während die Brumbos unter den Hüllen ihrer Schiffe herumklopften und tasteten, um alle Minen zu lösen, die möglicherweise dort gelegt waren.

Als dies erledigt war, erhob sich die Flotte in die Luft,

bewegte sich schwerfällig hinaus über das Hylanthus-Meer, überquerte die Meeresstraße direkt südlich von Eiljanre, ließ sich am Strand in Sichtweite des Großen Palastes nieder.

Am nächsten Morgen kamen die Brumbos zu Fuß hervor, sechstausend Mann, geschützt von Abfangeinrichtungen und vier Projektoren. Sie rückten behutsam vor, direkt auf den Großen Palast zu.

Es gab keinerlei Anzeichen für Widerstand, keine Spur von den Myrmidonen. Die marmornen Mauern des Großen Palastes ragten über ihnen auf. Auf ihrer Krone entstand Bewegung; herab rollte ein Rechteck aus schwarzem, braunem und lohfarbenem Tuch. Die Brumbos blieben stehen und starrten darauf.

Eine lautsprecherverstärkte Stimme erklang vom Palast her.

»Eban Buzbek – tretet vor. Kommt, und untersucht die Beute, die wir Eurer Ehrenhalle entnommen haben. Tretet vor, Eban Buzbek. Es soll euch kein Leid geschehen.«

Eban Buzbek trat vor, antwortete mithilfe eines Verstärkers: »Was ist das für ein Schwindel, was habt Ihr für einen feigen, paonesischen Trick ersonnen?«

»Wir sind im Besitz all Eurer Clan-Schätze, Eban Buzbek: dieses Wappentuch, das letzte Stück Kohle Eures ewigen Feuers, all eure Fahnen und Erinnerungsstücke. Wünscht Ihr sie zurückzuerhalten?«

Eban Buzbek stand schwankend da, als wolle er in Ohnmacht fallen. Er drehte sich um und ging mit unsicheren Schritten zurück zu seinem Schiff.

Eine Stunde verging. Eban Buzbek und eine Gruppe von Adligen traten vor. »Wir erbitten Waffenstillstand, damit wir jene Gegenstände untersuchen können, die in Besitz zu haben Ihr behauptet.«

»Kommt herbei, Eban Buzbek. Untersucht sie nach Herzenslust.«

Eban Buzbek und sein Gefolge begutachteten die Gegenstände. Sie sagten kein Wort – die Paonesen, die sie begleiteten, enthielten sich jeder Äußerung.

Die Brumbos kehrten schweigend zu ihren Schiffen zurück.

Ein Herold rief: »Die Zeit ist gekommen! Feige Paonesen – bereitet euch auf den Tod vor!«

Die Clansmänner griffen an, getrieben von hitziger Leidenschaft. Auf halbem Wege den Strand entlang trafen sie auf die Myrmidonen und schlugen sich im Nahkampf mit Schwertern, Pistolen und bloßen Fäusten.

Die Brumbos wurden zum Stehen gebracht; zum ersten Mal begegnete ihre Kampfeslust einer anderen, stärkeren. Sie lernten das Fürchten, sie fielen zurück, sie traten den Rückzug an.

Die Stimme vom Großen Palast her rief: »Ihr könnt nicht gewinnen, Eban Buzbek, Ihr könnt nicht entkommen. Wir haben die Macht über Euer Leben, wir besitzen Eure geheiligten Schätze. Ergebt euch jetzt, oder wir zerstören beides.«

Eban Buzbek ergab sich. Er neigte vor Beran und dem Myrmidonenhauptmann den Kopf, er widerrief alle Ansprüche bezüglich der paonesischen Oberherrschaft und schwor, vor dem geheiligten Wappentuch knieend, Pao nie wieder zu belästigen oder Böses gegen Pao im Schilde zu führen. Dann wurde ihm erlaubt, die Schätze seines Clans an sich zu nehmen, welche die niedergeschlagenen Clansleute an Bord der Flottille brachten, und er verließ Pao.

XVIII

Ein ums andere Mal durchlief Pao seine Bahn um Auriol und steckte dabei fünf komplexe und dramatische Jahre ab. Für Pao als Ganzes waren es gute Jahre. Nie war das Leben so leicht gewesen, Hunger so selten. Den normalen Gütern, die der Planet hervorbrachte, wurde eine ungeheure Vielzahl von Importen aus fernen Welten hinzugefügt. Die Schiffe der Technikanten drängten in jeden Winkel des Sternhaufens, und manch ein Handelskrieg wurde zwischen Mercantilen und Technikanten ausgefochten. Als Folge erweiterten beide Handelsmächte ihr Angebot und suchten in größerer Entfernung nach Handelsmöglichkeiten.

Die Valianten wurden ebenfalls zahlreicher, allerdings in eingeschränktem Maße. Es gab keine weiteren Rekrutierungen aus der Gesamtbevölkerung, und nur ein Kind, dessen Vater und Mutter Valianten waren, konnte in die Kaste aufgenommen werden.

In Pon vermehrten sich die Kogitanten, aber sogar noch langsamer als die Valianten. Drei neue Institute wurden auf den nebelumhüllten Hügeln errichtet, und hoch droben auf der einsamsten Felsspitze ganz Paos erbaute Palafox eine düstere Burg.

Das Übersetzercorps wurde nun hauptsächlich aus Kogitanten gebildet; in der Tat könnte man sagen, dass die Übersetzer die praktische Funktion der Kogitanten darstellten. Wie die anderen Gruppen hatten die Übersetzer sowohl an Zahl als auch an Bedeutung gewonnen. Trotz der Isolierung der drei neusprachlichen Gruppierungen voneinander und der paonesischen Bevölkerung fand ein reger Austausch statt. Wenn kein Übersetzer zur Hand war, konnten die Geschäfte auf Pastiche abgewickelt werden – das auf Grund seiner relativen Allgemeingültigkeit von einer großen Zahl von Leuten verstanden wurde. Doch wenn in irgendeiner Weise präzisere Verständigung erforderlich war, wurde nach einem Dolmetscher gerufen.

So vergingen die Jahre und vollzogen die Veränderungen, die Palafox ersonnen, Bustamonte in Gang gesetzt und Beran widerstrebend geduldet hatte. Das vierzehnte Jahr von Berans Herrschaft erlebte den Höhepunkt von Glück und Gedeihen.

Beran hatte schon lange das Konkubinatssystem von Breakness missbilligt, das sich unauffällig, aber fest in den diversen Kogitanten-Instituten eingewurzelt hatte.

Ursprünglich hatte kein Mangel an Mädchen geherrscht, die sich um den Preis anschließender finanzieller Vorteile auf die Verträge einließen, und alle Söhne und Enkelsöhne von Palafox – ganz zu schweigen von Palafox selbst – unterhielten riesige Schlafquartiere in der Nähe von Pon. Doch als der Wohlstand in Pao Einzug hielt, sank die Zahl der jungen Frauen, die zum Vertragsabschluss zur Verfügung standen, und alsbald begannen merkwürdige Gerüchte zu zirkulieren. Man sprach von Drogen, Hypnose, schwarzer Magie.

Beran ordnete eine Untersuchung der Methoden an, durch welche die Kogitanten sich Frauen zum Vertragsabschluss beschafften. Er erkannte, dass er damit sensibles Terrain betreten würde – aber er ahnte nicht, dass die

Reaktion so schnell und so direkt erfolgen würde. Lord Palafox selbst kam nach Eiljanre.

Er erschien eines Morgens auf einer oberen Terrasse des Palastes, wo Beran saß und das Meer betrachtete. Beim Anblick des hoch gewachsenen, mageren Körperbaus, der eckigen Gesichtszüge überlegte Beran, wie wenig sich doch dieser Palafox bis hin zum Umhang aus dunkelbraunem Tuch, den grauen Hosen, der hohen Mütze mit dem spitzen Zipfel von dem Palafox unterschied, den er vor so vielen Jahren zum ersten Mal gesehen hatte. Wie alt war Palafox?

Palafox verschwendete keine Zeit mit einleitendem Geplauder. »Panarch Beran, eine unerfreuliche Situation ist eingetreten, bezüglich deren Ihr Schritte einzuleiten wünschen werdet.«

Beran nickte langsam. »Was ist das für eine ›unerfreuliche Situation‹?«

»Meine Privatsphäre ist verletzt worden. Eine tollpatschige Bande von Spionen folgt mir auf Schritt und Tritt, verärgert die Frauen in meinem Schlafquartier mit impertinenter Überwachung. Ich bitte euch herauszufinden, wer diese Belästigungen angeordnet hat, und die schuldige Partei zu bestrafen.«

Beran stand auf. »Lord Palafox, wie Ihr sicher wisst, habe ich persönlich die Untersuchung angeordnet.«

»Tatsächlich? Ihr erstaunt mich, Panarch Beran! Was hofft Ihr wohl, zu erfahren?«

»Ich erwarte, dass ich gar nichts erfahre. Ich hatte gehofft, Ihr würdet die Tat als Warnung interpretieren und solche Änderungen in Eurem Verhalten einführen, wie es die Tatsache der Untersuchung nahe legt. Stattdessen habt Ihr beschlossen, die Angelegenheit auszufechten, was zu Schwierigkeiten führen könnte.«

»Ich bin ein Breakness-Lehrmeister. Ich handle direkt, nicht durch abwegige Andeutungen.« Palafox' Stimme klang eisern, doch die Bemerkung hatte seinem Angriff nichts genützt.

Beran, ein Liebhaber der Polemik, versuchte, sich seinen Vorsprung zu erhalten. »Ihr wart ein wertvoller Verbündeter, Lord Palafox. Als Gegenleistung habt Ihr sozusagen die Herrschaft über den Kontinent Nonamand erhalten. Doch diese Herrschaft hängt ab von der Gesetzestreue Eurer Handlungen. Die Untervertragnahme dazu bereiter Frauen ist, wenn auch gesellschaftlich verpönt, kein Verbrechen. Wenn allerdings diese Frauen gar nicht bereit dazu sind...«

»Was für eine Grundlage habt Ihr für diese Äußerungen?«

»Ein verbreitetes Gerücht.«

Palafox lächelte schwach. »Und wenn Ihr durch Zufall diese Gerüchte bestätigt finden würdet, was dann?«

Beran zwang sich, den obsidianfarbenen Blick zu erwidern.

»Eure Frage hat keinen Sinn. Sie bezieht sich auf eine Situation, die bereits der Vergangenheit angehört.«

»Die Bedeutung Eurer Worte ist unklar.«

»Die Methode, diesen Gerüchten entgegenzutreten«, sagte Beran, »besteht darin, die Situation offen zu legen. Von heute an werden Frauen, die willens sind, sich durch Vertrag zu binden, in einem öffentlichen Depot hier in Eiljanre erscheinen. Alle Vereinbarungen werden in diesem Depot ausgehandelt, und jeder andere Handel wird zum Verbrechen ähnlich dem des Menschenraubes erklärt.«

Palafox schwieg mehrere Sekunden lang. Dann fragte

er leise: »Wie, schlagt Ihr vor, soll dieser Beschluss durchgesetzt werden?«

»›Durchgesetzt‹?«, fragte Beran überrascht. »Auf Pao ist es nicht nötig, die Anordnungen der Regierung durchzusetzen.«

Palafox neigte höflich den Kopf. »Die Situation ist, wie Ihr sagt, bereinigt. Ich bin überzeugt, keiner von uns wird Grund zur Klage haben.« Er entfernte sich.

Beran atmete tief durch, lehnte sich in seinem Stuhl zurück, schloss die Augen. Er hatte einen Sieg errungen – bis zu einem gewissen Grade. Er hatte die Autorität des Staates behauptet und hatte Palafox die stillschweigende Anerkennung dieser Autorität abgerungen.

Beran war klug genug, keine Schadenfreude zu empfinden. Er wusste, dass Palafox, tief verwurzelt in seinem Solipsismus, vermutlich nichts von dem emotionalen Schatten spürte, der diesen Vorfall umgab, die Niederlage für nichts anderes als eine momentane Irritation hielt. In der Tat gab es zwei äußerst wichtige Punkte zu bedenken: erstens etwas in Palafox' Benehmen, das trotz seiner Verärgerung darauf hindeutete, dass er darauf vorbereitet gewesen war, zumindest zeitweise einen Kompromiss hinzunehmen. ›Zeitweise‹ war das Schlüsselwort. Palafox war ein Mann, der seine Zeit abwartete.

Zweitens gab es da die Phrasierung von Palafox' letztem Satz: »Ich bin überzeugt, keiner von uns wird Grund zur Klage haben.« Stillschweigend wurde hier davon ausgegangen, dass gleicher Status, gleiche Autorität, gleiches Gewicht vorlagen, wurde das Vorhandensein einer beunruhigenden Ehrsucht angedeutet.

Soweit sich Beran zurückerinnern konnte, hatte Palafox nie so gesprochen. Gewissenhaft war er als Breakness-Lehrmeister aufgetreten, der sich zeitweise als Berater auf Pao aufhält. Nun sah es so aus, als betrachte er sich als ständigen Bewohner, noch dazu mit einer besitzergreifenden Einstellung.

Beran überdachte die Ereignisse, die zu den gegenwärtigen Verwicklungen geführt hatten. Fünftausend Jahre lang war Pao homogen gewesen, ein Planet, der von Tradition bestimmt wurde, verschlafen in zeitloser Ruhe. Panarchen hatten einander abgelöst, Dynastien kamen und gingen, doch die blauen Meere und die grünen Felder waren ewig. Das Pao dieser Zeit war leichte Beute für Räuber und Plünderer gewesen, und es hatte viel Armut gegeben.

Die Ideen von Lord Palafox, die bedenkenlose Unrast Bustamontes, hatten in einer einzigen Generation alles verändert. Nun war Pao wohlhabend und schickte seine Handelsflotte durch das gesamte Sternensystem. Paonesische Händler stachen die Mercantilen aus, paonesische Krieger besiegten die Clansmänner von Batmarsch, paonesische Intellektuelle hielten dem Vergleich mit den so genannten Zauberern von Breakness stand.

Aber – die Männer, die da brillierten, die ihren planetarischen Nachbarn im Handeltreiben, Kämpfen, Produzieren, Denken überlegen waren – sie waren annähernd zehntausend und hatten alle Palafox entweder zum Vater oder zum Großvater. Palafoxier: eine bessere Bezeichnung für diese Leute!

Die Valianten und die Technikanten, was war mit ihnen?

Ihre Abstammung war rein paonesisch, aber sie lebten so weit abseits vom Strom paonesischer Tradition wie die Brumbos von Batmarsch oder die Mercantilen.

Beran sprang auf. Wie hatte er nur so blind sein können, so nachlässig? Diese Menschen waren keine Paonesen, egal wie gut sie Pao dienten: Sie waren Fremde, und es war fraglich, wo letztendlich ihre Loyalitäten lagen.

Die Abweichung von Valianten und Technikanten vom grundsätzlich Paonesischen war zu weit gegangen. Der Trend musste umgekehrt werden, die neuen Gruppierungen mussten der Gesellschaft einverleibt werden.

Nun, da er seine Ziele definiert hatte, war es erforderlich, die Mittel und Wege dahin zu formulieren. Das Problem war vielschichtig; er musste vorsichtig vorgehen. Als Erstes – musste die Agentur eingerichtet werden, wo Frauen sich zum Vertragsabschluss melden konnten. Er würde Palafox keinen ›Grund zur Klage‹ geben.

XIX

In den östlichen Außenbezirken Eiljanres, jenseits des alten Rovenone-Kanals, lag ein großer Platz, der hauptsächlich zum Drachensteigenlassen und festlichen Massentanz benutzt wurde. Hier ordnete Beran die Errichtung eines großen Zeltpavillons an, wo Frauen, die den Wunsch hatten, sich von den Kogitanten unter Vertrag nehmen zu lassen, sich zur Schau stellen konnten. Breite Öffentlichkeit war der neuen Einrichtung zuteil geworden, und ebenso dem Edikt, dass alle privaten Verträge zwischen Frauen und Kogitanten von Stund an ungesetzlich und verbrecherisch seien.

Der Tag der Eröffnung kam. Um die Mittagsstunde begab sich Beran zur Inspektion des Pavillons. Auf den Bänken saß eine spärliche Hand voll Frauen, eine nach allen Maßstäben traurige Schar, reizlos, verhärmt, spitz – vielleicht insgesamt dreißig.

Beran glotzte vor Erstaunen. »Sind das alle?«

»Das ist alles, Panarch!«

Beran rieb sich kläglich das Kinn. Er blickte sich um und sah den Mann, den er am wenigsten zu sehen wünschte: Palafox.

Beran sprach als Erster, mit einiger Mühe. »Entscheidet euch, Lord Palafox. Dreißig von Paos reizvollsten Frauen harren Eurer Zuneigung.«

Palafox erwiderte mit fröhlicher Stimme. »Geschlachtet und vergraben könnten sie einen ganz akzeptablen Dünger abgeben. Zu etwas anderem sehe ich keine Verwendungsmöglichkeit für sie.«

In diese Äußerung inbegriffen war eine Herausforderung: sie nicht zu erkennen und zu beantworten hieß, die Initiative zu verlieren. »Es sieht so aus, Lord Palafox«, sagte Beran, »als sei der Dienst bei den Kogitanten für die Frauen Paos so unangenehm, wie ich angenommen hatte. Der Mangel an Personen selbst rechtfertigt meinen Entschluss.« Und Beran betrachtete den menschenleeren Pavillon.

Von Palafox kam kein Laut, doch eine Art Intuition ließ eine Warnung in Berans Kopf aufblitzen. Er wandte den Kopf, und seine überraschten Augen sahen, wie Palafox mit einem Gesicht wie eine Totenmaske die Hand hob. Der Zeigefinger zielte; Beran warf sich zu Boden. Ein blauer Strahl zischte über ihn hinweg. Er zielte mit der Hand; sein eigenes Finger-Feuer sprühte hervor, lief Palafox' Arm hinauf, durch den Ellbogen, den Oberarmknochen, und hinaus durch die Schulter.

Palafox warf den Kopf hoch, mit verkniffenem Mund und wie bei einem toll gemachten Pferd verdrehten Augen. Blut zischte und dampfte, wo die zerfetzten Stromkreise in seinem Arm sich erhitzt hatten, geschmolzen und durchgebrannt waren.

Beran zielte noch einmal mit dem Finger; es war dringend notwendig und ratsam, Palafox umzubringen; mehr als das, es war seine Pflicht. Palafox stand da und sah zu, und der Blick in seinen Augen war nicht länger der eines menschlichen Wesens; er stand da und wartete auf den Tod.

Beran zögerte, und in diesem Augenblick wurde Palafox noch einmal zum Manne. Er riss die linke Hand hoch; nun handelte Beran, und wieder schoss der blaue Feuerstrahl hervor; doch er traf auf eine Substanz, die die linke Hand von Palafox ausgestoßen hatte, und löste sich auf.

Beran wich zurück. Die dreißig Frauen hatten sich zitternd und wimmernd zu Boden geworfen; Berans Dienerschaft stand schlaff und kraftlos da. Kein Wort wurde gesprochen. Palafox zog sich zurück, hinaus durch die Tür des Pavillons; er drehte sich um und war verschwunden.

Beran brachte nicht die Energie auf, die Verfolgung aufzunehmen. Er kehrte zum Palast zurück, schloss sich in seinen Privatgemächern ein. Aus dem Morgen wurde der goldene paonesische Nachmittag, der Tag verblasste zum Abend.

Beran raffte sich auf. Er ging zu seinem Kleiderschrank, zog einen Anzug aus hautengem Schwarz an. Er bewaffnete sich mit Messer, Hammerstrahl, Sinnesblender, schluckte eine Kapsel Nerventonikum, machte sich sodann vorsichtig auf den Weg zum Landeplatz auf dem Dach.

Er schlüpfte in einen Luftwagen, schwebte hoch hinauf in die Nacht und flog gen Süden.

Die öden Klippen Nonamands erhoben sich aus dem Meer, mit phosphoreszierender Gischt zu ihren Füßen und wenigen, schwachen Lichtern, die an ihrer Oberkante flackerten. Beran korrigierte seinen Kurs über die düsteren Inlandmoore in Richtung Pon. Grimmig und angespannt saß er da, flog weiter in der Überzeugung, dass ein böses Schicksal vor ihm lag.

Da: der Berg Droghead, und dahinter das Institut! Jedes Gebäude, jede Terrasse, Pfad, Nebengebäude und Schlafquartier waren Beran vertraut: Die Jahre, die er hier als Dolmetscher gedient hatte, würden ihm nun sehr zustatten kommen.

Er landete den Wagen draußen auf dem Moor, außerhalb des Terrains, schwebte dann, indem er das Antischwerkraftnetz in seinen Füßen aktivierte, hinauf in die Luft, und glitt, als er sich nach vorn lehnte, über das Institut.

Er trieb hoch droben im kühlen Nachtwind und überblickte die Gebäude unter ihm. Dort – Palafox' Schlafquartier, und dort durch die dreieckigen Transluxscheiben ein Lichtschein.

Beran ging auf dem blassen Schmelzgestein des Daches des Schlaftrakts nieder. Der Wind pfiff dröhnend und heulend an ihm vorbei; ein anderes Geräusch gab es nicht.

Beran rannte auf die Dachpforte zu. Er schweißte das Schloss mit einem Aufflackern seines Fingerfeuers auf, ließ die Tür aufgleiten, betrat den Flur.

Das Schlafquartier war still; er konnte weder Stimmen noch Bewegung hören. Er machte sich mit langen, flinken Schritten den Korridor entlang auf den Weg.

Das Obergeschoss war den Tagesräumen vorbehalten und menschenleer. Er stieg eine Rampe hinab und wandte sich nach rechts auf die Lichtquelle zu, die er von oben gesehen hatte. Er blieb vor der Tür stehen, horchte. Keine Stimmen – aber eine schwache Andeutung von Bewegung im Innern: ein Rühren, ein Scharren.

Er berührte die Klinke. Die Tür war verriegelt.

Beran machte sich bereit. Alles musste rasch gehen. Jetzt! Feuerstrahl, Tür verschlossen, Tür beiseite – vorwärts schreiten! Und dort auf dem Stuhl neben dem Tisch ein Mann.

Der Mann sah auf, Beran blieb wie angewurzelt stehen. Es war nicht Palafox; es war Finisterle.

Finisterle blickte auf den ausgestreckten Finger, dann auf in Berans Gesicht. »Was tut Ihr denn hier?« Sein Ausruf erfolgte auf Pastiche, und in dieser Sprache antwortete Beran.

»Wo ist Palafox?«

Finisterle lachte matt, ließ sich in den Stuhl zurückfallen. »Es scheint, als hätte mich beinahe das Schicksal meines Erzeugers ereilt.«

Beran kam einen Schritt näher. »Wo ist Palafox?«

»Ihr kommt zu spät. Palafox ist nach Breakness gegangen.«

»Breakness!« Beran fühlte sich schlapp und müde.

»Er ist ein gebrochener Mann, sein Arm ist zerfetzt. Hier kann ihn keiner reparieren.« Finisterle betrachtete Beran mit behutsamem Interesse. »Und das ist aus dem zaghaften Beran geworden – ein Dämon in Schwarz!«

Beran setzte sich langsam. »Wer hätte es tun sollen, wenn nicht ich?« Er sah Finisterle unvermittelt an. »Ihr hintergeht mich doch nicht?«

Finisterle schüttelte den Kopf. »Warum sollte ich euch hintergehen?«

»Er ist Euer Erzeuger!«

Finisterle zuckte die Achseln. »Das hat keine Bedeutung, weder für den Erzeuger noch für den Sohn. Ein Mann, egal wie bemerkenswert er ist, hat nur eine begrenzte Tauglichkeit. Es ist nicht länger ein Geheimnis, dass Lord Palafox todkrank ist, er ist ein Emerit. Die Welt und sein Gehirn sind nicht mehr getrennte Einheiten – für Palafox sind sie ein und dasselbe.«

Beran rieb sich das Kinn, runzelte die Stirn. Finisterle beugte sich vor. »Kennt Ihr den Gegenstand seines Ehrgeizes, versteht Ihr seine Anwesenheit auf Pao?«

»Ich habe eine Vermutung, doch ich weiß es nicht.«

»Vor einigen Wochen hat er seine Söhne um sich versammelt. Er hat zu uns gesprochen, sein Lebensziel erläutert. Er beansprucht Pao als seine eigene Welt. Mittels seiner Söhne, seiner Enkelsöhne und seiner eigenen Fähigkeiten wird er die Paonesen in der Fortpflanzung überflügeln, bis schließlich auf Pao nur Palafox und Palafox' Sprösslinge übrig sind.«

Beran stand schwerfällig auf.

»Was werdet Ihr jetzt tun?«, fragte Finisterle.

»Ich bin Paonese«, sagte Beran. »Ich bin nach paonesischer Art passiv gewesen. Aber ich habe auch am Breakness-Institut studiert, und nun werde ich handeln. Und wenn ich zerstöre, woran Palafox so lange gearbeitet hat – vielleicht wird er dann nicht wiederkommen.« Er sah sich im Zimmer um. »Ich werde hier beginnen, in Pon. Ihr dürft alle gehen, wohin Ihr wollt – aber gehen müsst Ihr. Morgen wird das Institut zerstört.«

Finisterle sprang auf, seine Zurückhaltung war vergessen. »Morgen? Das ist ungeheuerlich! Wir können unsere Forschungsprojekte nicht im Stich lassen, unsere Bibliothek, unsere kostbaren Besitztümer!«

Beran ging zur Tür. »Es wird keine weitere Verzögerung geben. Ihr habt natürlich das Recht, Eure persönlichen Habseligkeiten zu entfernen. Aber die Einheit, die als Kogitanteninstitut bekannt ist, wird morgen verschwinden.«

Esteban Cartone, Obermarschall der Valianten, ein muskulöser junger Mann mit einem offenen, freundlichen Gesicht, war es gewohnt, im Morgengrauen aufzustehen, um ein Bad in der Brandung zu nehmen.

An diesem Morgen kam er nackt, nass und atemlos

vom Strand und fand einen stillen Mann in Schwarz vor, der auf ihn wartete.

Esteban Carbone blieb verwirrt stehen. »Panarch, wie Ihr seht, bin ich überrascht. Entschuldigt mich bitte, solange ich mich anziehe.«

Er rannte in sein Quartier und erschien alsbald wieder in einer eindrucksvollen, schwarzgelben Uniform. »Nun, Hoheit, bin ich soweit, Eure Befehle entgegenzunehmen.«

»Sie sind kurz gefasst«, sagte Beran. »Bringt ein Kriegsschiff nach Pon und zerstört um zwölf Uhr mittags das Kogitanteninstitut.«

Esteban Carbones Erstaunen erreichte neue Höhen. »Habe ich euch richtig verstanden, Hoheit?«

»Ich wiederhole: Bringt ein Kriegsschiff nach Pon, zerstört das Kogitanteninstitut. Blast es in Stücke. Die Kogitanten sind benachrichtigt worden – sie evakuieren im Moment.«

Esteban Carbone zögerte deutlich einen Augenblick lang, ehe er antwortete. »Es steht mir nicht zu, politische Angelegenheiten zu kritisieren, aber ist das nicht ein allzu drastisches Vorgehen? Ich fühle mich genötigt zu raten, noch ein zweites Mal sorgsam darüber nachzudenken.«

Beran nahm keinerlei Anstoß. »Ich freue mich über Eure Anteilnahme. Dieser Befehl jedoch ist das Ergebnis von viel mehr Gedanken als nur zweien. Seid so gut und gehorcht ohne weiteres Zögern.«

Esteban Carbone berührte mit der Hand die Stirn, verneigte sich tief. »Es braucht nichts weiter gesagt zu werden, Panarch Beran.« Er ging in sein Quartier, sprach in einen Kommunikator.

Genau um die Mittagsstunde schoss das Kriegsschiff

ein Explosivgeschoss auf das Ziel ab, eine kleine Ansammlung weißer Gebäude auf der Hochebene hinter dem Berg Droghead. Es entstand ein Aufblitzen aus Blau und Weiß, und das Kogitanteninstitut war verschwunden.

Als Palafox die Neuigkeiten hörte, überzog sich sein Gesicht mit dunklem Blut; er schwankte vor und zurück. »So zerstört er also sich selbst«, stöhnte er mit zusammengebissenen Zähnen. »Also sollte ich zufrieden sein – doch wie bitter ist die Frechheit dieses jungen Laffen!«

Die Kogitanten kamen nach Eiljanre und ließen sich im alten Beauclare-Viertel im Süden des Rovenone nieder. Während die Monate ins Land gingen, machten sie eine Veränderung durch, wie es schien beinahe mit einem Anflug fröhlicher Erleichterung. Sie legten die gelehrtenhafte Intensität ab, die sie am Institut ausgezeichnet hatte, und verfielen in die Verhaltensweisen einer intellektuellen Bohème. Wie unter einem finsteren Zwang sprachen sie nur wenig oder gar kein Kogitant und wickelten, da sie das Paonesische ebenso gering schätzten, all ihre Angelegenheiten in Pastiche ab.

XX

Beran Panasper, Panarch von Pao, saß im Rundbau des aus rosa Säulen gebauten Schlösschens auf Pergolai im gleichen schwarzen Sessel, in dem sein Vater gestorben war.

Die anderen Plätze um den geschnitzten Elfenbeintisch herum waren leer; niemand war anwesend außer zwei schwarzgegerbten Neutraloiden, die vor der Tür undeutlich zu sehen waren.

Es entstand Bewegung an der Tür, der Anruf der Mamaronen mit Stimmen wie von zerreißender Leinwand. Beran erkannte den Besucher, winkte den Mamaronen, aufzumachen.

Finisterle betrat den Raum, nahm betont keine Notiz von den ungeschlachten schwarzen Gestalten. Er blieb in der Mitte des Raumes stehen, betrachtete Beran von Kopf bis Fuß. Er sprach Pastiche, und seine Worte waren verdreht und beißend wie die Sprache selbst. »Ihr benehmt euch wie der letzte Mann im Universum.«

Beran lächelte gezwungen. »Wenn der heutige Tag vorbei ist, mit gutem oder schlechtem Ausgang, werde ich ruhig schlafen.«

»Ich beneide niemanden!«, sagte Finisterle sinnend. »Am wenigsten euch.«

»Und ich beneide andererseits alle außer mir selbst«, erwiderte Beran verdrießlich. »Ich entspreche wirklich dem volkstümlichen Konzept von einem Panarchen – der Übermensch, der die Macht als einen Fluch innehat, der Entscheidungen fällt, wie andere Männer eiserne Speere schleudern... Und doch möchte ich nicht tauschen – denn ich bin vom Breakness-Institut genügend beeinflusst, um zu glauben, dass niemand außer mir zu uneigennütziger Gerechtigkeit fähig ist.«

»Dieser Glaube, der euch unangenehm ist, ist möglicherweise einfach eine Tatsache.«

Eine Glocke erklang in der Ferne, dann noch eine und noch eine.

»Nun naht der Streitpunkt«, sagte Beran. »In der nächsten Stunde wird Pao ruiniert, oder Pao wird gerettet.« Er ging zu dem großen schwarzen Sessel, nahm darauf Platz. Finisterle suchte sich schweigend einen Platz nahe beim anderen Ende des Tisches.

Die Mamaronen schwangen die mit Gitterwerk verzierte Tür auf; eine bedächtige Prozession trat in den Raum – eine Gruppe von Ministern, Sekretären, diversen Funktionsträgern: zwei Dutzend alles in allem. Sie neigten respektvoll die Köpfe und nahmen mit ernster Miene um den Tisch herum Platz.

Serviermägde traten ein, schenkten gekühlten, funkelnden Wein aus.

Die Glocken ertönten. Wieder öffneten die Mamaronen die Tür. Esteban Carbone, Großmarschall der Valianten und vier Subalterne kamen schneidig in den Saal marschiert. Sie trugen ihre prächtigsten Uniformen und Helme aus weißem Metall, die sie beim Eintreten ablegten. Sie blieben in einer Reihe vor Beran stehen, verbeugten sich, standen unbeweglich da.

Beran hatte vor langer Zeit erkannt, dass dieser Moment kommen musste.

Er stand auf, sprach einen feierlichen Gegengruß aus. Die Valianten setzten sich mit geübter Präzision.

»Die Zeit vergeht, die Bedingungen ändern sich«, sagte Beran mit ruhiger Stimme auf Valiant. »Zuwachsprogramme, die einstmals wertvoll waren, werden zu schädlichen Übertreibungen, wenn ihre Notwendigkeit vergangen ist. So ist die gegenwärtige Situation auf Pao. Wir sind der Gefahr ausgesetzt, unsere Einheit zu verlieren.

Ich beziehe mich hierbei zum Teil auf das Valiantenlager. Es wurde geschaffen, um einer bestimmten Bedrohung entgegenzutreten. Die Bedrohung wurde abgewiesen; wir befinden uns im Frieden. Die Valianten müssen nun, bei gleichzeitigem Erhalt ihrer Identität, wieder in die Gesamtbevölkerung integriert werden.

Zu diesem Zweck werden Garnisonen auf allen acht Kontinenten und auf den größeren Inseln eingerichtet. Auf diese Garnisonen werden die Valianten sich verteilen, in Einheiten von je fünfzig Männern und Frauen. Sie werden die Garnison als Operationsbasis benutzen und im Umland Wohnung beziehen und aus der näheren Umgebung Rekruten werben, wie sich die Notwendigkeit ergibt. Die Gebiete, die die Valianten derzeit innehaben, werden wieder ihrem ursprünglichen Zweck zugeführt.« Er hielt inne, blickte von Auge zu Auge.

Finisterle, der zusah, wunderte sich, dass der Mann, den er als schwermütigen, zaghaften Jugendlichen gekannt hatte, sich nun als ein solch durchsetzungsfähiger Mann erwies.

»Gibt es irgendwelche Fragen oder Bemerkungen dazu?«, fragte Beran.

Der Großmarschall saß da wie ein Mann aus Stein. Endlich neigte er den Kopf. »Panarch, ich höre Eure Befehle, aber ich stelle fest, dass sie mir unverständlich sind. Es ist eine grundlegende Tatsache, dass Pao einen starken Arm zum Angriff und zur Verteidigung braucht. Wir Valianten sind dieser Arm. Wir sind unersetzlich. Euer Befehl wird uns vernichten. Wir werden auseinander gerissen und verstreut werden. Wir werden unseren Esprit verlieren, unsere Einheit, unseren Ehrgeiz.«

»Ich weiß das alles«, sagte Beran. »Ich bedaure es. Aber es ist das kleinere Übel. Die Valianten müssen von Stund an als Kader fungieren, und unsere militärische Macht wird wieder wahrhaft paonesisch sein.«

»Ah, Panarch«, sprach der Großmarschall hastig, »das ist die Krux des Problems! Ihr Paonesen habt kein Interesse an militärischen Dingen, ihr ...«

Beran hob die Hand. »*Wir* Paonesen«, sagte er mit heiserer Stimme. »Wir alle sind Paonesen.«

Der Großmarschall verbeugte sich. »Ich habe übereilt gesprochen. Aber, Panarch, sicher ist doch klar, dass die Verteilung unsere Wirksamkeit verringern wird! Wir müssen zusammen exerzieren, Übungen, Zeremonien, Wettbewerbe durchführen ...«

Beran hatte den Protest vorausgesehen. »Die Schwierigkeiten, die Ihr erwähnt, sind real, stellen jedoch nur logistische und organisatorische Herausforderungen dar. Ich habe nicht den Wunsch, die Wirksamkeit oder gar das Prestige der Valianten zu schmälern. Doch die Unversehrtheit des Staates steht auf dem Spiel, und diese tumorartigen Enklaven, wie gutartig sie auch sein mögen, müssen entfernt werden.«

Esteban Carbone starrte missmutig zu Boden, blickte dann nach rechts und nach links seine Begleiter Hilfe suchend an. Die Gesichter beider waren freudlos und entmutigt.

»Ein Faktor, den Ihr nicht beachtet, Panarch, ist der der Moral«, sagte Carbone heftig. »Unsere Schlagkraft ...«

Beran unterbrach rasch. »Das sind Probleme, die Ihr als Großmarschall lösen müsst. Falls Ihr das nicht schafft, werde ich jemand anderen ernennen. Es gibt keine Diskussion mehr – das grundlegende Prinzip muss, wie ich es skizziert habe, hingenommen werden. Ihr werdet mit dem Minister für das Ländereiwesen die Details besprechen.«

Er stand auf, verneigte sich höflich zum Abschied. Die Valianten verbeugten sich, marschierten aus dem Raum.

Während sie gingen, kam eine zweite Gruppe herein, die das einfache Grau und Weiß der Technikanten trug. Sie erhielten im Großen und Ganzen die gleichen Befehle wie die Valianten und legten die gleichen Proteste ein. »Warum müssen die Einheiten so klein sein? Bestimmt ist auf Pao Platz für eine ganze Reihe von Industriekomplexen. Denkt daran, dass unsere Tüchtigkeit auf einer Konzentration unserer Fähigkeiten beruht. Wir können in so kleinen Einheiten nicht funktionieren!«

»Ihr seid für mehr verantwortlich als für die Produktion von Gütern. Ihr müsst Eure paonesischen Landsleute erziehen und ausbilden. Es wird zweifellos eine Zeitspanne des Durcheinanders geben, doch im Endeffekt wird sich die neue Vorgehensweise zu unser aller Wohl auswirken.«

Die Technikanten entfernten sich ebenso unzufrieden wie die Valianten.

Später im Lauf des Tages spazierte Beran den Strand entlang, zusammen mit Finisterle, auf den man sich insoweit verlassen konnte, als er ohne Berechnung dessen, was Beran vielleicht gerne hören wollte, sprechen würde. Die stille Brandung rollte über den Sand, zog sich zwischen glitzernden Muschelfragmenten, leuchtendblauen Korallenstücken, Strähnen purpurner Algen ins Meer zurück.

Beran fühlte sich schlaff unter den Belastungen, die ihm auferlegt worden waren. Finisterle ging mit gleichgültiger Miene dahin und sagte nichts, bis Beran ihn direkt nach seiner Meinung fragte.

Finisterle war auf ungezwungene Art grob. »Ich glaube, Ihr habt einen Fehler gemacht, indem Ihr Eure Befehle hier auf Pergolai erteilt habt. Die Valianten und Technikanten werden in vertraute Gefilde zurückkehren. Der Effekt wird der einer Rückkehr in die Wirklichkeit sein, und im Rückblick werden die Anweisungen grotesk erscheinen. In Deirombona und Cloeopter hätten die Befehle einen direkteren Bezug zu ihrem Inhalt gehabt.«

»Ihr glaubt, man wird mir nicht gehorchen?«

»Die Möglichkeit erscheint wahrscheinlich.«

Beran seufzte. »Ich fürchte es auch. Ungehorsam darf nicht zugelassen werden. Nun müssen wir den Preis für Bustamontes Torheit zahlen.«

»Und für den Ehrgeiz meines Erzeugers, Lord Palafox«, bemerkte Finisterle.

Beran sagte nichts mehr. Sie kehrten zum Pavillon zurück, und Beran bestellte sogleich seinen Minister für Öffentliche Ordnung zu sich.

»Mobilisiert die Mamaronen, das gesamte Corps.«

Der Minister stand töricht da. »Die Mamaronen mobilisieren? Wo denn?«

»In Eiljanre. Jetzt gleich.«

Beran, Finisterle und ein kleines Gefolge flogen aus dem wolkenlosen paonesischen Himmel hinab nach Deirombona. Hinter ihnen, noch jenseits des Horizonts, kamen sechs Himmelsbarken, die das gesamte brummende und einander zuflüsternde Mamaronencorps trugen.

Der Luftwagen setzte auf. Beran und seine Begleiter stiegen aus, überquerten den leeren Paradeplatz, gingen unter der Säule der Helden vorbei und betraten das lang gestreckte, niedrige Gebäude, das Esteban Carbone als Hauptquartier benutzte, Beran ebenso vertraut wie der Große Palast in Eiljanre. Indem er die überraschten Gesichter und die abgehackten Fragen ignorierte, ging er zum Stabsraum, ließ die Tür aufgleiten.

Der Großmarschall und vier andere Offiziere blickten voller Entrüstung, die sich in schuldbewusste Überraschung verwandelte, auf.

Beran kam mit großen Schritten herein, getrieben von Zorn, der seine natürliche Schüchternheit übertraf. Auf dem Tisch lag ein Verzeichnis mit dem Titel *Feldübung 262: Manöver mit Kriegsschiffen vom Typ C und zusätzlichen Torpedoeinheiten.*

Beran fixierte Esteban Carbone mit funkelnden Augen. »Ist dies die Art, wie Ihr meine Befehle befolgt?«

Carbone ließ sich nach anfänglicher Überraschung nicht einschüchtern.

»Ich bekenne mich schuldig, Panarch, dass ich die Sache verzögert habe. Ich war sicher, dass Ihr, nachdem Ihr noch einmal darüber nachgedacht habt, die Unrichtigkeit Eures ersten Befehls einsehen würdet...«

»Es handelt sich nicht um eine Unrichtigkeit. Auf der Stelle – in eben diesem Moment – befehle ich euch:

Führt die Anweisungen aus, die ich euch gestern gegeben habe!«

Die Männer starrten einander ins Auge, beide entschlossen, weiter den Kurs zu verfolgen, den sie für notwendig hielten, keiner von beiden bereit, aufzugeben.

»Ihr bedrängt uns sehr«, sagte der Marschall mit eisiger Stimme. »Viele hier in Deirombona finden, dass wir, die wir die Macht ausüben, die Früchte der Macht genießen sollten – wenn Ihr also nicht riskieren wollt ...«

»Handelt!«, rief Beran. Er hob die Hand. »Oder ich töte euch jetzt gleich!«

Hinter ihm entstand plötzlich Bewegung, ein Spritzer blauen Lichts, ein heiserer Schrei, ein Klappern von Metall. Als er herumwirbelte, sah Beran, dass Finisterle über der Leiche eines Valiantenoffiziers stand. Eine Hammerwaffe lag auf dem Boden; Finisterle hielt eine rauchende Energienadel in der Hand.

Carbone schlug mit der Faust zu, traf Beran heftig am Kinn. Beran fiel nach hinten auf den Tisch. Finisterle wandte sich zum Schießen um, war jedoch wegen des Durcheinanders gezwungen, sein Feuer zurückzuhalten.

Eine Stimme rief: »Nach Eiljanre! Tod den paonesischen Tyrannen!«

Beran erhob sich, doch der Marschall war gegangen. Während er sein schmerzendes Kinn rieb, sprach er in ein Schultermikrofon; die sechs Himmelsbarken, die sich nun über Deirombona befanden, glitten hinab auf den Platz; die riesigen schwarzen Mamaronen quollen daraus hervor.

»Umzingelt das Hauptquartier des Corps«, erfolgte Berans Befehl. »Lasst niemand herein oder hinaus.«

Carbone hatte seine eigenen Befehle ausgeteilt; aus nahe gelegenen Kasernengebäuden kamen hastige Geräusche, und auf den Platz ergossen sich Gruppen von Valiantenkriegern. Beim Anblick der Neutraloiden blieben sie wie angewurzelt stehen.

Zugführer sprangen nach vorn; die Valianten wurden zur disziplinierten Streitmacht an Stelle einer Menschenmenge. Eine Zeit lang herrschte Stille, während Mamaronen und Myrmidonen einander abschätzend ansahen.

An den Hälsen der Zugführer pulsierten Vibratoren. Die Stimme des Großmarschalls Esteban Carbone erklang aus einem Fadenlautsprecher. »Angreifen und zerstören. Verschont keinen, tötet sie alle.«

Die Schlacht war die verbissenste in der Geschichte Paos. Sie wurde ohne Worte, ohne Nachsicht ausgefochten. Die Myrmidonen waren den Mamaronen an Zahl überlegen, doch jeder Neutraloide besaß dreimal die Körperkraft eines gewöhnlichen Mannes.

Drinnen im Hauptquartier rief Beran in sein Mikrofon.

»Marschall, ich beschwöre euch, verhindert dieses Blutvergießen. Es ist unnötig, und brave Paonesen werden sterben!«

Es folgte keine Antwort. Auf dem Paradeplatz lagen nur dreißig Meter zwischen Mamaronen und Myrmidonen; sie standen einander fast Auge um Auge gegenüber, und die Neutraloiden grinsten dabei in freudlosem Groll, das Leben verachtend, keine Furcht kennend; die Myrmidonen dagegen schäumten über vor Ungeduld und Kampfeslust, sehnten sich nach Ruhm.

Die Neutraloiden waren hinter ihren Schilden und mit dem Rücken am Hauptquartier des Corps sicher vor kleinen Waffen; sobald sie sich jedoch einmal von der Mauer weg bewegen sollten, würde ihr Rücken verwundbar werden.

Plötzlich senkten sie ihre Schilde; ihre Waffen streuten Tod in die nahe gelegenen Reihen: Einhundert Mann fielen innerhalb eines Augenblicks. Die Schilder kehrten an ihren Platz zurück, und sie nahmen das Gegenfeuer ohne Verluste.

Die Lücken in der Frontlinie wurden sofort aufgefüllt. Hörner bliesen ein helltönendes Signal; die Myrmidonen zogen Krummsäbel und griffen die schwarzen Riesen an.

Die Neutraloiden ließen die Schilde sinken, die Waffen streuten den Tod aus, einhundert, zweihundert Krieger wurden getötet. Doch zwanzig oder dreißig überwanden die letzten paar Meter. Die Neutraloiden zogen ihre eigenen großen Klingen, hackten und droschen drauflos; Stahl blitzte auf, Zischen, heisere Rufe, und wieder standen die Mamaronen außer Bedrängnis. Aber während die Schilde unten waren, hatten Lanzen aus Feuer aus den hinteren Rängen der Myrmidonen ihr Ziel gefunden, und dutzende von Neutraloiden waren gefallen.

Gleichmütig schlossen die schwarzen Reihen sich wieder. Von neuem ertönten die Hörner der Myrmidonen, von neuem der Angriff, und von neuem das Hacken und Splittern von Stahl. Es war später Nachmittag; zerfaserte Wolken tief im Westen verhüllten die Sonne, doch ein gelegentlicher Strahl orangefarbenen Lichts schwenkte über die Schlacht, glühte auf den prächtigen Stoffen, wurde von glänzenden schwarzen

Körpern reflektiert, leuchtete dunkel auf vergossenem Blut.

Im Innern des Stabsquartiers stand Beran in bitterer Enttäuschung. Die Dummheit, die Arroganz dieser Männer! Sie waren dabei, das Pao zu zerstören, das er aufzubauen gehofft hatte – und er, Herr über fünfzehn Milliarden Menschen, konnte nur ungenügende Streitkräfte aufbringen, um ein paar tausend Rebellen zu unterwerfen.

Auf dem Paradeplatz spalteten schließlich die Myrmidonen die Reihen der Neutraloiden in zwei Hälften, schlugen die beiden Enden zurück, drängten die riesigen Krieger in zwei getrennte Haufen.

Die Neutraloiden wussten, dass ihre Zeit gekommen war, und all ihre schreckliche Verachtung für das Leben, die Menschen, das Universum verschmolzen zu einem Klumpen aus purem Hass. Einer nach dem anderen erlagen sie tausend Hieb- und Schnittwunden. Die paar zuletzt Übriggebliebenen sahen einander an und lachten, unmenschliches, heiseres Bellen, und bald darauf starben auch sie, und der Platz war, abgesehen von einem unterdrückten Schluchzen, still. Dann stimmten dahinter, bei der Säule, die Valiantenfrauen einen Siegesgesang an, traurig und zugleich jubelnd gesellten die Überlebenden der Schlacht sich keuchend und krank dem Lobgesang hinzu.

Im Innern des Gebäudes waren Beran und sein kleines Gefolge längst verschwunden, waren mit dem Luftboot zurück nach Eiljanre geflogen. Beran saß gramgebeugt da. Sein Körper erzitterte, seine Augen brannten tief in den Höhlen, sein Magen fühlte sich an, als sei er mit Lauge getränkt. Das Versagen, das Zerbrechen seiner Träume, der Anfang des Chaos!

Er dachte an Palafox' hoch gewachsene, schlanke Gestalt, das hagere Gesicht mit der keilförmigen Nase und den trüben dunklen Augen. Die Vorstellung enthielt eine solche Fülle von Emotionen, dass sie ihm beinahe lieb wurde, etwas, das von allem Übel fern gehalten werden musste, bis auf die Zerstörung, die er selbst austeilen würde.

Beran lachte laut. Konnte er die Unterstützung von Palafox in Anspruch nehmen?

Während die letzten Strahlen des Sonnenuntergangs über die Dächer von Eiljanre flackerten, traf er im Palast ein.

Im großen Saal saß Palafox, ganz er selbst im üblichen Grau und Braun, ein verzerrtes, trauriges Lächeln auf den Lippen, ein merkwürdiges Schimmern in den Augen.

Überall im Saal saßen Kogitanten, größtenteils Palafox' Söhne. Sie wirkten matt, ernst, respektvoll. Als Beran in den Raum kam, wandten sie die Augen ab.

Beran ignorierte sie. Langsam näherte er sich Palafox, bis sie nur noch drei Meter voneinander entfernt standen.

Palafox' Gesichtsausdruck veränderte sich nicht im Geringsten; das traurige Lächeln erzitterte auf seinem Mund; der gefährliche Schimmer glitzerte in seinen Augen.

Es war Beran klar, dass Palafox völlig dem Breakness-Syndrom erlegen war. Palafox war ein Emerit.

XXI

Palafox begrüßte Beran mit einer Geste scheinbarer Freundlichkeit; doch es erfolgte keine entsprechende Änderung seines Ausdrucks. »Mein widerspenstiger junger Schüler! Ich hörte, Ihr habt ernste Schicksalsschläge erlitten.«

Beran kam noch ein, zwei Schritte näher. Er musste nur seine Hand erheben, zielen, diesen durchtriebenen Größenwahnsinnigen auslöschen. Als er sich zu handeln anschickte, flüsterte Palafox ein leises Wort, und Beran fand sich von vier ihm fremden Männern ergriffen, welche Gewänder aus Breakness trugen. Während die Kogitanten ruhig zusahen, warfen diese Männer Beran flach auf das Gesicht, öffneten seine Kleider, berührten seine Haut mit etwas Metallischem. Es folgte ein Moment stechenden Schmerzes, dann Betäubung seinen Rücken entlang. Er hörte das Klicken von Werkzeugen, einen heftigen Ruck oder zwei, und dann waren sie mit ihm fertig.

Bleich, erschüttert, erniedrigt kam er wieder auf die Füße, ordnete seine Gewänder.

Palafox sagte leichthin: »Ihr geht unvorsichtig mit der Waffe um, die euch gegeben wurde. Nun ist sie entfernt worden, und wir können in größerer Entspanntheit sprechen.«

Beran fiel keine Erwiderung ein. Mit einem Knurren tief in seinem Hals trat er vor, stand vor Palafox.

Palafox lächelte milde. »Wieder befindet sich Pao in Schwierigkeiten. Wieder ist es Lord Palafox, an den Appelle gerichtet werden.«

»Ich habe keine Appelle ausgesprochen«, sagte Beran mit heiserer Stimme.

Palafox beachtete ihn nicht. »Ayudor Bustamonte hat mich einst gebraucht. Ich habe ihn unterstützt, und Pao wurde zu einer Welt der Macht und des Triumphes. Doch er, der davon profitiert hat – Panarch Beran Panasper – hat den Vertrag gebrochen. Nun steht die paonesische Regierung wieder vor der Zerstörung. Und nur Palafox kann euch retten.«

Da er erkannte, dass die Zurschaustellung von Wut Palafox nur amüsieren würde, zwang Beran sich, mit maßvoller Stimme zu sprechen. »Euer Preis, nehme ich an, ist der gleiche wie zuvor? Unbegrenzte Bewegungsfreiheit für Euren unersättlichen Geschlechtstrieb?«

Palafox grinste geradeheraus. »Ihr drückt es unfein, aber angemessen aus. Ich bevorzuge das Wort ›Fruchtbarkeit‹. Aber dies ist mein Preis.«

Ein Kogitant kam in den Raum, ging auf Palafox zu, sagte einige Worte auf Breakness. Palafox sah zu Beran hinüber. »Die Myrmidonen kommen. Sie brüsten sich damit, dass sie Eiljanre niederbrennen, Beran ermorden und dann aufbrechen werden, das Universum zu erobern. Dies, behaupten sie, sei ihre Bestimmung.«

»Wie wollt Ihr mit den Myrmidonen fertigwerden?«, fragte Beran bissig. »Mit Leichtigkeit«, sagte Palafox. »Ich habe sie unter Kontrolle, weil sie mich fürchten. Ich bin der am höchsten modifizierte Mann auf Breakness, der mächtigste Mann, der je gelebt hat. Wenn Esteban Carbone mir nicht gehorcht, werde ich ihn töten. Ihre Eroberungspläne sind mir gleichgültig. Lasst sie diese Stadt zerstören, lasst sie alle Städte zerstören, so viele sie wollen.« Seine Stimme hob sich – seine Erregung wuchs. »Um so einfacher wird es für mich, für meine Saat! Dies ist meine Welt, hier werde ich leben, vermehrt um eine Million, eine Milliarde Söhne. Ich werde eine Welt befruchten; noch nie wird es einen so ungeheuren Zeugungsakt gegeben haben! In fünfzig Jahren wird der Planet keinen Namen kennen bis auf Palafox, Ihr werdet mein Gesicht auf jedem Gesicht sehen. Die Welt werde ich sein, ich werde die Welt sein!«

Die schwarzen Augen glühten wie Opale und pulsierten vor Feuer. Beran wurde vom Wahnsinn angesteckt; der Raum war unwirklich, heiße Gase wirbelten ihm durch den Kopf. Palafox verlor das Aussehen eines Menschen und durchlief in rascher Folge verschiedene Ähnlichkeiten: mit einem langen Aal, einem Phallus, einem knorrigen Pfahl mit Astlöchern als Augen, einem schwarzen Nichts.

»Ein Dämon!«, keuchte Beran. »Der böse Dämon!« Er warf sich nach vorn, packte Palafox' Arm, schleuderte Palafox stolpernd zu Boden.

Palafox schlug mit einem dumpfen Laut und einem Schmerzensschrei auf. Er sprang auf und hielt sich den Arm – den gleichen Arm, den Beran schon einmal verletzt hatte – und er sah in der Tat wie ein böser Dämon aus. »Jetzt kommt Euer Ende, Schmeißfliege!« Er hob die Hand, zielte mit dem Finger. Von den Kogitanten ertönte ein Murmeln.

Der Finger verharrte ausgestreckt. Kein Feuer schoss aus ihm hervor. Palafox' Gesicht verzerrte sich leidenschaftlich. Er betastete seinen Arm, untersuchte seinen Finger. Er sah auf, von neuem ruhig, winkte seinen Söhnen. »Tötet diesen Mann hier und jetzt. Er soll nicht länger die Luft meines Planeten atmen.«

Es entstand eine tödliche Stille. Keiner rührte sich.

Palafox starrte ungläubig umher; Beran sah sich wie betäubt um. Überall im Raum wandten sich Gesichter ab, sahen weder auf Beran noch auf Palafox.

Beran fand plötzlich seine Stimme wieder. Heiser rief er aus. »Ihr sprecht Wahnsinniges!« Er wandte sich an die Kogitanten. Palafox hatte Breakness gesprochen, Beran sprach Pastiche.

»Ihr Kogitanten! Sucht euch die Welt aus, in der ihr leben möchtet! Soll es das Pao sein, das ihr jetzt kennt, oder die Welt, wie sie dieser Emerit vorschlägt?«

Die Bezeichnung kränkte Palafox; er schüttelte sich vor Zorn, und auf Breakness, der Sprache isolierter Intelligenz, bellte er: »Tötet diesen Mann!«

Auf Pastiche, Sprache der Dolmetscher, einer Mundart, die von Menschen gebraucht wurde, die sich dem Dienst an der Menschheit gewidmet hatten, rief Beran: »Nein! Tötet stattdessen diesen senilen Größenwahnsinnigen!«

Palafox winkte wütend den vier Männern aus Breakness – denen, die Berans Stromkreise ausgeschaltet hatten. Seine Stimme war tief und hallend. »Ich, Palafox, der Große Erzeuger, befehle euch, tötet diesen Mann!«

Die vier kamen näher.

Die Kogitanten standen da wie Statuen. Dann bewegten sie sich wie durch eine einzige Entscheidung. Aus zwanzig Abschnitten des Raums schossen Feuerzungen hervor. Aus verschiedenen Richtungen durchbohrt, mit hervorquellenden Augen, Haaren, die sich unter der plötzlichen Aufladung zu einem Nimbus aufplusterten, starb Lord Palafox von Breakness.

Beran fiel in seinen Stuhl, unfähig stehen zu bleiben. Bald darauf nahm er einen tiefen Atemzug, stand schwankend auf. »Ich kann euch jetzt nichts sagen – nur, dass ich versuchen werde, die Art Welt aufzubauen, in der Kogitanten wie Paonesen in Zufriedenheit leben können.«

Finisterle, der ruhig an seiner Seite stand, sagte: »Ich fürchte, dass diese Entscheidung, wie bewundernswert sie auch sein mag, nicht gänzlich in Eurer Hand liegt.«

Beran folgte seinem Blick durch die Fenster. Hoch droben am Himmel erschienen Stöße farbigen Feuers, die sich ausbreiteten und funkelten, als wollten sie eine ruhmvolle Tat preisen.

»Die Myrmidonen«, sagte Finisterle. »Sie kommen, um sich zu rächen. Ihr flieht besser, während noch Zeit ist. Sie werden euch keine Gnade angedeihen lassen.«

Beran gab keine Antwort.

Finisterle nahm seinen Arm. »Ihr bewirkt hier nichts als Euren eigenen Tod. Es gibt keine Wache, um euch zu beschützen – wir sind alle ihrer Gnade ausgeliefert.«

Beran machte sich sanft los. »Ich werde hier bleiben; ich werde nicht fliehen.«

»Sie werden euch umbringen!«

Beran antwortete mit dem merkwürdigen paonesischen Achselzucken. »Alle Menschen sterben.«

»Aber Ihr habt viel zu tun, und ihr könnt nichts tun, wenn Ihr tot seid! Verlasst die Stadt, und schon bald werden die Myrmidonen das Neue satt haben und zu ihren Spielen zurückehren.«

»Nein«, sagte Beran. »Bustamonte ist geflohen. Die Brumbos haben ihn verfolgt, ihn aufgespürt. Ich werde vor niemandem mehr fliehen. Ich werde hier mit meiner Würde warten, und wenn sie mich töten, dann soll es geschehen.«

Eine Stunde verging, in der die Minuten langsam, eine nach der anderen, verstrichen. Die Kriegsschiffe stießen herab, schwebten nur wenige Meter über dem Boden. Das Flaggschiff ließ sich vorsichtig auf dem Dach des Palastes nieder.

Im Innern des Großen Saals saß Beran still auf dem dynastischen Schwarzen Stuhl, mit vor Müdigkeit verzerrtem Gesicht, großen und dunklen Augen. Die Kogitanten standen in flüsternden Gruppen zusammen und beobachteten Beran aus den Augenwinkeln. Aus der Ferne erklang ein leiser Ton, ein tiefes Singen, welches lauter wurde, ein Gesang der Entschlossenheit, des Sieges, angestimmt im organischen Rhythmus des schlagenden Herzens, marschierender Füße.

Der Gesang schwoll an, die Tür sprang auf: In den großen Saal marschierte Esteban Carbone, der Großmarschall. Hinter ihm her kamen ein Dutzend junger Feldmarschalls und dahinter Reihen von Stabsoffizieren. Esteban Carbone ging mit großen Schritten zum Schwarzen Stuhl und wandte sich Beran zu.

»Beran«, sprach Esteban Carbone. »Ihr habt uns unverzeihliches Leid angetan. Ihr habt euch als schlechter Panarch erwiesen, unfähig, den Planeten Pao zu regieren. Daher sind wir mit Gewalt gekommen, um euch vom Schwarzen Stuhl zu reißen und euch wegzuführen in Euren Tod.«

Beran nickte nachdenklich, als sei Esteban Carbone gekommen, um einer Petition Nachdruck zu verleihen.

»Denen, welche die Macht innehaben, möge die Leitung des Staates gegeben werden: Dies ist das grundlegende Axiom der Geschichte. Ihr seid machtlos, nur wir Myrmidonen sind stark. Daher werden wir herrschen, und ich erkläre hiermit, dass jetzt und immerdar der Großmarschall der Myrmidonen als Panarch von Pao gelten soll.«

Beran sagte kein Wort; es gab auch kein Wort zu sagen.

»Daher, Beran, erhebt euch mit jener kleinen Menge Würde, die euch bleibt, verlasst den Schwarzen Stuhl und schreitet voran in Euren Tod.«

Von den Kogitanten kam es zu einer Unterbrechung. Finisterle sagte verärgert: »Einen Augenblick; Ihr geht zu weit, und das zu schnell.«

Esteban Carbone wirbelte herum. »Was sagt Ihr da?«

»Eure These ist korrekt: dass der, welcher die Macht in Händen hält, herrschen soll – aber ich bestreite, dass Ihr auf Pao die Macht habt.«

Esteban Carbone lachte. »Gibt es jemanden, der uns von irgendeinem Kurs abbringen könnte, den einzuschlagen wir geruhen?«

»Das ist nicht ganz der Punkt. Kein Mensch kann Pao ohne die Einwilligung der Paonesen regieren. Ihr besitzt diese Einwilligung nicht.«

»Egal. Wir werden die Paonesen nicht stören. Sie können sich selbst regieren – solange sie uns mit dem beliefern, was wir brauchen.«

»Und Ihr glaubt, die Technikanten werden euch weiterhin mit Werkzeugen und Waffen beliefern?«

»Warum sollten sie das nicht? Sie kümmern sich nicht sehr darum, wer ihre Waffen kauft.«

»Und wer soll ihnen Eure Bedürfnisse bekannt geben? Wer soll den Paonesen Befehle erteilen?«

»Wir natürlich.«

»Aber wie sollen sie euch verstehen? Ihr sprecht weder Technikant noch Paonesisch, sie sprechen kein Valiant. Wir Kogitanten weigern uns, euch zu dienen.«

Esteban Carbone lachte. »Das ist eine Behauptung. Wollt Ihr andeuten, dass die Kogitanten wegen ihrer linguistischen Fertigkeiten über die Valianten herrschen sollen?«

»Nein. Ich weise nur daraufhin, dass Ihr unfähig seid, den Planeten Pao zu regieren, dass Ihr euch nicht mit denen verständigen könnt, von denen Ihr behauptet, sie seien Eure Untertanen.« Esteban Carbone zuckte die Achseln. »Das ist keine große Sache. Wir sprechen ein paar Worte Pastiche, genug, um uns verständlich zu machen. Bald werden wir es besser sprechen, und entsprechend werden wir unsere Kinder schulen.«

Beran sprach zum ersten Mal. »Ich habe einen Vorschlag zu machen, der vielleicht jedermanns Plänen entgegenkommen wird. Lasst uns darin übereinstimmen, dass die Valianten so viele Paonesen umbringen können, wie sie wollen, all jene zumindest, die ihnen aktiven Widerstand leisten, und dass man daher von ihnen sagen kann, sie übten die Macht aus. Sie werden jedoch in Verlegenheit geraten: erstens durch den traditionellen Widerstand der Paonesen gegen Zwangsmaßnahmen, und zweitens durch die Unfähigkeit, sowohl mit den Paonesen als auch mit den Technikanten zu sprechen.«

Carbone hörte mit grimmigem Gesicht zu. »Die Zeit wird diese Schwierigkeiten beseitigen. Wir sind die Eroberer.«

»Einverstanden«, sagte Beran mit müder Stimme. »Ihr seid die Eroberer. Doch ihr werdet am besten herrschen, indem ihr am wenigsten stört. Und solange nicht ganz Pao eine gemeinsame Sprache hat, könnt ihr nicht ohne Störung regieren.«

»Dann muss ganz Pao eine Sprache sprechen!«, rief Carbone. »Das ist ein ganz einfaches Gegenmittel! Was ist schon eine Sprache, wenn nicht eine Folge von Wörtern? Dies ist mein erster Befehl: Jeder Mann, jede Frau und jedes Kind auf dem Planeten müssen Pastiche lernen!«

»Und in der Zwischenzeit?«, fragte Finisterle.

Esteban Carbone nagte an seinen Lippen. »Die Dinge müssen mehr oder weniger wie üblich weitergehen.« Er beäugte Beran. »Erkennt Ihr also meine Macht an?«

Beran lachte. »Freimütig. Im Einklang mit Eurem Wunsch ordne ich hiermit an, dass jedes Kind auf Pao, Valiant, Technikant, Kogitant oder Paonese, Pastiche lernen muss, sogar noch vor der Sprache seines Vaters.«

Esteban Carbone starrte ihn fragend an und sagte schließlich: »Ihr seid besser davongekommen, als Ihr verdient, Beran. Es ist wahr, dass wir Valianten uns nicht gern mit den Einzelheiten des Regierens abgeben, und dies ist Euer einziger Verhandlungspunkt, Eure einzige Nützlichkeit. Solange Ihr gehorsam seid und nützlich, solange dürft Ihr auf dem Schwarzen Stuhl sitzen und euch Panarch nennen.« Er verneigte sich, drehte sich auf dem Absatz um, marschierte aus dem Saal.

Beran saß zusammengesunken im Schwarzen Stuhl. Sein Gesicht war verhärmt. Doch es zeigte einen ruhigen Ausdruck.

»Ich habe einen Kompromiss geschlossen, ich bin gedemütigt worden«, sagte er zu Finisterle, »aber ich habe an einem Tag all meine Ziele verwirklicht. Palafox ist tot, und wir sind auf dem Weg zur großen Aufgabe meines Lebens – der Einigung Paos.«

Finisterle reichte Beran einen Becher Glühwein, nahm einen tiefen Schluck aus seinem Becher. »Diese affektierten jungen Hähne! In diesem Moment paradieren sie rund um ihre Säule und trommeln sich auf die

Brust, und jeden Augenblick ...« Er zeigte mit dem Finger auf eine Schale mit Früchten. Eine blaue Flamme stach daraus hervor; die Schale zersprang.

»Es ist besser, wir lassen ihnen ihren Triumph«, sagte Beran. »Im Grunde sind sie anständige Leute, wenngleich naiv, und sie werden als Herren viel williger mit uns zusammenarbeiten denn als Untertanen. Und in zwanzig Jahren ...«

Er stand auf; er und Finisterle gingen durch den Saal, blickten hinaus auf die Dächer Eiljanres. »Pastiche – zusammengesetzt aus Breakness, Technikant, Valiant, Paonesisch. Pastiche – die Sprache des Dienens. In zwanzig Jahren wird jedermann Pastiche sprechen. Es wird die alten Köpfe befruchten, die neuen Köpfe formen. Was für eine Welt wird Pao dann sein?«

Sie blickten hinaus in die Nacht, über die Lichter Eiljanres hinweg, und dachten darüber nach.

Ende

Krieg der Gehirne

I

Ixax war selbst zu seinen besten Zeiten ein trostloser Planet. Stürme tobten über seine zerklüfteten schwarzen Berge und trieben Regen und Graupel in Strömen vor sich her, wuschen das wenige, was an fruchtbarem Erdreich vorhanden war, in die Ozeane, statt das zerschrundete Antlitz ihrer Welt zu glätten und sanfter zu gestalten. Die Vegetation war spärlich: einige wenige graubraune Wälder spröder Dornengewächse; Wachsgras und Röhrenwurz, die in kümmerlichen Büscheln aus Felsspalten und Schründen wuchsen; düstere Flecken roter, blauer, grüner und violetter Flechten. Nur in den Ozeanen gab es ausgedehnte Tang- und Algenfelder, die gemeinsam mit der im Überfluss vorhandenen Vielfalt mikroskopisch kleiner Meerestierchen den überwiegenden Teil der fotosynthetischen Prozesse des Planeten bewältigten.

Trotz – oder vielleicht gerade wegen – der Herausforderung durch diese feindselige Umwelt entwickelte sich das erste amphibische Leben, eine Art ganoider Froschlurch, zu einem mit Verstand begabten, menschenähnlichen Wesen. Geleitet von einem intuitiven Begreifen mathematischer Stimmigkeit und Harmonie, ausgestattet mit einem Gesichtssinn, der ihre Umwelt in taktiler, dreidimensionaler Manier abbildete statt als polychrome Anordnung zweidimensionaler Oberflächen, waren die Xaxaner fast dazu bestimmt, eine technische Zivilisation zu entwickeln. Vierhundert Jahre, nachdem sie den ersten Schritt ins Weltall getan hatten, entdeckten sie – wie es schien, durch einen reinen Zufall – die Nopal und verstrickten sich so in den schrecklichsten Krieg ihrer Geschichte.

Der Krieg, der über ein Jahrhundert dauerte, verwüstete den schon vorher öden Planeten vollends. Die Ozeane verschwanden unter einer Schaumkruste; die wenigen kümmerlichen Enklaven fruchtbarer Erde wurden von gelblichweißem Staub vergiftet, der aus dem Himmel herabrieselte. Ixax war nie eine dicht bevölkerte Welt gewesen; nun waren die Hand voll Städte nur noch Schutt: wirre Haufen schwarzer Steine, leberbrauner Platten, kalkweißer Scherben zusammengebackenen Kalks, Stöße verrottender organischer Substanzen, ein Chaos, das den unwiderstehlichen Drang der Xaxaner nach mathematischer Exaktheit und Ordentlichkeit empörte. Die Überlebenden, sowohl Chitumih wie Tauptu (um die Klick- und Rassellaute der xaxanischen Sprache wenigstens annähernd wiederzugeben), hausten in unterirdischen Festungsanlagen. Unterschieden durch das Wissen um die Existenz der Nopal seitens der Tauptu und seine Verleugnung seitens der Chitumih, hegten sie Gefühle füreinander, die dem irdischen Hass sehr ähnlich waren – nur ungefähr zwölfmal intensiver.

Nach den ersten hundert Kriegsjahren wendete sich das Blatt zu Gunsten der Tauptu. Die Chitumih wurden in ihre Festung unter den Nordbergen zurückgetrieben, und die Kampftruppen der Tauptu kämpften sich Zoll um Zoll vorwärts, wobei sie die Verteidigungsstellungen an der Oberfläche eine nach der anderen sprengten. Schließlich setzten sie atomgetriebene Maulwürfe gegen die in einer Tiefe von einer Meile gelegene Zitadelle in Marsch.

Die Chitumih, wenngleich sich ihrer Niederlage bewusst, verteidigten sich mit einer Inbrunst, die ihrem

Mehr-als-Hass auf die Tauptu in nichts nachstand. Das Rumpeln näherrückender Maulwürfe wurde beständig lauter; die vorgelagerten Maulwurfsfallen brachen zusammen, dann der innere Kreis der Abfangstollen. Eine gigantische Maulwurfsmaschine brach aus einem zehn Meilen tief in die Kruste des Planeten hinabreichenden Gang in die Dynamokammer und zerstörte den innersten Kern der Chitumih-Verteidigung. Schlagartig senkte sich pechschwarze Finsternis über die Gänge – die Chitumih stolperten blind herum, bereit, mit bloßen Händen oder Steinen weiterzukämpfen. Maulwürfe nagten am Fels; die Stollen hallten wider von mahlenden Geräuschen. Ein Spalt erschien, gefolgt von einer röhrenden Schnauze aus Metall. Die Wände rissen auseinander, Betäubungsgas blies herein wie ein Pesthauch, und der Krieg war vorbei.

Im Schein ihrer Helmlampen stiegen die Tauptu über zerborstenen Fels in die Tiefe. Die körperlich Unversehrten unter den Chitumih wurden in Fesseln gelegt und zur Oberfläche hinaufgeschickt; die Zerschmetterten und Verstümmelten wurden dort getötet, wo sie gerade lagen.

Kriegsmeister Khb Tachx kehrte zurück nach Mia, der uralten Hauptstadt. Er flog niedrig durch einen tosenden Regensturm, über ein schmutzig-trübes Meer, über ein von großen Kratern in der Form von erdfarbenen Zackensternen pockennarbig entstelltes Kap, über eine Kette schwarzer Berge, und dann lagen die verbrannten Schutthalden Mias vor ihm.

Gerade ein einziges unversehrt gebliebenes Bauwerk bot sich seinen Blicken dar, ein lang gestreckter, flacher Kasten aus grauer Steinschmelze, der erst vor kurzem errichtet worden war.

Khb Tachx landete seinen Luftwagen und schritt, ohne auf den niederprasselnden Regen zu achten, auf den Eingang des Gebäudes zu. Fünfzig oder sechzig Chitumih, die sich in einem Pferch zusammendrängten, wandten langsam ihre Köpfe, als sie mit den Wahrnehmungsorganen, die bei ihnen die Funktion von Augen erfüllten, seine Anwesenheit registrierten. Khb Tachx schenkte der Wucht des auf ihn eindringenden Hasses nicht mehr Beachtung als dem Regen. Während er sich dem Gebäude näherte, erklang von drinnen ein rasendes, qualvolles Rasseln, aber auch das beachtete Khb Tachx nicht. Die Chitumih zeigten sich stärker berührt. Sie wichen zurück, als sei der Schmerz ihr eigener, und beschimpften Khb Tachx in gepressten, trostlosen Vibrationen, mit denen sie ihn herausforderten, sein Schlimmstes zu tun.

Khb Tachx betrat mit raumgreifenden Schritten das Gebäude, ließ sich zu einer Ebene eine halbe Meile unter der Oberfläche hinabsinken und begab sich in eine Kammer, die für seinen persönlichen Gebrauch reserviert war. Hier legte er Helm und Ledermantel ab und wischte sich den Regen von seinem grauen Gesicht. Nachdem er sich von seinen restlichen Kleidungsstücken befreit hatte, rieb er sich mit einer steifborstigen Bürste ab, um totes Gewebe und winzige Oberflächenschuppen von seiner Haut zu entfernen.

Eine Ordonanz kratzte mit den Fingerspitzen über die Tür. »Du wirst erwartet.«

»Ich komme sogleich.«

Mit leidenschaftslos ökonomischen Bewegungen hüllte er sich in frische Unterkleider, einen Schurz, Stiefel, ein langes Cape, glatt wie der Rückenpanzer eines Käfers. Zufällig ergab es sich so, dass diese Kleidungsstücke alle einförmig schwarz waren, obgleich dies einem Xaxaner, der Oberflächen auf Grund ihrer Struktur anstatt anhand ihrer Farbe voneinander unterschied, völlig gleichgültig war. Khb Tachx ergriff seinen Helm, einen Kopfschutz aus geriffeltem Metall, der von einem das Wort *tauptu* – »geläutert« – symbolisierenden Medaillon gekrönt wurde. Aus dem Helmkamm stachen sechs spitze, zolllange Dornen, von denen drei die hornigen Knochenvorsprünge auf seinem Schädel aufnahmen, während die anderen drei Auskunft über seinen Rang gaben. Einen Augenblick lang überlegte Khb Tachx, dann löste er das Medaillon und zog den Helm tiefer über seinen kahlen grauen Schädel herunter.

Er verließ seine Kammer und schritt bedächtig über den Korridor zu einer Tür aus geschmolzenem Quarz, die bei seiner Annäherung lautlos zur Seite glitt. Dahinter lag ein perfekt kreisförmiger Raum mit glasartigen Wänden und einer hohen, paraboloiden Kuppel. Soweit die Xaxaner überhaupt in der Lage waren, Vergnügen beim Betrachten lebloser Dinge zu empfinden, genossen sie die erhabene Schlichtheit solcher Anordnungen. An einem runden Tisch aus poliertem Basalt saßen vier Männer, die alle einen sechsdornigen Helm trugen. Augenblicklich bemerkten sie das Fehlen des Medaillons an Khb Tachx' Helm und begriffen, was er damit ausdrücken wollte: dass nach dem Fall der großen Nordfestung nicht länger die Notwendigkeit bestand, zwischen Tauptu und Chitumih zu unterscheiden. Die fünf regierten die Tauptu als losen Zusammenschluss, wobei es keine klar getrennten Verantwortlichkeiten gab – außer in zwei Bereichen: Kriegsmeister Khb Tachx leitete das militärische Vorgehen, und Pttdu Apiptix befehligte jene wenigen Schiffe, die der Raumflotte verblieben waren.

Khb Tachx setzte sich und beschrieb den Fall der Chitumih-Festung. Seine Ratskollegen folgten seinen Ausführungen schweigend und ohne die geringsten Anzeichen von Freude oder Erregung, denn sie verspürten weder das eine noch das andere.

Schließlich fasste Pttdu Apiptix grimmig die neue Lage zusammen. »Die Nopal sind immer noch da, genau wie zuvor. Wir haben nur einen örtlichen Sieg errungen.«

»Nichtsdestoweniger einen Sieg«, bemerkte Khb Tachx.

Ein dritter Xaxaner wandte sich gegen das, was er als Übermaß an Pessimismus betrachtete. »Wir haben die Chitumih vernichtet, nicht sie uns. Wir haben mit nichts begonnen, sie aber mit allem – trotzdem haben wir gesiegt.«

»Das ist unerheblich«, erwiderte Pttdu Apiptix. »Wir sind nicht in der Lage gewesen, uns auf das vorzubereiten, was als Nächstes folgen muss. Unsere Waffen gegen die Nopal sind nicht mehr als ein Notbehelf; die Nopal belästigen uns beinahe nach ihrem Belieben.«

»Was geschehen ist, ist geschehen«, erklärte Khb Tachx. »Der kleine Schritt ist getan; jetzt werden wir den großen tun. Der Krieg muss nach Nopalgard getragen werden.«

Die fünf saßen ins Nachdenken versunken da. Der Gedanke war jedem von ihnen schon viele Male gekommen, und viele Male waren sie vor den Schlussfolgerungen daraus zurückgeschreckt.

Ein vierter Xaxaner bemerkte übergangslos: »Wir sind ausgeblutet. Wir können nicht länger Krieg führen.«

»Jetzt werden andere bluten«, erwiderte Khb Tachx. »Wir werden Nopalgard so infizieren, wie die Nopal Ixax infiziert haben, und nicht mehr tun, als den Kampf zu lenken.«

Der vierte Xaxaner überlegte einen Moment. »Ist diese Strategie überhaupt durchführbar? Jeder Xaxaner, der sich auch nur auf Nopalgard sehen lässt, riskiert sein Leben!«

»Andere werden für uns tätig sein. Wir müssen jemanden vorschicken, der nicht sofort als Feind kenntlich ist – einen Mann von einem anderen Planeten.«

»Und was das angeht«, bemerkte Pttdu Apiptix, »gibt es eine nahe liegende Wahl...«

II

Eine zitternde Stimme, die von dem Mädchen in der Vermittlung der ARPA in Washington nicht eindeutig als ängstlich oder erregt identifiziert werden konnte –, verlangte, mit jemandem verbunden zu werden, »der was zu sagen hatte«. Das Mädchen erkundigte sich danach, was der Anrufer denn eigentlich wünsche, und erklärte ihm, dass die ARPA aus vielen Abteilungen und Unterabteilungen bestehe.

»Es handelt sich um eine geheime Angelegenheit«, sagte die Stimme. »Ich muss mit einem von denen ganz oben sprechen, mit jemandem, der mit den großen wissenschaftlichen Projekten zu tun hat.«

Ein Spinner, entschied das Mädchen und setzte schon dazu an, den Anruf auf den Anschluss des Büros für Öffentlichkeitsarbeit zu legen. In diesem Augenblick ging Paul Burke, ein stellvertretender Forschungsdirektor, durch das Foyer. Burke, ein großer Mann mit schlenkernden Gliedern und einem auf beruhigende Weise nichtssagenden Äußeren, war siebenunddreißig, einmal verheiratet, einmal geschieden. Die meisten Frauen fanden Burke attraktiv; das Mädchen an der Vermittlung, das da keine Ausnahme machte, ergriff die Gelegenheit, um seine Aufmerksamkeit auf sich zu lenken.

Sie flötete: »Mr. Burke, könnten Sie nicht mal mit diesem Herrn hier sprechen?«

»Was für ein Herr?«, erkundigte sich Burke.

»Ich weiß nicht. Er wirkt ziemlich erregt. Er möchte mit jemandem sprechen, der bei uns etwas zu sagen hat.«

»Dürfte ich Sie nach Ihrer Stellung fragen, Mr. Burke?« Die Stimme rief sofort ein bestimmtes Bild in Burkes Geist hervor: ein ältlicher Mann, eifrig und von seiner eigenen Wichtigkeit überzeugt, der vor Aufregung von einem Fuß auf den anderen hüpfte.

»Ich bin stellvertretender Forschungsdirektor«, sagte Burke.

»Bedeutet das, dass Sie selbst Wissenschaftler sind?«, fragte die Stimme vorsichtig. »Hier geht es nämlich um eine Angelegenheit, die ich nicht mit untergeordneten Kräften besprechen kann.«

»Mehr oder weniger. Was für ein Problem haben Sie denn?«

»Mr. Burke, Sie würden mir nie glauben, wenn ich es Ihnen am Telefon erzähle.« Die Stimme bebte. »Eigentlich kann ich es ja selbst kaum glauben.«

Burke verspürte einen Anflug von Interesse. Die Erregung in der Stimme des Mannes übertrug sich auch auf ihn, rief unbehagliche kleine Schauer in Burkes Genick hervor. Ein Instinkt, eine vage Vorahnung, eine Intuition sagte ihm, dass er nichts mit diesem drängenden alten Mann zu tun haben wollte.

»Ich muss Sie unbedingt persönlich sprechen, Mr. Burke – Sie oder einen der Wissenschaftler. Einen der Spitzenwissenschaftler.« Die Stimme des Mannes wurde zuerst schwächer, dann wieder stärker, als habe er seinen Kopf kurzzeitig von der Sprechmuschel weggedreht, während er sprach.

»Wenn Sie mir Ihr Problem schildern würden«, sagte Burke vorsichtig, »könnte ich Ihnen möglicherweise helfen.«

»Nein«, erwiderte der Mann. »Sie würden mir bloß sagen, ich wäre verrückt. Sie *müssen* einfach hier herauskommen. Ich verspreche Ihnen, Sie werden etwas sehen, das Sie sich bisher nicht einmal in Ihren Träumen vorgestellt haben.«

»Das geht ziemlich weit«, meinte Burke. »Könnten Sie mir nicht wenigstens andeutungsweise verraten, worum es sich handelt?«

»Bestimmt, Sie würden mich für verrückt halten. Und vielleicht bin ich das auch.« Der Mann lachte unsicher und ziemlich gequält. »Ich wäre froh, wenn ich daran selber glauben könnte.«

»Wie heißen Sie?«

»Werden Sie kommen, um sich mit mir zu treffen?«

»Ich schicke jemanden zu Ihnen.«

»Das genügt nicht. Sie werden die Polizei schicken, und dann – gibt – es – Ärger!« Die letzten Worte flüsterte er nur noch.

Burke deckte die Sprechmuschel ab und sagte zur Telefonistin: »Lassen Sie den Anruf zurückverfolgen.« Dann sprach er wieder in den Apparat: »Sind Sie selbst in Schwierigkeiten? Bedroht Sie irgendwer?«

»Nein, nein, Mr. Burke! Nichts dergleichen! Aber sagen Sie mir die Wahrheit: Können Sie zu mir herauskommen, jetzt sofort? Ich *muss* das wissen!«

»Erst, wenn Sie mir einen besseren Grund dafür nennen können.«

Der Mann holte tief Luft. »Okay. Hören Sie. Und sagen Sie nur ja nicht, ich hätte Sie nicht gewarnt. Ich ...« Plötzlich war die Leitung tot.

Burke betrachtete den Hörer mit einer Mischung aus Widerwillen und Erleichterung. Dann wandte er sich zu der Telefonistin um. »Konnten Sie etwas feststellen?«

»Ich hatte nicht genug Zeit, Mr. Burke. Er legte zu schnell auf.«

Burke zuckte die Achseln. »Ein Bekloppter wahrscheinlich... Und doch...« Er wandte sich ab, aber immer noch spürte er das ungute Prickeln im Nacken. Er ging zu seinem Büro, wo wenig später Dr. Ralph Tarbert zu ihm stieß, ein Mathematiker und Physiker, der seine Zeit zwischen Brookhaven und der ARPA aufteilte. Tarbert war Mitte fünfzig, ein gut aussehender, auf markige Weise kraftvoller Mann mit einem schmalen Gesicht und einem Schopf widerspenstigen weißen Haars, auf den er sehr stolz war. Im Gegensatz zu Burkes ziemlich zerknautschten Tweedjacketts und Flanellhosen trug Tarbert stets elegante und konservative Anzüge in Dunkelblau oder -grau. Er gab nicht nur zu, ein intellektueller Snob zu sein, sondern rühmte sich dessen auch noch und legte oft einen Zynismus an den Tag, den Burke manchmal so frivol fand, dass es schon irritierend war.

Der so jäh unterbrochene Telefonanruf beschäftigte immer noch Burkes Gedanken. Er beschrieb diese Unterhaltung Tarbert, der aber, wie Burke eigentlich auch nicht anders erwartet hatte, den Vorfall mit einer lässigen Handbewegung abtat.

»Der Mann hatte Angst«, sann Burke, »das ist gar keine Frage.«

»Er hat am Grunde seines Bierkrugs den Teufel gesehen.«

»Er klang stocknüchtern. Weißt du, Ralph, ich habe bei dieser Sache so ein komisches Gefühl. Ich wollte, ich wäre hingefahren, um mich mit dem Mann zu treffen.«

»Nimm ein Beruhigungsmittel«, schlug Tarbert vor. »Und jetzt wollen wir lieber über diese Angelegenheit mit dem Elektronenausstoß reden...«

Bald nach der Mittagspause brachte ein Bote ein kleines Päckchen in Burkes Büro. Burke zeichnete das Empfangsbuch ab und untersuchte das Päckchen. Sein Name und seine Anschrift waren mit einem Kugelschreiber geschrieben; ferner gab es einen Vermerk: AUF KEINEN FALL IN ANWESENHEIT ANDERER ÖFFNEN.

Burke riss das Päckchen auf. Innen fand er eine Pappschachtel und darin wiederum eine dollargroße Metallscheibe, die er auf seine Hand schüttete. Die Scheibe schien gleichzeitig leicht und schwer zu sein; massiv, aber gewichtslos. Mit einem leisen Ausruf des Erstaunens öffnete Burke die Hand. Die Scheibe schwebte frei in der Luft. Langsam, ganz sanft, begann sie zu steigen.

Burke starrte sie an, streckte die Hand nach ihr aus. »Was zum Teufel«, murmelte er. »Keine Schwerkraft?«

Das Telefon läutete. »Haben Sie das Päckchen bekommen?«, fragte die Stimme begierig.

»Gerade in diesem Augenblick«, sagte Burke.

»Wollen Sie sich jetzt mit mir treffen?«

Burke holte tief Atem. »Wie heißen Sie?«

»Sie werden allein kommen?«

»Ja«, sagte Burke.

III

Sam Gibbons war Witwer. Vor zwei Jahren hatte er sich von einem florierenden Gebrauchtwagenhandel in Buellton, Virginia, zurückgezogen, fünfundsechzig Meilen von Washington entfernt. Da seine beiden Söhne im College waren, lebte er allein in einem großen Ziegelhaus zwei Meilen vor der Stadt – auf der Kuppe eines Hügels.

Er erwartete Burke am Gartentor. Ein etwas schwülstiger Mann von sechzig Jahren, mit einem birnenförmigen Körper und einem rosigen, liebenswürdigen Gesicht, das jetzt fleckig war und zitterte. Er überzeugte sich davon, dass Burke auch tatsächlich allein war, und ließ sich noch einmal versichern, dass Burke sowohl ein anerkannter Wissenschaftler sei – »einer, der sich mit diesem ganzen Weltraumzeugs und den kosmischen Strahlen und so beschäftigt« – als auch eine einflussreiche Stellung innehabe.

»Verstehen Sie mich nicht falsch«, sagte Gibbons nervös. »Ich muss es so machen. In ein paar Minuten werden Sie begreifen, warum. Gott sei Dank, dass ich jetzt aus der Sache raus bin.« Er blies die Wangen auf, blickte zu seinem Haus hinüber.

»Was geht hier eigentlich vor?«, fragte Burke. »Was soll das alles?«

»Das werden Sie bald genug erfahren«, erklärte Gibbons mit heiserer Stimme. Burke sah, dass er vor Müdigkeit taumelte und seine Augen rot gerändert waren. »Ich muss Sie ins Haus bringen. Das ist alles, was ich tue. Von da an liegt alles bei Ihnen.«

Burke schaute die Auffahrt hinauf. »Was liegt bei mir?«

Gibbons klopfte ihm nervös auf die Schulter. »Ist schon gut; Sie müssen bloß ...«

»Ich rühre mich nicht vom Fleck, bis ich weiß, wer dort ist«, sagte Burke.

Gibbons warf einen ängstlichen Blick über die Schulter. »Es ist ein Mann von einem anderen Planeten«, sprudelte er zwischen feuchten Lippen hervor. »Vom Mars vielleicht; ich weiß es nicht sicher. Er hat mich gezwungen, jemanden anzurufen, mit dem er sich unterhalten kann, und da habe ich Sie erwischt.«

Burke starrte die Hausfront an. Hinter einem von Vorhängen verhüllten Fenster erspähte er flüchtig den Umriss einer großen, breitschultrigen Gestalt. Keinen Augenblick lang fiel es ihm ein, an dem zu zweifeln, was Gibbons gesagt hatte. Er lachte unsicher. »Das ist ein ganz schöner Schock.«

»Das kann man wohl sagen«, erwiderte Gibbons.

Burkes Knie waren plötzlich ganz weich, alles in ihm sträubte sich dagegen, sich in Bewegung zu setzen. Mit hohler Stimme fragte er: »Woher wissen Sie, dass er von einem anderen Planeten kommt?«

»Er hat es mir gesagt«, erklärte Gibbons. »Und ich habe es ihm geglaubt. Warten Sie nur, bis Sie ihn selber sehen.«

Burke holte tief Atem. »Also gut. Gehen wir. Spricht er Englisch?«

Gibbons lächelte in einem kläglichen Versuch, amüsiert zu wirken. »Aus einem Kästchen heraus. Er hat ein Kästchen vor dem Bauch, und dieses Kästchen spricht.«

Sie näherten sich dem Haus. Gibbons stieß die Tür

auf, bedeutete Burke, hineinzugehen. Burke trat ein – und blieb abrupt in der Halle stehen.

Das Geschöpf, das ihn erwartete, war ein Mensch, aber in diesen Stand war es auf einem Weg gelangt, der sich deutlich von jenem unterschied, den Burkes Vorfahren eingeschlagen hatten. Der Fremde war vier Zoll größer als Burke, und seine Haut war grob und grau wie Elefantenhaut. In seinem schmalen, lang gestreckten Kopf saßen ausdruckslose, wie blind starrende Augen, die an rundgeschliffenen, bierfarbenen Quarz erinnerten. Ein knochiger, mit drei knopfartigen Gebilden besetzter Kamm ragte über seinen Schädel auf. Wo er über seine Stirn herabstieß, wurde dieser Kamm zu einer messerrückenscharfen Nase. Die Brust war eingefallen und schmal, Arme und Beine wirkten wie knotige, verflochtene Sehnen.

Langsam stellte sich Burkes von der dramatischen Wucht der Situation betäubtes Denkvermögen wieder ein. Während er den Mann eingehend musterte, spürte er eine strenge, fanatische Intelligenz in ihm und wurde sich augenblicklich seiner unbehaglichen Abneigung und seines Misstrauens bewusst – Gefühle, die er zu unterdrücken versuchte. Es war unvermeidlich, dachte er, dass Geschöpfe von verschiedenen Planeten einander befremdlich und merkwürdig finden mussten. Um sein Unbehagen zu überspielen, sprach er mit einer Herzlichkeit, die sogar ihm selbst falsch in den Ohren klang. »Ich heiße Paul Burke. Wie ich hörte, beherrschen Sie unsere Sprache.«

»Wir studieren Ihren Planeten seit vielen Jahren.« Die Stimme kam in sorgfältig betonten, deutlich erkennbaren Worten aus einer Apparatur, die über der Brust des Außerirdischen hing: eine gedämpfte, unnatürliche

Stimme, begleitet von Zisch-, Summ-, Klick- und Rassellauten, die von vibrierenden Platten am Thorax des Geschöpfes erzeugt wurden. Eine Übersetzungsmaschine, dachte Burke, die wohl auch englische Worte in das Klicken und Rasseln der Sprache des Fremden zurückübertrug. »Wir hatten schon eher den Wunsch, Sie zu besuchen, aber es ist gefährlich für uns.«

»Gefährlich?« Burke war verblüfft. »Dafür kann ich keinen Grund erkennen; wir sind keine Barbaren. Welches ist Ihr Heimatplanet?«

»Er ist sehr weit von Ihrem Sonnensystem entfernt. Ich kenne Ihre Astronomie nicht. Ich kann Ihnen daher seine Bezeichnung nicht nennen. Wir selbst nennen unseren Planeten Ixax. Ich bin Pttdu Apiptix.« Das Kästchen schien Schwierigkeiten mit den L und R zu haben, denn es sprach sie mit einem Rasseln und Rattern seines Stimmritzenmechanismus aus. »Sie sind einer der Wissenschaftler Ihrer Welt?«

»Ich bin Physiker und Mathematiker«, entgegnete Burke, »obwohl ich jetzt einen Verwaltungsposten innehabe.«

»Gut.« Pttdu Apiptix hielt eine Hand hoch und drehte die Handfläche Sam Gibbons zu, der nervös im Hintergrund des Raumes stand. Das kleine, viereckige Instrument, das Apiptix hielt, klapperte etwa so, wie wenn ein Hammerschlag Eis zersplittert. Gibbons ächzte, sank als seltsames rundes Häufchen zu Boden, als seien alle seine Knochen verschwunden.

Burke sog entsetzt Luft durch die Zähne. »Aber was ...«, sagte er, »... was tun Sie denn da?«

»Dieser Mann darf nicht mit anderen sprechen«, sagte Apiptix. »Meine Mission ist wichtig.«

»Zur Hölle mit Ihrer Mission!«, brüllte Burke ihn an.

»Sie haben gegen unsere Gesetze verstoßen! Das hier ist nicht ...«

Pttdu Apiptix schnitt ihm das Wort ab. »Töten ist manchmal eine Notwendigkeit. Sie müssen Ihre Denkweise ändern, denn ich plane, dass Sie mir helfen. Wenn Sie sich weigern, werde ich Sie töten und mir jemand anderes suchen.«

Burke versagte die Stimme. Endlich flüsterte er heiser: »Und was soll ich tun?«

»Wir begeben uns nach Ixax. Dort werden Sie es erfahren.«

Burke protestierte so sanft, als spräche er mit einem Irren. »Ich kann unmöglich zu Ihrem Planeten reisen. Ich habe einen Job, um den ich mich kümmern muss. Ich würde vorschlagen, dass Sie mit mir nach Washington kommen ...«

Er hielt inne, verunsichert von der zynischen Geduld seines Gegenübers.

»Mich interessiert weder Ihre Arbeit noch ob es Ihnen passt«, sagte Apiptix.

Nahezu hysterisch vor Wut lehnte Burke sich vorwärts; er zitterte. Pttdu Apiptix ließ ihn seine Waffe sehen. »Ergeben Sie sich nicht dem Einfluss Ihrer emotionalen Triebkräfte.« Er verzog das Gesicht zu einer zuckenden Grimasse – der bisher einzige Wandel des Gesichtsausdrucks, den Burke hatte feststellen können. »Kommen Sie mit mir, wenn Sie weiterleben wollen.« Er trat zurück, in Richtung der Rückseite des Hauses.

Burke folgte ihm auf steifen Beinen. Sie gingen durch eine Hintertür hinaus auf den Hof, wo Gibbons sich einen Swimmingpool und eine mit Platten ausgelegte Grillecke gebaut hatte.

»Hier werden wir warten«, erklärte Apiptix. Reglos

stand er da, während er Burke mit der ausdruckslosen Unerschütterlichkeit eines Insekts betrachtete. Fünf Minuten vergingen. Eine aus Wut und bösen Vorahnungen geborene Schwäche machte es Burke unmöglich, zu sprechen. Ein dutzend Mal beugte er sich vorwärts, nahe daran, alles auf eine Karte zu setzen und den Xaxaner anzuspringen; und ein dutzend Mal sah er das Gerät in der harten grauen Hand und schreckte im letzten Augenblick davor zurück.

Aus dem Himmel stürzte ein stumpfer Metallzylinder von den Ausmaßen eines großen Automobils herab. Ein Segment öffnete sich. »Steigen Sie ein«, befahl Apiptix.

Zum letzten Mal wägte Burke seine Chancen ab. Sie waren praktisch nicht vorhanden. Er stolperte in das Gefährt. Apiptix folgte ihm. Das Segment schloss sich wieder. Übergangslos setzte ein Gefühl rascher Bewegung ein.

Als Burke sprach, gelang es ihm nur mit größter Mühe, seine Stimme ruhig klingen zu lassen. »Wohin bringen Sie mich?«

»Nach Ixax.«

»Aus welchem Grund?«

»Damit Sie erfahren, was wir von Ihnen erwarten. Ich verstehe Ihren Zorn. Ich bin mir darüber klar, dass Sie nicht erfreut sind. Trotzdem müssen Sie sich mit dem Gedanken vertraut machen, dass sich Ihr Leben geändert hat.« Apiptix steckte seine Waffe weg. »Es ist nutzlos, wenn Sie sich ...«

Burke konnte seine Wut nicht länger bezähmen. Er warf sich auf den Xaxaner, der ihn mit einem ausgestreckten Arm abwehrte. Von irgendwoher kam eine gehirnzersprengende Flut purpurnen Lichts, und Burke verlor das Bewusstsein.

IV

Burke erwachte an einem ihm unvertrauten Ort, in einer dunklen Kammer, die nach feuchtem Gestein roch. Er konnte nichts sehen. Unter ihm schien so etwas wie eine elastische Matte zu sein; als er mit den Fingern umhertastete, entdeckte er ein paar Zoll tiefer einen harten, kalten Boden.

Er stützte sich auf den Ellenbogen. Nicht das geringste Geräusch: absolute Stille.

Burke befühlte sein Gesicht, um die Länge seines Bartes festzustellen. Die Bartstoppeln waren wenigstens einen Viertelzoll lang. Etwa eine Woche war also verstrichen ...

Jemand näherte sich. Woher wusste er das? Kein Laut war zu ihm gedrungen, nur ein bedrückendes Gefühl des Bösen, beinahe so fasslich wie Gestank.

Plötzlich glühten die Mauern auf und enthüllten mit ihrem Licht eine lange, schmale Kammer mit schön geschwungener, gewölbter Decke. Burke setzte sich auf der Matte auf. Seine Arme zitterten, seine Beine und Knie waren weich wie Wachs.

Pttdu Apiptix oder jemand, der ihm sehr ähnelte, erschien unter der Tür. Burke, dessen Brust von der Anspannung wie zugeschnürt war und den der Hunger ganz benommen machte, kam taumelnd auf die Füße.

»Wo bin ich?« Seine Stimme kratzte rau in der Kehle.

»Wir sind auf Ixax«, antwortete der Kasten auf Apiptix' Brust.

Burke fiel nichts ein, was er darauf hätte erwidern

können, außerdem schien er sowieso einen Kloß im Hals zu haben.

»Kommen Sie«, sagte der Xaxaner.

»Nein.« Burkes Knie gaben unter ihm nach; er sank auf die Matte zurück.

Pttdu Apiptix verschwand in den Korridor. Wenig später kehrte er mit zwei weiteren Xaxanern zurück, die einen Metallschrank vor sich her rollten. Sie packten Burke, schoben ihm einen Schlauch in den Hals, pumpten warme Flüssigkeit in seinen Magen. Ohne jede Umstände zogen sie den Schlauch dann wieder zurück und gingen.

Schweigend stand Apiptix da. Etliche Minuten vergingen. Burke lag lang auf dem Rücken und lugte unter fast geschlossenen Augenlidern heraus. Pttdu Apiptix war von sonderbarer, albtraumhafter Schönheit, auch wenn er dämonisch und mörderisch sein mochte. Ein glänzender schwarzer Panzer, der dem Rückenschild eines Käfers ähnelte, hing an seinem Rücken herunter, auf dem Kopf trug er einen geriffelten Metallhelm mit sechs bedrohlichen Spitzen, die vom Kamm aufragten. Burke erschauerte matt und schloss die Augen, weil er sich in Gegenwart von so viel böser Kraft unangenehm hilflos fühlte.

Weitere fünf Minuten verstrichen, währenddessen allmählich wieder ein wenig Vitalität in Burkes Körper sickerte. Er bewegte sich, öffnete die Augen und sagte gereizt: »Ich nehme an, jetzt werden Sie mir verraten, weswegen Sie mich hergebracht haben.«

»Wenn Sie bereit sind«, erwiderte Pttdu Apiptix, »gehen wir an die Oberfläche. Dort werden Sie erfahren, was von Ihnen verlangt wird.«

»Das, was Sie wollen, und das, was Sie kriegen, sind

zwei verschiedene Dinge«, knurrte Burke. Lässigkeit vortäuschend, lehnte er sich auf die Matte zurück.

Pttdu Apiptix wandte sich ab und ging, und Burke verfluchte sich selbst ob seiner Bockbeinigkeit. Was brachte es ihm denn ein, wenn er hier unten in der Dunkelheit lag? Nichts außer Langeweile und Ungewissheit. Eine Stunde später kam Apiptix zurück. »Sind Sie bereit?«

Wortlos erhob sich Burke auf die Füße und folgte der schwarzverhüllten Gestalt durch den Korridor und in einen Aufzug. Sie standen dicht beieinander, und Burke wunderte sich, wie sich sein Fleisch zusammenzog. Der Xaxaner war ein Vertreter des universellen Typs *Mensch:* warum dann dieser Widerwille? Wegen der Skrupellosigkeit des Xaxaners? Grund genug wäre das, dachte Burke, und doch ...

Der Xaxaner sprach und unterbrach dadurch Burkes Gedanken. »Vielleicht fragen Sie sich, warum wir unter der Oberfläche leben?«

»Ich frage mich viele Dinge.«

»Ein Krieg hat uns in den Untergrund getrieben – ein Krieg, wie ihn Ihr Planet noch nie erlebt hat.«

»Dieser Krieg dauert noch an?«

»Auf Ixax ist der Krieg beendet; wir haben die Chitumih gereinigt. Wir können uns wieder frei auf der Oberfläche bewegen.«

Gefühlsregungen?, fragte sich Burke. War Intelligenz ohne Gefühle vorstellbar? Die Emotionen eines Xaxaners waren natürlich nicht notwendigerweise vergleichbar mit seinen eigenen; und doch mussten sie bestimmte Standpunkte teilen, bestimmte Aspekte intelligenzbegabten Lebens, wie zum Beispiel den Drang, zu überleben, die Befriedigung über vollbrachte Leistungen, Neugier und Verwirrung ...

Der Aufzug hielt an. Der Xaxaner trat hinaus, schritt den Korridor entlang. Burke folgte zögernd, während er zugleich ein Dutzend wilder und sinnloser Strategien entwarf und wieder aufgab. Irgendwie, auf die eine oder andere Weise, musste er über sich selbst hinauswachsen. Pttdu Apiptix plante nichts Gutes für ihn – jede Art von Handeln war besser als diese sanftmütige Fügsamkeit. Er musste eine Waffe finden ... kämpfen, davonlaufen, fliehen, sich verstecken – irgendetwas, egal was!

Apiptix drehte sich auf dem Absatz um und vollführte eine schroffe Geste. »Kommen Sie«, psalmodierte seine Stimmbox. Langsam ging Burke auf ihn zu. Handeln! Er lachte zynisch in sich hinein und entspannte sich. Handeln – aber wie? Bis jetzt hatten sie ihm kein Leid zugefügt, und doch ... Ein Geräusch ließ ihn zusammenschrecken: ein grässliches Stakkatorasseln. Burke benötigte keine Hilfe, um es zu verstehen, die Sprache des Schmerzes war universell.

Burkes Knie drohten nachzugeben. Er stützte sich mit einer Hand an der Wand ab. Das Rasseln brach, vibrierte, verklang in einem matten Summen.

Der Xaxaner musterte ihn leidenschaftslos. »Kommen Sie«, forderte ihn die Stimmbox auf.

»Was war das?«, flüsterte Burke.

»Das werden Sie sehen.«

»Ich komme nicht weiter mit.«

»Kommen Sie, sonst wird man Sie tragen.«

Burke zögerte und wankte dann zornerfüllt weiter.

Eine Metalltür schob sich beiseite; ein eisiger, schwefelhaltiger Wind pfiff durch die Öffnung. Sie traten hinaus in die trübseligste Landschaft, die Burke je gesehen hatte. Berge wie Krokodilzähne rahmten den Horizont ein; der Himmel war voll grauer und schwarzer

Wolken, aus denen trübselige Regenvorhänge herabwehten. Die Ebene unter ihnen war übersät von Ruinen. Verrostete Träger stießen wie vertrocknete Insektenbeine in den Himmel; Mauern waren zu wirren Haufen schwarzer Ziegel und leberbrauner Platten zerfallen; die noch aufrecht stehenden Partien bedeckten große Flecken missfarbener Pilzgewächse. In dieser ganzen traurigen Szenerie gab es nichts Frisches, nichts Lebendiges, keine Ahnung einer Veränderung zum Besseren, nur Verwesung und Verfall. Burke konnte einen Anflug von Mitgefühl für die Xaxaner nicht unterdrücken. Egal, was für Missetaten sie sonst begangen haben mochten... Er wandte sich zurück zu dem einzigen noch stehenden Gebäude, jenem, von dem aus er und Pttdu Apiptix auf die dunklen Gestalten in dem Pferch starrten. Menschen? Xaxaner?

Das Kästchen auf Pttdu Apiptix' Brust beantwortete seine unausgesprochene Frage. »Das sind die Überbleibsel der Chitumih. Andere gibt es nicht mehr. Nur die Tauptu sind übrig.«

Langsam ging Burke auf das armselige Häufchen zu, das sich unter den bitterkalten Windböen zusammenkauerte. Er kam an das Drahtgeflecht, spähte hindurch. Die Chitumih gaben seinen Blick zurück, wobei sie ihn eher mit ihren Augen zu fühlen als zu sehen schienen. Sie waren eine bemitleidenswert abgerissene Gruppe; ihre Haut war rau und spannte sich über ihrem Knochengerüst. Vom rassischen Typus schienen sie mit den Tauptu identisch zu sein; doch hier endete die Ähnlichkeit. Selbst in der Entwürdigung und dem Schmutz des Pferchs brannte ihr Geist noch klar. Die alte Geschichte, dachte Burke: Barbarei, die über Zivilisation triumphiert. Er funkelte Apiptix an, den er nun als verderbtes

Geschöpf sah, bar jeden feineren Gefühls. Zu seiner eigenen Überraschung überwältigte Burke plötzliche Wut. Sein Kopf begann zu wirbeln, und er taumelte voran, schwang die Fäuste. Die Chitumih summten eine leise Ermutigung, aber es nützte nichts. Ein paar in der Nähe stehende Tauptu sprangen herbei. Burke wurde gepackt, vom Pferch weggezogen, gegen die Wand des Gebäudes gedrückt und dort festgehalten, bis er seine Gegenwehr aufgab und keuchend in sich zusammensackte.

Apiptix sprach durch seine Stimmbox, als hätte Burkes schwächlicher Angriff niemals stattgefunden. »Das sind die Chitumih; ihre Zahl ist gering, und bald werden sie zur Gänze ausgerottet sein.«

Durch die Mauern aus Steinschmelze drang neuerlich entsetztes Vibrieren.

»Ihr foltert die Chitumih – und lasst die anderen zuhören?«

»Nichts geschieht ohne Grund. Kommen Sie, dann werden Sie es sehen.«

»Ich habe genug gesehen.« Burke ließ seinen Blick wild den Horizont entlangschweifen. Nirgendwo erblickte er eine Zuflucht, einen Ort, wo er hingehen konnte, nur nasse Ruinen, schwarze Berge, Regen, Korrosion, Zerfall ... Apiptix machte ein Zeichen; die beiden Tauptu führten Burke in das Gebäude zurück. Burke wehrte sich. Er stieß mit den Füßen, ließ sich hängen, warf seinen Körper hin und her, aber ohne Erfolg; die Tauptu schleppten ihn mühelos einen kurzen, breiten Korridor entlang in eine Kammer, die von einem grellen grünweißen Licht durchflutet wurde. Burke stand keuchend da, immer noch flankiert von den beiden Tauptu. Wieder versuchte er sich freizukämpfen, aber ihre Finger waren wie Zangen.

»Wenn Sie in der Lage sind, Ihre aggressiven Impulse zu beherrschen«, sagte die gefühllose Stimmbox, »werden Sie losgelassen.«

Burke hielt mühsam einen Strom bitterer Worte zurück. Diese Rangelei war nutzlos und unwürdig. Er richtete sich auf, nickte knapp. Die Tauptu traten zurück.

Burke schaute sich im Raum um. Halb versteckt hinter etwas, das eine Reihe von elektrischen Schaltsystemen zu sein schien, sah er einen flachen Rahmen aus glänzenden Metallstäben. An der Wand standen vier Xaxaner in Fesseln; auf Grund irgendeiner Eigenart, die er selbst nicht zu bestimmen wusste, erkannte er sie als Chitumih. Es war mehr ein inneres Gefühl, das ihm versicherte, dass die Chitumih anständig, freundlich und tapfer waren, seine natürlichen Verbündeten gegen die Tauptu ... Apiptix trat vor, so etwas wie eine linsenlose Brille in der Hand.

»Im Augenblick gibt es noch vieles, was Sie nicht verstehen«, teilte Apiptix ihm mit. »Die Bedingungen hier unterscheiden sich von denen auf der Erde.«

Und Gott sei gedankt für diesen Unterschied, dachte Burke.

Apiptix fuhr fort: »Hier auf Ixax gibt es zwei Arten von Wesen, die Tauptu und die Chitumih. Sie unterscheiden sich durch ihren Nopal voneinander.«

»Nopal? Was ist das, ein Nopal!«

»Das werden Sie sehr bald erfahren. Zuerst möchte ich ein Experiment durchführen, um das zu testen, was man Ihre psionische Sensitivität nennen könnte.« Er zeigte ihm die linsenlose Brille. »Diese Instrumente sind aus einem fremdartigen Material gefertigt, das Sie nicht kennen. Vielleicht möchten Sie einmal hindurchschauen.«

Ein Gefühl des Widerwillens für alles, was mit den Tauptu zu tun hatte, ließ ihn zurückzucken. »Nein.«

Apiptix streckte ihm die Brille entgegen. Sein Gesicht schien sich vor Belustigung zu verziehen, obwohl kein Muskel seines sehnigen grauen Gesichts zuckte. »Ich muss darauf bestehen.«

Mit einiger Anstrengung unterdrückte Burke seinen Zorn, griff nach der Brille und rückte sie vor seinen Augen zurecht.

Es schien keine visuelle Veränderung zu geben, nicht einmal den geringsten Lichtbrechungseffekt.

»Betrachten Sie damit die Chitumih genauer«, sagte Apiptix. »Die Linsen fügen – wenn man so will – Ihrem Gesichtssinn eine neue Dimension hinzu.«

Burke betrachtete die Chitumih. Er starrte sie an, beugte seinen Kopf nach vorn. Einen Augenblick lang sah er – was? Was hatte er da gesehen? Er konnte sich nicht erinnern. Er schaute wieder hin, aber die Linsen trübten sein Gesichtsfeld. Die Chitumih verschwammen; dafür erschien ein schwarzer, ausgefranster Fleck, einer Raupe ähnlich, vor der oberen Hälfte ihrer Körper. Sonderbar! Er sah Pttdu Apiptix an. Er blinzelte vor Überraschung. Hier war genauso ein schwarzer Fleck wie gerade – oder etwas anderes? Was war es? Unbegreiflich! Er diente als Hintergrund für den Kopf von Apiptix – etwas Vielschichtiges und Unbestimmbares, etwas ungeheuer Bedrohliches. Er hörte einen seltsamen Laut, ein schnarrendes, gutturales Knurren –*»gher, gher«*. Aber woher kam es? Er riss sich die Brille herunter, sah sich mit wildem Blick um. Das Geräusch hörte auf.

Apiptix klickte und summte; die Stimmbox fragte: »Was haben Sie gesehen?«

Burke versuchte sich genau daran zu erinnern. »Nichts, was ich hätte identifizieren können«, entgegnete er schließlich, doch sein Geist war plötzlich leer. Merkwürdig... Und er begann sich mit aufkeimender Verzweiflung zu fragen, was, um alles in der Welt, hier eigentlich vorging. Und dann fiel ihm plötzlich wieder ein, dass er nicht mehr auf seiner Heimatwelt war...

Laut fragte er: »Was sollte ich denn sehen?«

Die Antwort des Xaxaners ging in einem Stakkato rasselnder Schmerzensschreie unter. Burke presste die Hände an den Kopf; von einem jähen Schwindelgefühl befallen, schwankte und taumelte er. Auch die Chitumih wurden davon erfasst; sie sackten in sich zusammen, und zwei sanken auf die Knie.

»Was tun Sie da?«, rief Burke heiser. »Warum haben Sie mich hierhergebracht?« Er konnte nicht die Maschinerie am Ende des Raumes anschauen.

»Aus einem sehr zwingenden Grund. Kommen Sie. Dann werden Sie es sehen.«

»Nein!« Burke stürzte zur Tür. Er wurde eingefangen und festgehalten. »Ich will nichts mehr sehen.«

»Sie müssen.«

Die Xaxaner rissen Burke herum und schleppten ihn quer durch den Raum, obwohl er sich verzweifelt wehrte. Wohl oder übel musste er sich den Mechanismus anschauen. Ein Mann lag mit dem Gesicht nach unten ausgespreizt auf dem Metallrost. Zwei Spangen von komplizierter Konstruktion schlossen sich um seinen Kopf; eng anliegende Metallschienen hielten Arme, Beine und Rumpf fest. Ein hauchdünnes Tuch, fein wie Nebel und durchscheinend wie Zellophan, schwebte mehr als dass es auflag über seinem Kopf und seinen

Schultern. Zu Burkes Überraschung war das Opfer kein Chitumih. Es trug die Kleidung eines Tauptu; auf einem nahebei stehenden Tisch lag ein Helm ähnlich dem von Apiptix, aber mit nur vier Spitzen. Ein fantastischer Widerspruch! Burke beobachtete voll Entsetzen, wie der Prozess – Strafe, Folter, wissenschaftliche Demonstration, was immer es sein mochte – weiter ablief.

Zwei Tauptu näherten sich dem Rost. Ihre Hände steckten in weißen Handschuhen. Sie kneteten das Tuch durch, das den Kopf des Opfers verhüllte. Die Arme und Beine zuckten. Aus den Spangen drang plötzlich lautlos vibrierendes blaues Licht – die Entladung irgendeiner Art von Energie. Das Opfer rasselte, und Burke kämpfte benommen gegen den Griff der Xaxaner an. Noch einmal die blaue Entladung; wieder der zuckende mechanische Reflex wie bei einem Froschschenkel, durch den ein Stromstoß geschickt wird. Der Chitumih an der Wand klickte jämmerlich, die Tauptu standen streng und unbeeindruckt da.

Die Folterknechte kneteten, formten, zogen. Ein neuerlicher Ausbruch blauen Lichts, ein neuerliches verzweifeltes Rasseln – der Tauptu auf dem Rost erschlaffte. Der Folterknecht entfernte den transparenten Sack, trug ihn behutsam davon. Zwei andere Tauptu hoben den Bewusstlosen hoch und legten ihn ohne viel Aufhebens auf den Boden. Dann packten sie einen der Chitumih und warfen ihn auf den Rost. Seine Arme und Beine wurden festgeschnallt; er lag mit Schaum vor dem Munde da und leistete panikerfüllt Gegenwehr. Das kaum fassbare Tuch wurde herbeigebracht, gewichtslos in der Luft schwebend, und über Kopf und Schultern des Chitumih drapiert.

Die Folter begann ... Zehn Minuten später wurde der

Chitumih, dessen Kopf schlaff herumrollte, an einer Raumseite niedergelegt.

Apiptix reichte dem zitternden Burke die Brille. »Betrachten Sie den gereinigten Chitumih. Was sehen Sie?«

Burke schaute hin. »Nichts. Da ist nichts.«

»Schauen Sie jetzt hierher. Rasch!«

Burke drehte den Kopf – und schaute in einen Spiegel. Etwas Steifes, Aufgeblasenes ragte über seinem Kopf auf. Große, hervorquellende Augen glotzten ihn an seinem Hals vorbei an. Es war nur ein kurz aufflackernder Bildeindruck, dann sah er nichts mehr. Der Spiegel trübte sich. Burke riss die Brille herunter. Der Spiegel war klar, und er zeigte nur sein aschgraues Gesicht. »Was war das?«, flüsterte er. »Ich habe etwas gesehen ...«

»Das war der Nopal«, sagte Apiptix. »Sie haben ihn überrascht.« Er nahm die Brille. Zwei Männer packten Burke und trugen ihn zum Rost, so sehr er auch strampelte und um sich trat. Die Metallschienen schoben sich über seine Arme und Beine; er konnte sich nicht mehr rühren. Das Tuch wurde über seinen Kopf drapiert. Er erhaschte einen letzten flüchtigen Blick auf das bösartige, unendlich hassenswerte Gesicht von Pttdu Apiptix; dann hämmerte ein alles zerrüttender Schmerz gegen die Nerven seines Rückgrats.

Burke zerbiss sich die Lippen, strengte sich bis zum Äußersten an, um seinen Kopf zu bewegen. Ein neuerlicher Schwall blauen Lichts, ein neuerlicher schmerzhafter Krampf, als ob die Folterknechte seine bloßgelegten Nerven mit Hämmern bearbeiteten. Die Muskeln seiner Kehle schwollen an. Er hörte nichts mehr, nicht einmal seine eigenen Schreie.

Das gleißende Licht verschwand; was blieb, war nur

das Kneten weißbehandschuhter Hände, ein saugendes, brennendes Gefühl, als werde ein Blutegel aus einer offenen Wunde gerissen. Burke versuchte seinen Kopf gegen die Stäbe des Rosts zu schlagen, stöhnte beim bloßen Gedanken an seine Höllenqualen hier auf dieser bösen schwarzen Welt... Ein marternder, unerträglicher Ausbruch blauer Energie; ein Ziehen, ein Reißen, als sei ihm das Rückgrat aus dem Körper herausgebrochen worden; eine tiefe, irrsinnige Wut – dann verlor er das Bewusstsein.

V

Burke fühlte sich seltsam leicht im Kopf, fast so, als stünde er unter dem Einfluss einer Euphorie erzeugenden Droge. Er lag auf einer flachen, elastischen Matte in einer Kammer, die jener ähnelte, in der er vorher untergebracht gewesen war.

Er dachte an die letzten Augenblicke, die er noch bei vollem Bewusstsein erlebt hatte, an die Folterqualen, und setzte sich abrupt auf, als die albtraumhaften Erinnerungen über ihn hereinbrachen. Die Tür stand offen und war unbewacht. Burke starrte sie an, während Fluchtfantasien durch seinen Kopf rasten. Er versuchte aufzustehen, hörte dann Schritte. Die Gelegenheit war vorüber. Er ließ sich wieder in seine alte Lage zurücksinken.

Pttdu Apiptix erschien unter der Tür, massiv und unbeteiligt wie eine eiserne Statue. Er stand da und beobachtete Burke. Nach einem Augenblick des Zögerns erhob Burke sich langsam, auf praktisch alles vorbereitet.

Pttdu Apiptix kam näher. Burke blickte ihm voll wachsamer Feindseligkeit entgegen. Und doch – war dies wirklich Pttdu Apiptix? Es schien derselbe Mann zu sein; er hatte den sechszackigen Helm auf und trug die Stimmbox vor der Brust. Er war Pttdu Apiptix, und er war es nicht – denn seine Gesamterscheinung hatte sich gewandelt. Er wirkte nicht mehr böse.

Die Stimmbox sagte: »Kommen Sie mit mir; Sie werden essen, und ich werde Ihnen gewisse Dinge erklären.«

Burke fehlten die Worte; es schien ihm, als hätte sich die ganze Persönlichkeit seines Entführers verändert.

»Sie sind verwirrt?«, fragte Apiptix. »Mit gutem Grund. Kommen Sie.«

Burke folgte ihm wie benommen vor Staunen in einen großen Raum, der als Refektorium eingerichtet war. Apiptix wies ihm einen Platz zu, ging zu einer Ausgabe und kehrte schließlich mit einer Schüssel Brühe und kleinen Kuchen aus einer dunklen Substanz zurück, die an gepresste Rosinen erinnerte. Gestern hat mich dieser Mann noch gefoltert, dachte Burke; heute spielt er den Gastgeber. Er betrachtete die Brühe misstrauisch. Er war nicht sehr heikel mit dem Essen, aber diese aus unbekannten Zutaten bereiteten Speisen einer fremden Welt förderten seinen Appetit nicht gerade.

»Unsere Nahrung ist synthetisch«, sagte Apiptix. »Wir können nicht in natürlichen Lebensmitteln schwelgen. Keine Angst, Sie werden sich nicht vergiften; unsere Stoffwechselprozesse ähneln sich.«

Burke stellte seine Bedenken zurück und machte sich über die Brühe her. Sie war fade, weder angenehm noch unangenehm. Er aß schweigend und beobachtete dabei Apiptix aus den Augenwinkeln heraus. Die plötzliche – und vielleicht nur scheinbare – Veränderung in seinem Verhalten konnte die kaltblütigen Tatsachen keineswegs aus der Welt schaffen: den Mord, die Entführung, die Folter.

Apiptix war rasch fertig; er aß desinteressiert und ohne sichtlichen Genuss. Dann lehnte er sich zurück und schaute Burke mit seinen Tastaugen an, wie von düsteren Gedanken gefangen. Burke erwiderte mürrisch seinen Blick. Er dachte an ein stark vergrößertes Foto eines Wespenkopfes, das er einmal gesehen hatte.

Die Augen, große vorgewölbte Kugeln, fibrös, facettiert und ausdruckslos starr, ähnelten denen der Xaxaner.

»Es ist ganz natürlich«, sagte Apiptix, »dass Sie verwirrt sind und uns ablehnend gegenüberstehen. Sie haben nichts von dem begriffen, was sich ereignet hat. Sie fragen sich, warum ich heute so ganz anders erscheine als gestern. Ist es nicht so?«

Burke gestand ein, dass das der Fall sei.

»Der Unterschied ist nicht in mir; er ist in Ihnen. Schauen Sie.« Er deutete in die Luft. »Dort hinauf müssen Sie schauen.«

Burke suchte die Decke mit seinen Blicken ab. Flecken schwammen vor seinen Augen; er versuchte, sie durch Blinzeln zu vertreiben. Er sah nichts und schaute Apiptix in Erwartung einer Erklärung an.

Apiptix fragte: »Was haben Sie gesehen?«

»Nichts.«

»Schauen Sie noch einmal hin.« Er wies nach oben. »Dort.«

Burke schaute, spähte durch die Flecken und Streifen vor seinen Augen. Heute waren sie außergewöhnlich störend und lästig. »Ich kann nichts sehen...« Er hielt inne. Er meinte starrende, eulenartige Augen wahrzunehmen. Als er sie zu finden versuchte, drifteten sie weg und verschmolzen mit den treibenden Flecken.

»Schauen Sie weiter hin«, sagte Apiptix. »Ihr Geist ist noch nicht trainiert. Später werden die Dinger deutlicher werden.«

»Was für Dinger?«, fragte Burke verblüfft.

»Die Nopal.«

»Da ist doch überhaupt nichts.«

»Sehen Sie keine Phantombilder, keine ungreifbaren

Umrisse? Für einen Erdenmenschen ist es viel, viel leichter als für einen Xaxaner, etwas zu erkennen.«

»Ich sehe Flecken vor meinen Augen. Das ist alles.«

»Schauen Sie fest auf diese Flecken. Auf diesen speziellen Fleck zum Beispiel.«

Obwohl er sich fragte, wie Pttdu Apiptix denn Flecken vor den Augen eines anderen wahrnehmen konnte, untersuchte Burke ganz genau die Luft vor sich. Der Fleck schien schärfere Konturen anzunehmen, sich zu konzentrieren: Drohende, Unheil verkündende Scheiben starrten ihn an; er fühlte ein sich verschiebendes Durcheinander von Farben. »Was ist das?« rief er aus. »Hypnose?«

»Das ist ein Nopal. Sie verseuchen Ixax trotz unserer Bemühungen. Sind Sie mit dem Essen fertig? Kommen Sie, ich möchte, dass Sie sich noch einmal die Chitumih anschauen, die noch ungereinigt sind.«

Sie gingen nach draußen, hinaus in den strömenden schwarzen Regen, der fast ununterbrochen zu fallen schien. Pfützen schimmerten zwischen den Ruinen, graublass wie Quecksilber; die zerklüfteten Berge in der Ferne waren heute nicht zu sehen.

Pttdu Apiptix, dem der Regen nichts auszumachen schien, stapfte zum Chitumih-Gehege hinüber. Nur zwei Dutzend Gefangene waren noch übrig; sie starrten mit hasserfüllten Augen durch das vor Nässe tropfende Maschengitter, und jetzt schloss dieser Hass auch Burke ein.

»Die letzten der Chitumih«, sagte Apiptix. »Betrachten Sie sie noch einmal.«

Burke spähte durch das Gitter. Die Luft über den Chitumih war seltsam verschwommen. Da waren ... Er stieß einen Ausruf der Verblüffung hervor. Das Verschwommene löste sich auf. Nun zeigte sich, dass jeder der Chitumih einen merkwürdigen und entsetzlichen Reiter trug, der sich mithilfe eines gallertartigen Lappens an seinem Kopf und Nacken festklammerte. Ein üppiger Wall aus Borsten, die aus einem Polster dunklen, faserigen Flaums von der Größe und Form eines Fußballs hervorwuchsen, ragte hinter jedem der Chitumihköpfe auf. Zwischen den menschlichen Schultern und Ohren hingen zwei Kugeln, die offensichtlich die gleiche Funktion wie Augen erfüllten. Falls es Augen waren, so wandten sie sich Burke mit dem gleichen Hass und der gleichen Ablehnung zu, die sich auf den Gesichtern der Chitumih zeigten.

Endlich fand Burke seine Stimme wieder. »Was ist das?«, fragte er heiser. »Die Nopal?«

»Ja, das sind die Nopal. Parasiten, Geschöpfe des Grauens.« Er vollführte eine Geste, die den ganzen Himmel einschloss. »Sie werden noch viele andere sehen. Sie schweben über uns, hungrig und voller Begierde, sich auf uns niederzulassen. Wir wiederum begehren nichts so sehr, wie unseren Planeten von diesen Dingern zu befreien.«

Burke suchte den Himmel ab. Die schwebenden Nopal – sofern überhaupt welche da waren – ließen sich im Regen nicht ausmachen. Da – er glaubte, eines dieser Wesen zu sehen, das wie eine im Wasser schwimmende Qualle dahertrieb. Es war klein und unentwickelt; die Zahl der Stachel war gering, und die Kugeln, die vielleicht Augen sein mochten oder vielleicht auch nicht, schienen nicht größer zu sein als Zitronen. Burke blinzelte, rieb sich die Stirn. Der Nopal verschwand, und der Himmel war wieder leer bis auf den grimmigen Wind und zerfaserte Wolken. »Sind sie materiell?«

»Sie existieren; also sind sie materiell. Ist das nicht eine universelle Wahrheit? Wenn Sie jedoch nach der Art der Materie fragen, so kann ich Ihnen keine Antwort geben. Hundert Jahre lang hat uns nur der Krieg beschäftigt; wir hatten keine Gelegenheit, zu lernen.«

Burke zog den Kopf gegen den Regen ein und wandte sich wieder den gefangenen Chitumih zu. Er hatte sie in ihrer Niederlage für edel gehalten; jetzt erschienen sie ihm eher barbarisch. Merkwürdig. Und die Tauptu, die seinen Abscheu erregt hatten ... Er dachte an Pttdu Apiptix, der ihn entführt und aus seinem Leben gerissen, der Sam Gibbons ermordet hatte. Kaum eine liebenswerte Person – und doch hatte sich Burkes Abscheu fast ganz gelegt, und in seine immer noch vorhandene Ablehnung mischte sich nun eine gewisse widerwillige Bewunderung. Die Tauptu waren abweisend und streng, aber sie waren auch Männer von kompromissloser Entschlossenheit.

Ein plötzlicher Gedanke schoss Burke durch den Kopf, und er musterte Apiptix misstrauisch. War er etwa das Opfer einer ausgeklügelten und fast unmerklichen Gehirnwäsche, die Hass in Hochachtung verwandelte und Illusionen nichtmaterieller Parasiten erzeugte? Eine unter den gegebenen Umständen nicht sehr überzeugende Idee – aber was konnte noch bizarrer sein als die Nopal selbst?

Er richtete seine Aufmerksamkeit wieder auf die Chitumih, und die Nopal starrten wie zuvor. Es fiel ihm schwer, klar zu denken; trotzdem waren bestimmte Dinge nun durchschaubarer geworden. »Die Nopal konzentrieren sich nicht ausschließlich auf Xaxaner?«, wollte er von Pttdu Apiptix wissen.

»Keineswegs.«

»Einer von ihnen hatte sich auf mir niedergelassen?«

»Ja.«

»Und Sie haben mich auf diesen Rost geschnallt, um den Nopal auszutreiben?«

»Ja.«

Burke versuchte diese Information zu verdauen, während der kalte Regen unablässig seinen Rücken hinunterrann. Die tonlose Stimmbox sagte: »Ihre irrationalen Hassgefühle und plötzlichen Eingebungen sind weniger häufig, wie Sie bemerken werden. Ehe wir uns weiter mit Ihnen beschäftigen konnten, war es notwendig, Sie zu reinigen.«

Burke verzichtete darauf, nach der Natur dieser »weiteren Beschäftigung« zu fragen. Er schaute auf und entdeckte, dass der kleine Nopal in seiner Nähe schwebte und ihn mit seinen Augenkugeln anfunkelte. Wie weit war er weg? Fünf Fuß? Zehn? Fünfzig? Er vermochte die Entfernung nicht zu bestimmen; sie schien ihm vage, fast subjektiv. »Warum lässt sich der Nopal nicht wieder auf mir nieder?«, fragte er.

Apiptix verzog das Gesicht zu einer steifen, fremdartigen Grimasse. »Das werden sie schon noch. Dann müssen Sie von neuem gereinigt werden. Einen Monat lang ungefähr behalten sie ihren Abstand bei. Vielleicht haben sie Angst; vielleicht kann das Gehirn sie so lange fern halten. Das ist noch ein Rätsel. Aber früher oder später kommen sie wieder herunter; dann sind wir erneut Chitumih und müssen gereinigt werden.«

Der Nopal übte eine morbide Faszination aus; Burke fand es schwierig, die Augen von ihm loszureißen. Eines dieser Dinger war mit ihm verbunden gewesen! Er erschauerte, fühlte eine eher irrationale Dankbarkeit den Tauptu gegenüber, weil sie ihn gereinigt hatten –

und das, obwohl doch gerade sie es gewesen waren, die ihn nach Ixax gebracht hatten.

»Kommen Sie«, sagte Apiptix. »Nun werden Sie erfahren, was von Ihnen erwartet wird.«

Nass und durchgefroren, mit Wasser in den Schuhen, folgte Burke Apiptix zurück ins Refektorium. Er fühlte sich ungeheuer elend. Apiptix, der sich völlig achtlos gegenüber Regen und Nässe zeigte, winkte Burke zu einem Stuhl.

»Ich will Ihnen etwas aus unserer Geschichte erzählen. Vor einhundertundzwanzig Jahren war Ixax eine völlig andere Welt. Unsere Zivilisation ließ sich mit der Ihren vergleichen, wenngleich wir in gewissen Bereichen weiter fortgeschritten waren. Wir bereisen schon lange den Weltraum, und Ihre Welt ist uns seit etlichen Jahrhunderten bekannt.

Vor hundert Jahren entdeckte eine Gruppe von Wissenschaftlern ...« Er hielt inne und blickte Burke fragend an. »Die Nässe stört Sie wohl sehr? Frieren Sie?« Ohne auf eine Antwort zu warten, klickte und summte er etwas einem Bediensteten zu, der daraufhin einen schweren blauen Glaskrug mit einer heißen Flüssigkeit brachte.

Burke trank. Die Flüssigkeit war heiß und bitter, offensichtlich ein Anregungsmittel. Augenblicklich fühlte er sich munterer, ja sogar ein bisschen aufgedreht, obwohl das Wasser aus seinen Kleidern tropfte und sich in einer Pfütze auf dem Boden sammelte.

Die Stimmbox sprach in einem getragenen, monotonen Singsang, wobei sie die L und R sorgfältig gerollt artikulierte. »Vor hundert Jahren entdeckten einige unserer Wissenschaftler bei der Erforschung dessen, was Sie psionische Aktivität nennen, die Nopal. Es ergab sich, dass Maub Kiamkagx« – so kam der Name wenigstens durch die Stimmbox – »ein in hohem Maße teletaktiler Mann, in einer fehlerhaften Energieumwandlungsmaschine gefangen wurde. Mehrere Stunden lang spielten Energien um und in seinem Körper. Er wurde gerettet, und die Wissenschaftler nahmen ihre Tests wieder auf, weil sie unbedingt herausfinden wollten, ob dieses Erlebnis sich auf seine Fähigkeiten ausgewirkt hatte.

Maub Kiamkagx war der erste Tauptu geworden. Als die Wissenschaftler sich ihm näherten, sah er sie entsetzt an; die Wissenschaftler ihrerseits verspürten eine völlig unlogische Feindseligkeit ihm gegenüber. Sie waren verwirrt und versuchten, die Ursache ihrer Abneigung zu ergründen, doch vergebens. Inzwischen rang Maub Kiamkagx mit seinen neuen Eindrücken und Empfindungen. Er erfasste die Nopal, führte diese Wahrnehmung jedoch auf eine Störung seiner Teletaktilität oder sogar auf Halluzinationen zurück. In Wirklichkeit war er ›tauptu‹ – gereinigt. Er beschrieb den Wissenschaftlern die Nopal, doch diese glaubten ihm nicht. ›Warum haben Sie diese schrecklichen Dinger nicht schon früher bemerkt?‹, fragten sie.

Maub Kiamkagx entwickelte die Hypothese, die uns zum Sieg über die Chitumih und ihre Nopal geführt hat: ›Das Erlebnis im Energieerzeuger hat das Geschöpf getötet, dessen Opfer ich war. So lautet meine Vermutung.‹

Man führte ein Experiment durch. Ein Verbrecher wurde auf ähnliche Weise gereinigt. Maub Kiamkagx erklärte ihn für nopalfrei. Die Wissenschaftler verspürten den gleichen irrationalen Hass für beide Männer, aber ihre Fähigkeit zum Rechturteilen –« (ein Hinweis auf die den Xaxanern eigene Fähigkeit, mathematische und logische Gleichwertigkeiten zu erfassen, die sich Burkes Begriffsvermögen entzogen) – »trieb sie dazu, ihren Hass in Frage zu stellen, da sie begriffen, dass er genau dann entstehen musste, wenn die Aussagen Maub Kiamkagx' korrekt waren.

Zwei der Wissenschaftler wurden gereinigt. Maub Kiamkagx erklärte sie für ›tauptu‹. Die übrigen Wissenschaftler der Gruppe unterzogen sich ebenfalls der Reinigung – und das war der ursprüngliche Kern der Tauptu.

Bald kam es zum Krieg. Er war erbittert und grausam. Die Tauptu wurden zu einer Schar elender Flüchtlinge, die in Eishöhlen lebten, sich selbst jeden Monat mit Energie quälten und jeden Chitumih reinigten, den sie gefangen nehmen konnten. Schließlich begannen die Tauptu langsam, den Krieg zu gewinnen, und erst vor einem Monat endete der Krieg. Der letzte Chitumih wartet draußen darauf, gereinigt zu werden.

Das ist also die Geschichte. Wir haben den Krieg auf diesem Planeten gewonnen. Wir haben den Widerstand der Chitumih gebrochen, aber die Nopal sind geblieben; und einmal im Monat müssen wir uns selbst auf dem Energiegitter foltern. Das ist ein unerträglicher Zustand, und wir werden unseren Kampf nicht einstellen, bis die Nopal vernichtet sind. Darum ist der Krieg für uns nicht vorbei, sondern er ist bloß in eine neue Phase eingetreten. Die Zahl der Nopal auf Ixax ist nur gering, aber hier ist auch nicht ihre Heimat. Ihre Zitadelle ist Nopalgard; Nopalgard ist das Pestloch. Dort existieren sie in unglaublichen Mengen. Von Nopalgard eilen sie in Gedankenschnelle nach Ixax, um sich auf unsere Schultern zu stürzen. Sie müssen nach Nopalgard gehen; Sie müssen die Vernichtung der Nopal veranlassen. Das ist die nächste Phase des Krieges gegen die Nopal, den wir eines Tages siegreich beenden werden.«

Burke war einen Augenblick lang still. »Warum können Sie nicht selbst nach Nopalgard gehen?«

»Auf Nopalgard fallen wir Xaxaner zu sehr auf. Ehe wir unser Ziel erreichen könnten, würden wir gejagt, getötet oder vertrieben werden.«

»Aber warum haben Sie ausgerechnet mich ausgesucht? Was kann denn ich bewirken – selbst wenn ich bereit bin, Ihnen zu helfen?«

»Weil Sie nicht auffallen werden. Sie können viel mehr erreichen als wir.«

Burke nickte zweifelnd. »Die Bewohner von Nopalgard sind Menschen wie ich selbst?«

»Ja. Sie gehören einer Spezies an, die in allem völlig mit Ihnen übereinstimmt. Das ist nicht überraschend, denn Nopalgard ist unser Name für die Erde.«

Burke lächelte skeptisch. »Sie müssen sich irren. Es gibt keine Nopal auf der Erde.«

Der Xaxaner schnitt wieder seine verzerrte, zuckende Grimasse. »Sie sind sich der Verseuchung nur nie bewusst gewesen.«

Ein unangenehmes, Übelkeit erregendes Gefühl des Begreifens stieg in Burkes Kehle hoch. »Aber das kann doch einfach nicht wahr sein!«

»Es ist wahr.«

»Sie wollen sagen, dass ich den Nopal schon auf der Erde gehabt habe, bevor ich hierher kam?«

»Sie haben ihn Ihr ganzes Leben lang gehabt.«

VI

Burke saß einfach nur da und richtete seinen Blick nach innen in den Aufruhr seiner eigenen Gedanken, während die Stimmbox auf Pttdu Apiptix' Brust unaufhörlich weiterleierte.

»Die Erde ist Nopalgard. Nopal erfüllen die Luft über Ihren Krankenhäusern, steigen von den Toten auf, drängeln sich über den Neugeborenen. Vom Augenblick Ihres Eintretens in die Welt bis zum Zeitpunkt Ihres Todes tragen Sie ihre Nopal mit sich herum.«

»Das müssten wir doch wissen«, murmelte Burke. »Wir hätten es bestimmt herausgefunden, genauso wie Sie ...«

»Unsere Geschichte ist viele tausend Jahre älter als Ihre. Und doch sind wir nur zufällig auf die Nopal gestoßen ... Seither fragen wir uns, was außerhalb unseres Begreifens wohl noch alles vor sich gehen mag.«

Burke hüllte sich in düsteres Schweigen, überwältigt vom Gefühl des Ansturms kommender tragischer Ereignisse, die abzuwenden er nicht die Macht hatte. Eine Anzahl weiterer Xaxaner, vielleicht acht oder zehn, betraten nacheinander das Refektorium und setzten sich ihm in einer Reihe gegenüber. Burke ließ seinen Blick entlang der Reihe messerscharfer Nasenrücken schweifen; die blind starrenden, schlammfarbenen Augen erwiderten den Blick – fällten ein Urteil, wie Burke vage fühlte. »Warum erzählen Sie mir das alles?«, fragte er übergangslos. »Warum haben Sie mich hierhergebracht?«

Pttdu Apiptix setzte sich gerader und straffte seine wuchtigen Schultern; sein hageres Gesicht wirkte verschlossen und schroff. »Wir haben unsere eigene Welt gesäubert und einen hohen Preis dafür gezahlt. Hier finden die Nopal keine Zufluchtsstätte mehr. Für einen einzigen Monat sind wir frei – dann gleiten die Nopal von Nopalgard wieder auf uns herab, und wir müssen uns erneut foltern, um uns zu reinigen.«

Burke dachte darüber nach. »Und Sie wünschen nun von uns, dass wir die Erde von den Nopal säubern.«

»Genau das müssen Sie tun.« Mehr sagte Pttdu Apiptix nicht. Er und seine Artgenossen lehnten sich zurück und musterten Burke prüfend.

»Das klingt nach einer ungeheuren Aufgabe«, sagte Burke unbehaglich. »Viel zu groß für einen Mann – oder für die Lebensspanne eines Mannes.«

Pttdu Apiptix ließ seinen Kopf heftig vorrücken. »Wie könnte es denn leicht sein? Wir haben Ixax gereinigt – und im Zuge dieses Prozesses ist Ixax zerstört worden.«

Burke schaute bedrückt vor sich hin und antwortete nicht.

Pttdu Apiptix beobachtete ihn einen Augenblick lang. »Sie fragen sich jetzt, ob die Kur nicht schlimmer als die Krankheit ist«, gab er schließlich von sich.

»Dieser Gedanke ist mir tatsächlich gekommen.«

»In einem Monat wird der Nopal sich wieder auf Ihnen niederlassen. Wollen Sie ihm etwa gestatten, zu bleiben?«

Burke erinnerte sich an den Reinigungsprozess – alles andere als eine angenehme Erfahrung. Angenommen, er unterzog sich nicht erneut der Reinigung, wenn der Nopal zurückkam? Sass der Nopal erst einmal wieder fest auf seinem Rücken, so war er unsichtbar – aber Burke würde trotzdem wissen, dass er da war, dass er seinen stolzen Stachelbusch spreizte wie ein Pfau den Fächerschwanz und eulengleich mit seinen Augenkugeln über Burkes Schultern lugte. Fäserchen, die sich in sein Gehirn versenkten, würden sein Gefühlsleben beeinflussen und aus weiß Gott was für einer Quelle in seinem ureigensten Innern ihre Nahrung beziehen... Burke holte tief Atem. »Nein, ich werde ihm nicht gestatten, zu bleiben.«

»Wir auch nicht.«

»Aber die Erde von den Nopal zu reinigen...« Burke zögerte, wie betäubt vom ungeheuren Ausmaß dieser Aufgabe. Er schüttelte mutlos den Kopf. »Ich kann mir nicht vorstellen, wie das geschehen sollte... Auf der Erde leben viele verschiedene Arten von Menschen: unterschiedliche Nationen, Religionen, Rassen – Milliarden von Menschen, die nichts vom Nopal wissen, die nichts davon wissen *wollen* und die mir nicht glauben würden, wollte ich ihnen davon erzählen.«

»Das verstehe ich sehr gut«, erwiderte Pttdu Apiptix. »Die gleiche Lage hatten wir vor hundert Jahren auch auf Ixax. Nur eine Million von uns hat überlebt, aber wir würden diesen Krieg noch einmal durchfechten – oder noch einen, wenn es nötig wäre. Falls die Erdenmenschen ihr Übel nicht ausrotten wollen, müssen wir das tun.«

Das Schweigen lastete schwer über dem Raum. Als Burke endlich wieder sprach, klang seine Stimme dumpf. »Sie drohen uns also mit Krieg.«

»Ich drohe mit einem Krieg gegen die Nopal.«

»Wenn die Nopal von der Erde vertrieben werden, sammeln sie sich nur auf einer anderen Welt.«

»Dann werden wir sie verfolgen, bis sie endgültig verschwunden sind.«

Burke schüttelte ärgerlich den Kopf. Irgendwie, auf eine Art, die er nicht näher hätte benennen können, erschien ihm die Haltung des Xaxaners fanatisch und irrational. Aber es gab noch so enorm viel, was er nicht verstand. Verrieten ihm die Xaxaner alles, was sie wussten? Einigermaßen verzweifelt erklärte Burke: »Ich kann eine solch große Verpflichtung nicht eingehen; ich benötige unbedingt weitere Informationen!«

Pttdu Apiptix fragte: »Was wollen Sie noch wissen?«

»Sehr viel mehr als das, was Sie mir bis jetzt gesagt haben. Was sind die Nopal eigentlich? Aus was für einem Stoff bestehen sie?«

»Diese Dinge sind im Hinblick auf das Kernproblem unwesentlich. Trotzdem will ich versuchen, Ihre Neugierde zu befriedigen. Die Nopal sind eine Lebensform, die in Verbindung mit der Begriffsbildung steht – mehr wissen wir nicht.«

»›Begriffsbildung‹?« Burke war völlig verblüfft. »Gedanken?«

Der Xaxaner zögerte, als sei auch er von der Schwierigkeit verwirrt, sich semantisch exakt auszudrücken. »›Gedanken‹, das heißt für uns etwas ganz anderes als für Sie. Aber bedienen wir uns einmal dieses Wortes in Ihrem Sinne. Die Nopal reisen schneller als das Licht durch das Weltall, so schnell wie der Gedanke. Da wir die Natur des Gedankens nicht kennen, wissen wir auch nichts über die Natur der Nopal.«

Die anderen Xaxaner beobachteten Burke mit unerschütterlicher Teilnahmslosigkeit, reglos wie eine Reihe antiker Steinstatuen.

»Haben sie Vernunft? Sind sie intelligent?«

»›Intelligent‹?« Apiptix gab einen kurzen, klickenden Ton von sich, den die Stimmbox nicht übersetzte. »Sie benutzen dieses Wort, um damit die Art des Denkens zu bezeichnen, die Sie und Ihre Artgenossen vollziehen. ›Intelligenz‹ ist ein Erdenmenschen-Konzept. Die Nopal denken nicht so wie Sie. Würden Sie einen Nopal einem Ihrer so genannten ›Intelligenztests‹ unterziehen, so würde seine Punktzahl sehr niedrig sein, und Sie würden sich darüber amüsieren. Trotzdem ist er in der Lage, Ihr Gehirn viel leichter zu manipulieren, als er unseres manipulieren kann. Der Stil Ihres Denkens und die Natur Ihrer visuellen Prozesse ist schneller und flexibler als bei uns und daher empfänglicher für Nopal-Einflüsterungen. Die Gehirne der Erde sind für sie eine fette Weide. Und was die Intelligenz des Nopal betrifft, so ist sie nur zur Erhöhung seines Existenzerfolgs tätig. Er ist sich Ihrer Fähigkeit, Entsetzen zu empfinden, wohl bewusst und hält sich daher wohlweislich außerhalb Ihres Gesichtsfeldes. Er erkennt die Tauptu als seine Feinde und bestärkt den Hass in den Chitumih. Er ist geschickt und kämpft um sein Leben. Er ist nicht ohne Initiative und Erfindungskraft. Im allgemeinsten möglichen Sinne ist er also wohl intelligent.«

Verärgert über das, was er als Herablassung empfand, sagte Burke kurz: »Ihre Ansichten zur ›Intelligenz‹ mögen logisch sein oder auch nicht; Ihre Ansichten über die Nopal erscheinen mir bestenfalls unausgereift und Ihre Reinigungsmethoden schlechterdings primitiv. Ist es denn unumgänglich notwendig, Foltern anzuwenden?«

»Wir kennen keine andere Methode. Unsere Energien waren auf die Kriegführung ausgerichtet, für Forschung blieb uns keine Zeit.«

»Nun – dieses System wird auf der Erde nicht funktionieren.«

»Sie müssen eben dafür sorgen, dass es funktioniert!«

Burke lachte hohl. »Beim ersten Versuch würde man mich ins Gefängnis werfen.«

»Dann müssen Sie eine Organisation aufbauen, die das verhindert oder Ihnen die Möglichkeit bietet, unterzutauchen.«

Burke schüttelte langsam den Kopf. »Wenn Sie es sagen, klingt das alles so einfach. Aber ich bin nur ein einzelner Mensch; ich wüsste gar nicht, wo ich anfangen sollte.«

Apiptix zuckte auf beinahe irdische Art die Achseln. »Sie sind ein Mann, daraus müssen zwei werden. Aus den zweien müssen vier werden, aus den vieren acht – und so weiter, bis die Erde gereinigt ist. Das ist die Vorgehensweise, die wir auf Ixax gewählt haben. Sie hat Ixax von den Chitumih befreit, also ist sie erfolgreich. Unsere Bevölkerung wird sich regenerieren, und wir werden unsere Städte wieder aufbauen. Der Krieg ist nur ein Augenblick in der Geschichte unseres Planeten; so soll es auch auf der Erde sein.«

Burke war keineswegs überzeugt. »Wenn die Erde mit Nopal infiziert ist, muss sie entseucht werden – darüber brauchen wir nicht zu diskutieren. Aber ich will keine Panik auslösen, nicht einmal allgemeine Unruhe, von einem Krieg ganz zu schweigen.«

»Das wollte Maub Kiamkagx auch nicht«, psalmodierte Pttdu Apiptix' Stimmbox. »Der Krieg begann erst, als die Chitumih die Tauptu entdeckten. Die Nopal drängten sie zum Hass; sie setzten alles daran, die Tauptu auszurotten. Die Tauptu leisteten Widerstand, fingen die Chitumih ein und reinigten sie. Es gab Krieg. Vielleicht werden die Ereignisse auf der Erde in die gleiche Richtung verlaufen.«

»Ich hoffe nicht«, sagte Burke schroff.

»Solange die Nopal von Nopalgard vernichtet werden – und das rasch –, werden wir Ihre Methoden nicht kritisieren.«

Wieder herrschte eine Weile Schweigen. Die Xaxaner saßen wie erstarrt da. Burke legte müde die Stirn in die Hände. Zum Teufel mit den Nopal, zum Teufel mit den Xaxanern, zum Teufel mit diesem ganzen komplizierten Schlamassel! Aber er steckte nun einmal darin, und es schien keine Möglichkeit zu geben, wieder herauszukommen. Und obgleich er die Xaxaner nicht besonders liebenswert fand, musste er doch zugeben, dass ihre Forderungen berechtigt waren. Also: Welche Wahl blieb ihm denn? Keine! »Ich werde mein Bestes tun«, sagte er.

Apiptix zeigte weder Befriedigung noch Überraschung. Er erhob sich. »Ich werde Sie alles lehren, was wir über die Nopal wissen. Kommen Sie.«

Durch einen feuchten Korridor kehrten sie in die Halle zurück, die Burke die »Denopalisierungskammer« getauft hatte. Die Maschinen waren gerade in Gebrauch. Burke zog sich der Magen zusammen, als er sah, wie eine Frau, die verzweifelt um sich schlug und schluchzte, auf den Rost gebunden wurde. Jetzt sahen Burkes Augen – oder war es ein anderer Sinn? – den Nopal ganz deutlich. Im Gleißen des grünlichen Lichtes zuckte er hierhin und dorthin; seine Stacheln waren angeschwollen und misstrauisch schiefgestellt, seine Augenkugeln pulsierten, und sein flaumbedeckter Thorax arbeitete hilflos.

Burke wandte sich angewidert zu Apiptix um. »Können Sie kein Betäubungsmittel verwenden? Ist es unbedingt nötig, so grob zu sein?«

»Sie missverstehen den Prozess immer noch«, erwiderte der Xaxaner, und irgendwie schaffte es die Stimmbox, einen Unterton grimmiger Verachtung auszudrücken. »Nicht die Energie macht dem Nopal etwas aus, vielmehr wird er durch den Aufruhr des Gehirns geschwächt und schließlich abgeworfen – durch die Gewissheit des Chitumih, Schmerz ertragen zu müssen. Die Chitumih sind neben der Kammer untergebracht, wo sie die Schreie ihrer Gefährten hören können. Das ist unschön, gewiss – aber es schwächt die Nopal. Vielleicht werden Sie mit der Zeit auf der Erde wirksamere Techniken finden.«

Burke murmelte: »Das hoffe ich. Viel von dieser Quälerei kann ich nicht mehr mit ansehen.«

»Vielleicht werden Sie das müssen.« Die Stimmbox sprach so ausdruckslos wie immer.

Burke versuchte, dem Denopalisierungsgitter den Rücken zuzukehren, doch er konnte nicht verhindern, dass er immer wieder wie hypnotisiert hinschaute. Der Brustkorb der Frau rasselte und pumpte wie wild. Der Nopal klammerte sich verzweifelt an ihrem Schädel fest; endlich wurde er losgerissen und in dem lockeren, fast transparenten Sack weggetragen.

»Was geschieht jetzt?«, fragte Burke.

»Der Nopal erfüllt endlich einen Nutzen. Vielleicht haben Sie sich schon über den Sack gewundert und sich gefragt, wie er den doch eigentlich ungreifbaren Nopal aufnehmen kann?«

So viel räumte Burke ein.

»Die Substanz, aus der der Sack besteht, ist toter Nopal. Mehr wissen wir nicht über sie, denn sie widersteht allen Analyseversuchen. Hitze, Chemikalien, Elektrizität – nichts, was unserer materiellen Welt entstammt, wirkt auf sie ein. Das Material hat weder Masse noch Trägheit; es haftet nirgends, nur an sich selbst. Der Nopal jedoch kann einen Film aus totem Nopalmaterial nicht durchdringen. Wenn wir einen Nopal von einem Chitumih ablösen, fangen wir ihn ein und zerquetschen ihn, bis er ganz dünn ist. Das ist sehr leicht; denn der Nopal zerfällt schon bei der geringsten Berührung – wenn diese Berührung durch das Nopalmaterial übertragen wird.« Er schaute zur Denopalisierungsmaschine, und ein hauchfeiner Schleier Nopalmaterial kam zu ihm herübergeschwebt.

»Wie haben Sie das gemacht?«, fragte Burke.

»Telekinese.«

Burke verspürte keine sonderliche Überraschung; nach allem, was er bisher gehört hatte, schien ihm dieser Vorgang ganz natürlich, ganz gewöhnlich. Nachdenklich betrachtete er das Nopalmaterial. Es wirkte auf undefinierbare Weise fibrös, etwa wie ein aus Spinnweben gesponnenes Tuch. Die Tatsache der Existenz dieses Materials, sein leichtes Ansprechen auf Telekinese, legte gewisse Schlussfolgerungen nahe ... Doch dann sprach Apiptix wieder und unterbrach seinen Gedankengang.

»Nopaltuch ist auch das Material, aus dem die Linsen der Brille bestehen, durch die Sie gestern geschaut haben. Wir wissen nicht, warum Chitumih manchmal einen Nopal ahnen können, wenn das Licht durch einen Film aus dem Stoff seines toten Bruders gefiltert wird. Wir haben natürlich Spekulationen darüber angestellt, aber die Gesetze, die die Nopal-Materie regieren, sind nicht die unseres eigenen Raumes. Vielleicht wird dies der Ausgangspunkt für Ihren Angriff auf die Nopal von Nopalgard sein: die Entdeckung und Systematisierung einer neuen Wissenschaft. Sie haben auf der Erde die Einrichtungen und tausende von geschulten Geistern dafür. Auf Ixax gibt es nur müde Krieger.«

Wehmütig dachte Burke an sein altes Leben, an die sichere Nische, in die er nun niemals wieder würde schlüpfen können. Er dachte an seine Freunde, an Dr. Ralph Tarbert, an Margaret – die lebensprühende, fröhliche Margaret Haven. Er sah ihre Gesichter vor sich und stellte sich ihre Nopal vor, die wie aufgeblasene Alte vom Meer* auf ihnen ritten. Das Bild war gleichzeitig lächerlich und bestürzend. Er konnte die fanatische Härte der Tauptu nur zu gut verstehen; unter den gleichen Umständen mochte er gleichermaßen intensiv empfinden. »Unter den gleichen Umständen?« Die Umstände *waren* die gleichen!

Die ausdruckslose Stimme der Translatorbox unterbrach seine Gedanken. »Schauen Sie.«

Burke sah einen Chitumih, der sich mit animalischer Wildheit wehrte, während die Tauptu ihn zum Denopalisierungsgitter schleppten. Der Nopal ragte über seinen Kopf und seinen Nacken auf wie ein fantastischer Kriegshelm.

»Sie sind Zeuge eines großen Ereignisses«, sagte Apiptix. »Das hier ist der letzte der Chitumih. Es gibt keine weiteren mehr. Ixax ist nun gereinigt.«

Burke stieß einen tiefen Seufzer aus, und zugleich damit übernahm er die Verantwortung für die Aufgabe, die die Xaxaner ihm aufgezwungen hatten. »Bald wird es auf der Erde auch so sein ... Bald, bald ...«

---

* *Anmerkung des Übersetzers:* Der Alte vom Meer ist eine Gestalt aus ›Tausendundeine Nacht‹, ein böser alter Zauberer, der sich auf den Rücken von ahnungslosen Reisenden schwingt, sie über Wochen und Monate hin zu Tode reitet und sie dann frisst.

Die Tauptu schnallten den letzten Chitumih auf den Rost; die blaue Flamme knatterte und zischte; der Chitumih rasselte wie eine große Dreschmaschine. Burke wandte sich ab, weil ihm flau im Magen wurde und sein Herz sich zusammenkrampfte. »Das können wir nicht tun!«, sagte er rau. »Es muss irgendeine einfachere Denopalisierungsmöglichkeit geben; wir können nicht foltern – wir können keinen Krieg entfachen!«

»Einen einfachen Weg gibt es nicht«, verkündete die Stimmbox. »Es darf keine Verzögerung geben, unser Entschluss steht fest.«

Burke starrte ihn voller Zorn und Überraschung an. Noch vor ein paar Minuten hatte Apiptix selbst von der Möglichkeit eines Forschungsprogrammes auf der Erde gesprochen, jetzt sträubte er sich gegen die Idee eines Aufschubs. Ein höchst merkwürdiger Widerspruch!

»Kommen Sie«, sagte Apiptix übergangslos. »Sie sollen sehen, was aus den Nopal wird.«

Sie betraten einen langen, ziemlich dunklen Raum, in dem viele Arbeitsbänke aufgereiht waren. Etwa hundert Xaxaner arbeiteten mit nicht nachlassender Intensität daran, Mechanismen zusammenzubauen, die Burke nicht zu identifizieren vermochte. Wenn die Arbeiter Burkes wegen Neugierde empfanden, war er unfähig, etwaige Anzeichen dafür zu bemerken.

Apiptix forderte Burke auf: »Greifen Sie nach dem Sack.«

Vorsichtig gehorchte Burke. Der Sack fühlte sich spröde und zerbrechlich an; der Nopal in seinem Inneren zerfiel auf seine Berührung hin. »Fühlt sich brüchig an«, sagte er, »wie trockene alte Eierschalen.«

»Sonderbar«, sagte Apiptix. »Aber täuschen Sie sich

da auch nicht? Wie können Sie etwas erfühlen, das eigentlich ungreifbar ist?«

Burke sah bestürzt erst Apiptix an, dann den Sack. Tatsächlich, wie war das möglich? Jetzt fühlte er den Sack gar nicht mehr. Er glitt durch seine Finger wie ein Rauchschleier. »Ich kann ihn nicht fühlen«, sagte er mit einer vor Erstaunen heiseren Stimme.

»Sicher können Sie das«, sagte Apiptix. »Er ist da, Sie können ihn ertasten, und Sie haben ihn ja auch schon gespürt.«

Wieder streckte Burke die Hand aus. Erst schien der Sack weniger greifbar zu sein als vorher – aber er war zweifelsohne da. Als er darüber Gewissheit erlangt hatte, wurde die Tastempfindung stärker.

»Bilde ich mir das nur ein?«, fragte er. »Oder ist das echt?«

»Es ist etwas, das Sie mit Ihrem Geist fühlen, nicht mit den Händen.«

Burke experimentierte mit dem Sack. »Ich bewege ihn mit den Händen. Ich stoße ihn an. Ich kann fühlen, wie der Nopal zwischen meinen Fingern zerfällt.«

Apiptix musterte ihn spöttisch. »Sind nicht Sinnesempfindungen die Reaktion Ihres Gehirns auf die Ankunft neuraler Ströme? So weit ich es verstanden habe, ist das die Funktionsweise der Gehirne vom Erdtyp.«

»Ich kenne doch den Unterschied zwischen einer Empfindung in meiner Hand und einer in meinem Gehirn«, entgegnete Burke trocken.

»Wirklich?«

Burke setzte zu einer Antwort an, hielt dann aber inne.

Apiptix fuhr fort: »Es handelt sich um einen Fehler in

der Auffassung. Sie fühlen den Sack mit Ihrem Geist, nicht mit Ihren Händen, selbst wenn die Geste des Fühlens den Vorgang begleitet. Sie fassen hin, Sie empfangen einen Tasteindruck. Fassen Sie nicht hin, fühlen Sie nichts – weil Sie normalerweise auch keine Empfindung erwarten, wenn nicht der Akt des Hingreifens und Berührens vorangeht.«

»In diesem Falle«, sagte Burke, »müsste ich in der Lage sein, das Nopaltuch ohne den Gebrauch meiner Hände zu fühlen.«

»Sie müssten in der Lage sein, alles Beliebige ohne den Gebrauch Ihrer Hände zu fühlen.«

Teletaktilität, dachte Burke: Berühren ohne den Einsatz von Nervenenden. War nicht Hellsehen ein Sehen ohne den Gebrauch der Augen? Er wandte sich wieder dem Sack zu. Der Nopal funkelte ihn wild von drinnen heraus an. Er stellte sich vor, wie er den Sack manipulierte, ihn zusammenpresste. Eine Empfindung wie ein leichtes Flattern kam in seinem Geist an, mehr nicht – nur eine Ahnung von zerbrechlicher Härte und Leichtigkeit.

»Versuchen Sie, den Sack von einer Stelle zur anderen zu bewegen.«

Burke richtete seinen Geist auf den Sack aus; Sack und Nopal darin bewegten sich mühelos.

»Das ist ja fantastisch«, murmelte er. »Ich muss telekinetische Fähigkeiten haben!«

»Bei diesem Material ist es leicht«, sagte Apiptix. »Der Nopal ist Gedanke, der Sack ist Gedanke – was kann vom Geist leichter bewegt werden als der Gedanke?«

Da Burke die Frage als rein rhetorisch betrachtete, gab er keine Antwort. Er beobachtete, wie die Arbeiter den Sack nahmen, ihn auf die Werkbank niederzwangen und ihn plattdrückten. Der Nopal, zu Pulver aufgelöst, verschmolz mit dem Gewebe des Sacks.

»Hier gibt es nichts mehr zu sehen«, sagte Apiptix. »Kommen Sie.«

Sie kehrten ins Refektorium zurück. Burke ließ sich in düsterer Stimmung auf die Bank fallen, eine Gegenreaktion auf seine vorherige Begeisterung und Entschlossenheit.

»Sie wirken unschlüssig«, sagte Apiptix sofort. »Haben Sie Fragen?«

Burke überlegte. »Sie erwähnten vorhin etwas über die Funktionsweise der irdischen Gehirne. Arbeitet denn das Gehirn der Xaxaner anders?«

»Ja. Ihr Gehirn ist einfacher, und seine Teile sind vielseitiger. Unsere Gehirne arbeiten mit viel komplizierteren Mitteln, manchmal zu unserem Vorteil, manchmal nicht. Ihr Gehirn gestattet Ihnen die imaginative Fähigkeit, die Sie ›Vorstellungsvermögen‹ nennen; darüber verfügen wir nicht. Uns fehlt Ihre Fähigkeit, inkommensurable und irrationale Qualitäten miteinander zu verbinden und dadurch zu einer neuen Wahrheit zu gelangen. Vieles von Ihrer Mathematik, vieles von Ihrem ganzen Denken, ist für uns unverständlich – verwirrend, beängstigend, ja verrückt. Aber wir haben in unseren Gehirnen Mechanismen, die diesen Mangel ausgleichen: integrierte organische Rechner, die in einem Augenblick Berechnungen durchführen, die Sie für schwierig und mühsam erachten. Statt uns etwas vorzustellen – zu imaginieren, also zu ver*bild*lichen –, formen wir ein getreues Modell des Objekts in einem speziellen Gehirnsack. Einige von uns können sehr komplizierte Modelle erschaffen. Dieser Prozess ist langsamer und schwerfälliger als Ihr Vorstellungsvermögen, aber ebenso nützlich. In diesen Kategorien denken und erkennen wir, so nehmen wir das Universum wahr: als Modell, das sich in unserem Geist formt und das wir mit unseren ›inneren Fingern‹ ertasten können.«

Burke dachte einen Augenblick lang nach. »Wenn Sie die Nopal mit Gedanken vergleichen – meinen Sie dann irdische Gedanken oder Xaxaner-Gedanken?«

Pttdu Apiptix zögerte. »Die Definition ist zu allgemein. Ich habe sie in einem sehr weit gefassten Sinn benutzt. Was ist der Gedanke? Wir wissen es nicht. Die Nopal sind unsichtbar und ungreifbar, und wenn man ihnen die Freiheit der Bewegung versagt, sind sie telekinetisch leicht zu manipulieren. Sie ernähren sich von mentaler Energie. Sind die Nopal der Stoff, aus dem Gedanken sind? Wir wissen es nicht.«

»Warum ziehen Sie die Nopal nicht einfach vom Gehirn weg? Warum ist die Folter notwendig?«

»Wir haben es versucht«, sagte Apiptix. »Wir scheuen den Schmerz ebenso wie Sie. Es ist unmöglich. Der Nopal tötet den Chitumih durch einen endgültigen, bösartigen Krampfanfall. Auf dem Denopalisierungsgitter fügen wir ihm so viel Schmerz bei, dass er seine Saugwurzeln zurückzieht und darum ausgerissen werden kann. Ist das klar? Was wollen Sie sonst noch wissen?«

»Ich möchte gerne wissen, wie ich die Erde denopalisieren soll, ohne ein Hornissennest aufzuscheuchen.«

»Es gibt keinen einfachen Weg. Ich werde Ihnen Pläne und Diagramme für die Denopalisierungsmaschine geben; Sie müssen eine oder mehrere bauen und damit beginnen, Ihr Volk zu reinigen. Warum schütteln Sie den Kopf?«

»Das ist ein riesiges Projekt. Ich meine immer noch, es müsste irgendeinen einfacheren Weg geben.«

»Es gibt keinen einfachen Weg.«

Burke zögerte, dann fuhr er fort: »Die Nopal sind widerlich und parasitär, das bedarf keiner Diskussion. Aber welchen Schaden richten sie ansonsten an?«

Pttdu Apiptix saß da wie ein Mann aus Eisen, die Rauchquarzaugen unverwandt auf Burke gerichtet, und formte ein Innenschädelmodell seines Gesichts und Kopfes, wie Burke nun wusste.

»Sie könnten uns an der Entfaltung unserer psionischen Fähigkeiten hindern«, fuhr Burke fort. »Darüber weiß ich natürlich nichts, aber mir scheint ...«

»Vergessen Sie Ihre Zweifel«, sagte die Stimmbox des Xaxaners mit bedrohlicher Entschiedenheit. »Es gibt eine große Tatsache: Wir sind Tauptu, wir wollen nicht wieder Chitumih werden. Wir möchten uns nicht einmal im Monat einer Folter unterwerfen. Wir wünschen uns Ihre Mithilfe in unserem Krieg gegen die Nopal, aber wir brauchen sie nicht. Wir können und werden die Nopal von Nopalgard vernichten, wenn Sie es nicht selbst tun.«

Einmal mehr dachte Burke, dass es schwierig sein würde, einem Xaxaner gegenüber Freundschaft zu empfinden.

»Haben Sie noch irgendwelche weiteren Fragen?«

Burke überlegte. »Es könnte sein, dass ich nicht in der Lage bin, die Pläne für die Denopalisierungsmaschine zu lesen.«

»Die Pläne wurden Ihrem System der Maßeinheiten angepasst und verwenden viele Ihrer Standardbauteile. Sie werden keine Schwierigkeiten damit haben.«

»Ich brauche Geld.«

»Daran wird es nicht mangeln. Wir werden Ihnen Gold zur Verfügung stellen, soviel wie Sie brauchen. Sie müssen sich nur um den Verkauf kümmern. Was wollen Sie sonst noch wissen?«

»Eine Sache, die mir zu denken gibt – vielleicht ist sie ja ganz trivial...«

»Und was ist das?«

»Einfach dies: Um die Nopal zu entfernen, benutzen Sie ein Gewebe, das aus totem Nopal verfertigt ist. Woher ist das erste Stück Nopaltuch gekommen?«

Apiptix schaute ihn mit seinen schlammfarbenen Augen starr an. Die Stimmbox murmelte etwas Unverständliches. Apiptix erhob sich. »Kommen Sie. Sie werden jetzt nach Nopalgard zurückkehren.«

»Aber Sie haben meine Frage nicht beantwortet.«

»Ich kenne die Antwort nicht.«

Burke wunderte sich über die bleierne Schwere in der Stimme, die doch aus der sonst so ausdruckslosen Translatorbox kam.

VII

Sie kehrten zur Erde zurück in einem spartanisch ausgestatteten schwarzen Zylinder, den hundertfünfzig Dienstjahre verbeult und gezeichnet hatten. Pttdu Apiptix weigerte sich, über die Antriebsmethode zu sprechen, erwähnte allerdings beiläufig Antischwerkraft. Burke fiel die Scheibe aus Antischwerkraftmetall ein, die ihn – wie lange das schon her war! – zum Haus von Sam Gibbons in Buellton, Virginia, gelockt hatte. Er versuchte, Pttdu Apiptix in eine ganz allgemeine Diskussion über Antischwerkraft zu lenken, aber ohne Erfolg. Der Xaxaner erwies sich vielmehr sogar als so kurz angebunden, dass Burke sich fragte, ob dieser Gegenstand nicht für sie beide gleichermaßen mysteriös sein mochte. Er schnitt noch andere Themen an in der Hoffnung, den Umfang des xaxanischen Wissens zu ergründen, doch meistens weigerte sich Pttdu Apiptix ganz einfach, seine Neugierde zu befriedigen. Eine verschwiegene, verschlossene, humorlose Rasse, dachte Burke – doch dann erinnerte er sich daran, dass Ixax nach einem hundert Jahre lang mit äußerster Verbissenheit geführten Krieg darniederlag, ein Umstand, der nicht gerade muntere, fröhliche Gemüter hervorbrachte. Bedrückt dachte er darüber nach, was wohl der Erde bevorstand...

Die Tage vergingen, und langsam näherten sie sich dem Solsystem, ein Schauspiel, das Burke nicht beobachten konnte; es gab keine Sichtluken außer im Kontrollraum, den er nicht betreten durfte. Dann, als er gerade über den Denopalisierungsplänen grübelte, erschien Apiptix und gab Burke mit einer brüsken Bewegung zu verstehen, dass der Augenblick der Ausschiffung gekommen sei. Er führte Burke nach achtern in einen Tender, der ebenso rostig und verbeult war wie das Mutterschiff. Burke war bass erstaunt, als er seinen Wagen in den Halteklammern des Tenders entdeckte.

»Wir haben Ihre Fernsehsendungen überwacht«, erklärte ihm Apiptix. »Wir wissen, dass Ihr Automobil die Aufmerksamkeit auf unsere Pläne hätte lenken können, wenn es allein und verlassen herumgestanden hätte.«

»Was ist mit Sam Gibbons, dem Mann, den Sie ermordet haben?«, fragte Burke aggressiv. »Glauben Sie, damit erregen wir kein Aufsehen?«

»Wir haben die Leiche entfernt. Die Tatsache seines Todes bleibt ungewiss.«

Burke schnaubte. »Er ist zur selben Zeit wie ich verschwunden. Die Leute in meinem Büro wissen, dass er mich angerufen hat. Ich werde einiges erklären müssen, wenn irgendjemand zwei und zwei zusammenzählt.«

»Sie müssen sich auf Ihren Erfindungsreichtum verlassen. Ich würde Ihnen raten, so weit wie möglich die Gesellschaft Ihrer Artgenossen zu meiden. Sie sind jetzt ein Tauptu unter Chitumih. Sie werden kein Mitleid für Sie haben.«

Burke zweifelte daran, dass die Translatorbox den sarkastischen Unterton des Kommentars mit übertragen würde, den er schon auf der Zunge hatte. Darum verkniff er ihn sich gleich ganz.

Der Zylinder ließ sich auf einer ruhigen Sandstraße irgendwo auf dem Lande nieder, Burke kletterte hinaus und reckte die Arme. Die Luft kam ihm wundervoll vor – Erdenluft!

Die Dämmerung war noch nicht ganz aus dem abendlichen Himmel gewichen; es mochte vielleicht neun Uhr sein. Grillen zirpten in den Brombeerdickichten längs der Straße; auf einer nahen Farm kläffte ein Hund.

Apiptix gab Burke letzte Anweisungen. Die tonlose Stimme wirkte nach den hallenden Korridoren des Raumfahrzeugs nun seltsam gedämpft und verschwörerisch. »In Ihrem Wagen sind hundert Kilogramm Gold. Die müssen Sie in die gültige Währung umwechseln.« Er klopfte auf die Dokumentenmappe, die Burke bei sich trug. »Sie müssen den Denopalisator so schnell wie möglich bauen. Denken Sie immer daran, dass der Nopal schon sehr bald – es kann sich nur um eine oder zwei Wochen handeln – in Ihr Gehirn zurückkehren wird. Sie müssen darauf vorbereitet sein, sich selbst zu reinigen. Diese Vorrichtung« – er gab Burke einen kleinen schwarzen Kasten – »strahlt Signale aus, die mich auf dem Laufenden darüber halten, wo Sie gerade sind. Falls Sie Hilfe oder noch mehr Gold brauchen, erbrechen Sie dieses Siegel und drücken diesen Knopf. Das wird Sie mit mir in Verbindung bringen.« Ohne jedes weitere Zeremoniell betrat er das Raumfahrzeug und verschwand.

Burke war allein. Liebe, vertraute alte Erde! Nie zuvor hatte er begriffen, wie sehr er seine Heimatwelt liebte. Angenommen, er wäre gezwungen gewesen, den Rest seines Lebens auf Ixax zu verbringen? Bei dem Gedanken wurde ihm ganz kalt ums Herz. Und doch – er verzog schmerzlich das Gesicht – würde eben diese Erde durch sein Dazutun bald im Blut schwimmen ... wenn er nicht irgendeinen besseren Weg fand, die Nopal zu töten.

Entlang einer Zufahrt, die offensichtlich zu einem nahen Gehöft führte, kam der auf und ab hüpfende Schein einer Taschenlampe. Von seinem Hund alarmiert, hatte sich der Farmer aufgerafft, selbst nachzusehen. Burke kletterte in seinen Wagen, aber der Strahl der Taschenlampe richtete sich auf ihn aus.

»Was 'n los da?«, rief eine barsche Stimme. Burke fühlte mehr, als dass er es sah, dass der Mann ein Gewehr in der Hand hielt. »Was tun Sie hier, Mister?« Die Stimme klang unfreundlich. Der Nopal, der sich an den Kopf des Mannes geklammert hatte und schwach leuchtete, blies sich auf und stellte verärgert die Stacheln schief.

Burke erklärte, er habe nur angehalten, um auszutreten.

Der Farmer sagte nichts dazu, sondern leuchtete nur die Straße ab und richtete die Lampe dann wieder auf Burke. »Schauen Sie, dass Sie verschwinden. Etwas sagt mir, dass Sie hier nix Gutes im Sinn haben, und wenn ich Sie mir so anseh, möcht ich am liebsten meine Flinte sprechen lassen.«

Burke sah keinen Grund für weitere Diskussionen. Er startete den Motor und fuhr weg, ehe der Nopal des Farmers diesen dazu drängte, die Drohung auszuführen. Im Rückspiegel beobachtete er, wie das Unheil verkündende weiße Auge der Lampe kleiner und kleiner wurde. Düster dachte er: *Ein Willkommensgruß der Chitumih zu meiner Heimkehr ... Und ich habe noch Glück gehabt, dass es nicht schlimmer gekommen ist.*

Die unbefestigte Straße ging in eine geteerte Bezirksstraße über. Es war nicht mehr allzu viel Benzin im Tank, und so bog Burke im ersten Dorf, drei Meilen weiter, in eine Tankstelle. Ein stämmiger junger Mann mit sonnenverbranntem Gesicht und ausgeblichenem blonden Haar kletterte aus der Abschmiergrube. Die Stacheln seines Nopal funkelten wie ein Brechungsgitter im Schein der weißen Lichter längs der Überdachung; die Augenkugeln lugten eulenhaft zu Burke herüber. Burke sah, wie die Stacheln einmal kurz zuckten; der Tankwart blieb abrupt stehen, während er zugleich sein berufsmäßiges Lächeln mit erschreckender Plötzlichkeit aufgab. »Ja, Sir«, sagte er schroff.

»Volltanken bitte«, bat Burke.

Der Tankwart murmelte verdrossen vor sich hin und ging zur Zapfsäule. Als der Tank voll war, nahm er Burkes Geld, vermied aber, seinen Kunden geradeheraus anzuschauen, und unternahm auch keine Anstalten, den Ölstand zu prüfen oder die Windschutzscheibe zu waschen. Er brachte das Wechselgeld, reichte es durch das geöffnete Fenster und murmelte: »Danke, Sir.«

Burke erkundigte sich nach der besten Straße nach Washington; der junge Mann vollführte nur eine ruckartige Geste mit dem Daumen – »Immer die Schnellstraße lang« – und stapfte verdrossen von dannen.

Burke lachte traurig vor sich hin, als er in die Schnellstraße einbog. Ein Tauptu auf Nopalgard und ein Schneeball in der Hölle hatten doch einiges gemeinsam, überlegte er.

Ein riesiger Diesellastwagen mit Anhänger dröhnte vorbei. Burke dachte in plötzlicher Angst an den Fahrer und den Nopal des Fahrers, die beide gemeinsam die vom Scheinwerferlicht überflutete Straße entlangschauten. Wieviel Einfluss konnte der Nopal ausüben? Ein Zucken der Hand, ein jäher Ruck am Lenkrad …

Burke fuhr über das Steuer gebückt weiter und schwitzte bei jedem entgegenkommenden Scheinwerferpaar mehr.

Ohne Zwischenfall oder Unfall kam er an den Stadtrand von Arlington, wo er in einem bescheidenen Apartment lebte. Ein Wühlen in seinem Magen erinnerte ihn daran, dass er seit acht Stunden nichts gegessen hatte, und da auch nur eine Schale xaxanischen Haferbreies. Vor einem hellerleuchteten Schnellimbiss hielt er an und schaute unsicher durch die Fenster. Eine Gruppe von Teenagern lümmelte sich in den Nischen aus astigem Föhrenholz; zwei junge Arbeiter in Frisco-Jeans saßen zusammengesunken über ihren Hamburgern an der Theke. Alle schienen sie nur mit ihren eigenen Angelegenheiten beschäftigt zu sein, obwohl jeder einzelne Nopal im Raum nervös schimmerte und durch das Fenster hinaus auf Burke spähte. Burke zögerte, doch dann parkte er in einem Anfall von Trotz seinen Wagen, betrat den Imbiss und nahm am Ende der Theke Platz.

Der Besitzer trat auf ihn zu, während er sich zugleich die Hände an der Schürze abwischte. Er war ein groß gewachsener Mann mit einem Gesicht wie ein alter Tennisball. Über seiner weißen Kochmütze erhob sich ein grandioser Federbusch aus Stacheln, alle vier Fuß hoch, glänzend und dick. Die Augen waren so groß wie Grapefruits. Dieser Nopal war der riesigste und schönste, den Burke bisher gesehen hatte.

Burke bestellte zwei Hamburger und versuchte, seine Stimme dabei so neutral und frei von Aggressionen klingen zu lassen wie möglich. Der Besitzer drehte sich halb um, hielt dann aber inne und musterte Burke von der Seite. »Was ist los, Freundchen? Betrunken, was? Sie benehmen sich 'n bisschen seltsam.«

»Nein«, sagte Burke höflich. »Ich habe seit Wochen nichts mehr getrunken.«

«'n Trip geschmissen, was?«

»Nein.« Burke lächelte unecht. »Ich bin bloß hungrig.«

Langsam wandte sich der Besitzer von ihm ab. »Ich brauch hier keine Sprücheklopfer. Hab schon genug Ärger ohne schlaue Jungs wie dich.«

Burke hielt seine Zunge im Zaum. Der Besitzer klatschte gereizt das Fleisch auf das Bratblech und schaute dabei immer wieder über die Schulter zu Burke hinüber. Sein Nopal schien sich herumgedreht zu haben, sodass er ebenfalls Burke anstarrte.

Als Burke seinen Kopf drehte, bemerkte er, dass alle Nopal ihn aus den Nischen heraus zu beobachten schienen. Er blickte zur Decke hinauf; drei oder vier Nopal trieben quer zu seiner Blickrichtung, luftig leicht wie Löwenzahnsamen. Überall waren Nopal: große und kleine, rosafarbene und blassgrüne, Nopal wie Fischschwärme, Nopal hinter Nopal, in allen möglichen Richtungen und Perspektiven, die weit bis über die Wände des Raumes hinausreichten ... Die Außentür schwang auf; vier Jugendliche, die einen raubeinigen Eindruck machten, kamen hereingeschwankt und nahmen neben Burke Platz. Aus ihrer Unterhaltung entnahm Burke, dass sie in der Stadt herumgefahren waren, um Mädchen aufzugabeln, aber ohne Erfolg. Burke saß ruhig da, sich der Übelkeit erregend dicht vor seinem Gesicht rollenden Augenkugel eines Nopal bewusst. Er zuckte ein wenig zurück; als sei dies ein Signal, drehte sich der junge Mann auf dem Nebensitz um und starrte ihn kalt an. »He, stört dich was, Kumpel?«

»Nicht das Geringste«, antwortete Burke höflich.

»Sarkastischer Hund, häh?«

Der Besitzer beugte sich herüber. »Was ist denn los?«

»Oh, der Kerl da macht bloß einen auf sarkastisch«, sagte der Jugendliche und übertönte damit Burkes Bemerkung.

Ein paar Zoll von Burkes Kopf entfernt hüpften und linsten die Augen des Nopal. Alle anderen Nopal im Raum schauten aufmerksam zu. Burke fühlte sich sehr einsam und isoliert. »Tut mir Leid«, sagte er flach. »Ich wollte niemanden beleidigen.«

»Willst du's lieber draußen ausmachen, Kumpel? Ich steh gern zur Verfügung.«

»Nein, vielen Dank.«

«'n kleiner Feigling, häh?«

»Möglich.«

Der Jugendliche schnaubte verächtlich und drehte ihm den Rücken zu.

Burke aß seine Hamburger, die der Besitzer verächtlich auf einen Teller geklatscht und vor ihn hingestellt hatte, bezahlte die Rechnung und ging zur Tür hinaus. Die vier Jugendlichen kamen hinter ihm her. Burkes Kontrahent sagte: »He, Kumpel, ich will dich ja nicht beleidigen, aber dein Gesicht gefällt mir ganz und gar nicht.«

»Mir auch nicht«, antwortete Burke, »aber ich muss damit leben.«

»Bei deiner schlagfertigen Schnauze solltest du zum Fernsehen gehen. Hast ja 'n richtig schlaues Köpfchen.«

Burke sagte nichts, sondern versuchte nur, sich davonzumachen. Der gekränkte junge Mann schnitt ihm mit einem Satz den Weg ab. »Was dein Gesicht angeht – wenn's doch keinem von uns beiden gefällt, soll ich dir's dann nicht ein bisschen ändern?« Er schwang die Faust;

Burke duckte sich. Ein anderer aus der Gruppe versetzte ihm von hinten einen Stoß; er taumelte, und der Erste verpasste ihm einen harten Schlag. Er stürzte auf die gekieste Zufahrt; die vier begannen ihn zu treten. »Macht den Hundesohn alle«, zischten sie. »Besorgt's ihm gründlich.«

Der Besitzer kam herausgestürzt. »Schluss damit! Habt ihr mich nicht gehört? Aufhören! Mir ist's ja egal, was ihr tut, aber tut's gefälligst nicht hier!« Er wandte sich an Burke. »Stehen Sie auf, und sehen Sie zu, dass Sie wegkommen. Und wenn Sie wissen, was gut für Sie ist, lassen Sie sich hier nicht noch mal blicken!«

Burke hinkte zu seinem Wagen, stieg ein. Die fünf standen vor dem Schnellimbiss und schauten ihm nach. Er ließ den Wagen an, fuhr langsam zu seinem Apartment. Die frischen Prellungen und blauen Flecken ließen seinen ganzen Körper vor Schmerz pulsieren. Eine feine Heimkehr, dachte er voll Bitterkeit und ironischem Selbstmitleid.

Er parkte seinen Wagen auf der Straße, stolperte die Treppe hinauf, öffnete seine Tür und hinkte müde hinein.

Mitten im Raum blieb er stehen und schaute sich um, betrachtete die abgeschabten, gemütlichen Möbel, die Bücher, die Erinnerungsstücke und all die Kleinigkeiten, die sich im Laufe der Zeit angesammelt hatten. Wie teuer und vertraut ihm diese Dinge waren; wie fremd sie ihm jetzt erschienen. Es war, als sei er in ein Zimmer aus seiner Kindheit getreten ...

In der Halle erklangen Schritte. Sie hielten vor seiner Tür an, ein zaghaftes Klopfen folgte. Burke verzog das Gesicht. Das konnte niemand anderes als Mrs. McReady sein, seine Hauswirtin, die stets von tadelloser Liebenswürdigkeit war, aber bisweilen auch sehr geschwätzig. Müde, grün und blau geschlagen, mutlos und ungepflegt wie er war, war Burke nicht in der Stimmung für unechte Höflichkeiten.

Das Klopfen ertönte erneut, diesmal etwas nachdrücklicher. Burke konnte es nicht überhören; sie wusste, dass er daheim war. Er hinkte hinüber zur Tür, riss sie auf.

Im Hausflur stand Mrs. McReady. Sie wohnte in einem der Apartments im ersten Stock, eine zierliche, nervösenergische Frau von sechzig mit gut frisiertem weißen Haar, einem fein geschnittenen Gesicht und frischer Haut, die sie, wie sie betonte, nur mit Olivenölseife pflegte.

Sie hielt sich sehr aufrecht, sprach klar und äußerst genau. Burke hatte sie immer als ein scharmantes Überbleibsel aus der Zeit König Edwards empfunden. Der Nopal, der auf ihren Schultern ritt, wirkte unförmig groß. Seine Stachelreihe war fast noch einmal so hoch wie die ganze Mrs. McReady. Ein dickes Polster aus kohlschwarzem Flaum bildete seinen Thorax, und sein Sauglappen hüllte den Kopf von Mrs. McReady fast vollständig ein. Burke war angewidert und erstaunt zugleich. Wie konnte eine so zierliche Frau bloß einen so monströsen Nopal ernähren?

Mrs. McReady wiederum wunderte sich über Burkes mitgenommenes Aussehen. »Mr. Burke! Was um alles in der Welt ist denn passiert? Hatten Sie –« Ihre Stimme sank herab, und die letzten Worte kamen deutlich voneinander abgesetzt heraus – »vielleicht irgendeinen Unfall . . .?«

Burke versuchte, sie mit einem Lächeln zu beruhigen. »Nichts Ernstes. Nur einen kleinen Zusammenstoß mit einer Bande jugendlicher Krawallmacher.«

Mrs. McReady machte große Augen. Direkt unter ihren Ohrläppchen her glotzte der Nopal Burke an. Plötzlich wurde Mrs. McReadys Gesicht schmal. »Haben Sie etwa getrunken, Mr. Burke?«

Burke verwahrte sich mit einem unbehaglichen Lachen gegen diesen Vorwurf. »Nein, Mrs. McReady – ich bin nicht betrunken und führe auch kein Lotterleben, wenn Sie das meinen.«

Mrs. McReady schnüffelte. »Sie hätten wenigstens irgendeine Nachricht zurücklassen können, Mr. Burke. Ihr Büro hat mehrmals angerufen, und es waren einige Männer da, die sich nach Ihnen erkundigt haben – Polizeibeamte, nehme ich an.«

Burke erklärte, dass Dinge, auf die er keinen Einfluss gehabt hatte, das in solchen Fällen normalerweise übliche Vorgehen verhindert hätten, aber Mrs. McReady ließ sich davon nicht beeindrucken. Sie war jetzt richtig empört angesichts Burkes Rücksichts- und Gedankenlosigkeit, niemals hätte sie Mr. Burke für einen solchen ... jawohl, einen solchen *Lümmel* gehalten!

»Miss Haven hat ebenfalls angerufen – beinahe jeden Tag. Sie hat sich wegen Ihres Verschwindens schreckliche Sorgen gemacht. Ich musste ihr versprechen, sofort Bescheid zu sagen, wenn Sie zurückkämen.«

Burke stöhnte zwischen zusammengebissenen Zähnen hervor. Es war undenkbar, Margaret in diese Angelegenheit hineinzuziehen! Er fuhr sich mit den Händen an den Kopf und glättete sein wirres Haar, während Mrs. McReady ihn misstrauisch und ablehnend beobachtete.

»Sind Sie krank, Mr. Burke?« Sie stellte diese Frage nicht aus ehrlicher Besorgnis, sondern aus ihrem Glauben an dynamische Freundlichkeit heraus, der sie zum

Schrecken aller machte, die sich Tieren gegenüber grob verhielten und dabei von ihr erwischt wurden.

»Nein, Mrs. McReady, mir geht's schon einigermaßen. Aber bitte rufen Sie Miss Haven nicht an.«

Darauf ließ Mrs. McReady sich nicht festlegen. »Gute Nacht, Mr. Burke.« Sie marschierte die Treppe so gerade hinunter, als hätte sie einen Spazierstock verschluckt, denn Mr. Burkes Benehmen hatte sie verwirrt und empört. Und sie hatte ihn immer für so sympathisch und zuverlässig gehalten! Auf geradem Weg ging sie zum Telefon und rief, wie sie versprochen hatte, Margaret Haven an.

Burke mixte sich einen Highball und trank ihn ohne Genuss. Dann ließ er sich unter einer heißen Dusche gründlich einweichen und rasierte sich behutsam. Zu müde und elend, um sich noch Sorgen wegen seiner Probleme zu machen, kroch er ins Bett und schlief auf der Stelle ein.

Kurz nach Anbruch der Dämmerung erwachte er und lauschte im Liegen den morgendlichen Geräuschen: dem Surren der Autos, die vereinzelt unten vorbeifuhren, einem fernen Wecker, der abrupt zum Schweigen gebracht wurde, dem Tschilpen der Spatzen: alles so normal, dass ihm seine Mission absurd und fantastisch erschien. Und doch – die Nopal existierten wirklich. Er konnte sie wie riesige Moskitos mit großen Augen durch die kühle Morgenluft treiben sehen. Fantastisch mochten die Nopal sein, aber absurd waren sie mit Sicherheit nicht. Laut Pttdu Apiptix hatte er nicht einmal zwei Wochen Gnadenfrist. Danach würden die Nopal das überwinden, was ihn jetzt noch schützte, und er würde erneut ein Chitumih sein... Burke erschauerte und setzte sich rasch auf der Bettkante auf. Er würde ebenso kalt und hart werden wie die Xaxaner. Er würde jede nur erdenkliche Anstrengung unternehmen, um nicht erneut infiziert zu werden. Er würde niemanden verschonen, nicht einmal ... die Türglocke läutete. Burke wankte zur Tür, machte sie vorsichtig auf und sah das Gesicht, das zu sehen er gefürchtet hatte.

Margaret Haven stand ihm gegenüber. Burke konnte es nicht ertragen, den Nopal anzuschauen, der sich an ihren Kopf klammerte.

»Paul«, sagte sie mit rauer Stimme, »was um alles in der Welt ist mit dir los? Wo bist du gewesen?«

Burke nahm ihre Hand und zog sie in das Apartment. Mit bleischwerem Herzen fühlte er, wie ihre Finger ganz starr wurden und sich verkrampften. »Mach uns Kaffee«, sagte er. »Ich zieh mir nur eben was über.«

Ihre Stimme verfolgte ihn bis ins Schlafzimmer. »Du siehst aus, als seist du auf einer Sauftour gewesen.«

»Nein«, sagte er. »Ich hatte nur ein paar, wollen wir mal sagen, bemerkenswerte Erlebnisse.«

Fünf Minuten später gesellte er sich wieder zu ihr. Margaret war groß und langbeinig, und ihre Bewegungen hatten etwas auf attraktive Weise jungenhaft Kantiges an sich. In einer Menschenmenge fiel Margaret bestimmt nicht auf. Aber als Burke sie jetzt so anschaute, dachte er, dass er noch nie eine Frau gekannt hatte, die ihn mehr angesprochen hätte. Ihr Haar war dunkel und ungebärdig, der Mund breit mit einem keltischen Zug um die Winkel herum, und ihre Nase war seit einem Autounfall in ihrer Kindheit ein wenig schief. Aber all dies zusammen ergab ein Gesicht von verblüffender Lebendigkeit und Ausdruckskraft, in dem sich jede Gefühlsregung klar wie Sonnenlicht zeigte. Sie war vierundzwanzig Jahre alt und arbeitete in einer Abteilung des Innenministeriums, deren Funktion ihm bis heute noch nicht ganz klar geworden war. Burke wusste, dass sie ohne jede Bosheit war und so unschuldig wie ein neugeborenes Kätzchen.

Sie musterte ihn mit verwundert gerunzelter Stirn. Burke begriff wohl, dass sie eine Erklärung für seine Abwesenheit erwartete, aber so sehr er es auch versuchte, wollte ihm doch keine überzeugende Geschichte einfallen. In all ihrer Arglosigkeit bemerkte Margaret doch jede Falschheit bei anderen augenblicklich. Und so stand Burke im Wohnzimmer, trank Kaffee und brachte es nicht fertig, Margaret in die Augen zu sehen.

Schließlich, in einem Versuch, entschieden zu wirken, sagte er: »Ich bin fast einen Monat weg gewesen, aber ich kann dir nicht sagen, wo ich war.«

»Kannst du oder willst du nicht?«

»Ein wenig von beidem. Es geht um etwas, das ich geheim halten muss.«

»Regierungsangelegenheiten?«

»Nein.«

»Du bist doch nicht in – Schwierigkeiten?«

»Nein, nicht von der Art, an die du denkst.«

»Ich hatte an nichts Besonderes gedacht.«

Burke ließ sich verstimmt in einen Sessel fallen. »Ich bin nicht mit einer Frau weggewesen und habe auch keine Drogen geschmuggelt.«

Sie zuckte die Achseln und nahm ihm gegenüber auf der anderen Seite des Zimmers Platz, von wo aus sie ihn mit einem scharfen, leidenschaftslosen Blick musterte. »Du hast dich verändert. Ich begreife noch nicht ganz, warum – oder wie –, aber du hast dich verändert.«

»Ja. Ich habe mich verändert.«

Schweigend tranken sie ihren Kaffee. Nach einiger Zeit fragte Margaret: »Was, was wirst du jetzt tun?«

»In meinen Job kehre ich nicht zurück«, sagte Burke. »Ich reiche noch heute mein Abschiedsgesuch ein, wenn ich nicht sowieso schon gefeuert worden bin... Und das erinnert mich an –« Er hielt abrupt inne. Er hatte sagen wollen, dass er hundert Kilogramm Gold im Kofferraum seines Wagens hatte, im Wert von grob geschätzt hunderttausend Dollar, und dass er hoffte, sie seien inzwischen nicht gestohlen worden.

»Wenn ich nur wüsste, was eigentlich nicht in Ordnung ist«, sagte Margaret. Ihre Stimme war ruhig, aber ihre Finger zitterten, und Burke wusste, dass sie den Tränen nahe war. Ihr Nopal schaute seelenruhig zu, und seine Gefühle zeigten sich in nichts außer einem langsamen Pulsieren seiner Stacheln. »Es ist alles nicht mehr so, wie es früher war«, flüsterte sie, »und ich habe keine Ahnung, warum. Ich bin völlig durcheinander.«

Burke holte tief Atem. Er schloss seine Hände hart um die Armlehnen des Sessels, stemmte sich in die Höhe und ging zu ihr hinüber. Ihre Blicke trafen sich. »Willst du wissen, weshalb ich dir nicht erzählen kann, wo ich gewesen bin?«

»Ja.«

»Weil du mir nicht glauben würdest«, sagte er langsam. »Du würdest mich für wahnsinnig halten und mich einsperren lassen – und ich will nicht in der Klapsmühle landen.«

Margaret antwortete nicht sofort. Sie schaute weg, und Burke konnte an ihrem Gesicht ablesen, dass sie erschrocken darüber nachdachte, ob Burke nicht vielleicht wirklich verrückt sei. Paradoxerweise gab ihr dieser Gedanke Hoffnung: Paul Burke, der Wahnsinnige, war nicht länger der geheimnisvolle, verschlossene, düstere, hasserfüllte Paul Burke, und sie erwiderte seinen Blick mit neu erwachter Hoffnung.

»Fühlst du dich eigentlich wohl?«, erkundigte sie sich zögernd.

Burke nahm ihre Hand. »Mir geht es rundherum gut, und ich bin auch völlig normal. Ich habe einen neuen Job. Er ist ungeheuer wichtig – und wir können uns nicht mehr treffen.«

Sie entriss ihm ihre Hand. Blanke Abscheu blitzte aus ihren Augen, eine Widerspiegelung jenes Hasses, der ihm auch aus den Kugelaugen des Nopal entgegenstarrte. »Na gut«, sagte sie mit belegter Stimme. »Ich bin froh, dass du so empfindest – ich tue es nämlich auch.«

Sie wandte sich um und stürzte aus dem Apartment.

Burke trank nachdenklich seinen Kaffee und ging dann zum Telefon. Sein erster Anruf ergab, dass Dr. Ralph Tarbert schon nach Washington in sein Büro gefahren war.

Burke goss sich eine neue Tasse Kaffee ein und rief nach einer halben Stunde in Tarberts Büro an.

Die Sekretärin notierte sich seinen Namen; zehn Sekunden später ertönte Tarberts gemessene Stimme aus der Hörmuschel. »Wo zum Donnerwetter bist du gewesen?«

»Das ist eine lange, bittere Geschichte. Bist du sehr beschäftigt?«

»Nichts Umwerfendes. Warum?«

Hatte sich Tarberts Tonfall verändert? Konnte sein Nopal einen Tauptu über fünfzehn Meilen Stadt hinweg herausriechen? Burke konnte sich nicht sicher sein; allmählich wurde er überempfindlich und vertraute nicht länger seinem eigenen Urteil. »Ich muss unbedingt mit dir sprechen. Ich garantiere dir, es wird dich interessieren.«

»Gut«, sagte Tarbert. »Kommst du ins Büro?«

»Mir wäre lieber, du würdest zu mir kommen – aus einer Reihe sehr guter Gründe.« Vor allem, dachte Burke, weil ich mich nicht traue, die Wohnung zu verlassen.

»Hmmm«, sagte Tarbert sorglos. »Das klingt geheimnisvoll, sogar bedrohlich.«

»Das alles ist es auch.«

Schweigen in der Leitung. Nach einer längeren Pause bemerkte Tarbert mit vorsichtiger Stimme: »Ich nehme an, dass du krank gewesen bist? Oder verletzt?«

»Warum nimmst du das an?«

»Deine Stimme klingt seltsam.«

»Sogar über das Telefon, hm? Na gut, ich bin seltsam. Einzigartig sogar. Ich erklär's dir, wenn wir uns treffen.«

»Ich komme sofort.«

Burke lehnte sich zurück in einer Mischung aus Erleichterung und dunklen Vorahnungen. Tarbert würde ihn vielleicht, wie jeder andere auf Nopalgard, so inbrünstig hassen, dass er sich weigerte, ihm zu helfen. Die Situation war überaus heikel, und sie musste ungeheuer vorsichtig gehandhabt werden. Wieviel sollte er Tarbert erzählen? Wieviel konnte Tarbert auf einmal schlucken? Burke hatte stundenlang über diese Frage nachgegrübelt, war aber immer noch zu keinem Schluss gekommen.

Er saß still am Fenster und schaute hinaus. Männer und Frauen gingen unten auf den Bürgersteigen vorbei... Chitumih, die keine Ahnung von ihren selbstgefälligen Parasiten hatten. Ihm schien, dass im Vorübergehen alle Nopal zu ihm hinaufspähten – obwohl das auch pure Einbildung sein mochte. Er hatte immer noch keine Gewissheit, dass die türknaufgroßen Kugeln als Augen dienten. Er suchte den Himmel ab: die schleierzarten Formen waren überall, schwebten sehnsüchtig über dem Gedränge und beneideten ihre glücklicheren Gefährten. Als Burke seinen mentalen Blick schärfer einstellte, sah er immer größere Mengen; viele schwärmten dicht um ihn herum und beäugten ihn hungrig. Er sah sich in der Luft des Zimmers um: zwei, drei; nein, vier! Er stand auf und ging zum Tisch, wo er seine Dokumentenmappe abgelegt hatte, öffnete sie, nahm einen Fetzen Nopaltuch heraus. Während er ihn zu einem Sack formte, lauerte er auf eine Gelegenheit. Dann sprang er plötzlich mit einem Satz hoch. Der Nopal entschlüpfte ihm. Burke versuchte es noch einmal, und wieder schnellte der Nopal zur Seite. Sie waren zu flink für ihn; sie bewegten sich wie Quecksilberkugeln. Und selbst wenn er einen fing und zerquetschte, was dann? Ein Nopal weniger von den Milliarden, die den Erdball überschwemmten: ein Vorgehen, das ungefähr so sinnlos war, wie wenn man Ameisen zertrat.

Die Türglocke läutete; Burke durchquerte den Raum und öffnete vorsichtig die Tür. Ralph Tarbert stand in der Halle, elegant in grauem Haileder, einem weißen Hemd und einem schwarzen Binder mit bunten Tupfen. Kein flüchtiger Beobachter hätte seinen Beruf erraten. Reicher Müßiggänger, der Stammgast in den Nachtclubs ist, Theaterkritiker, Avantgardearchitekt, erfolgreicher Modearzt, ja. Aber einer, der zu den führenden Wissenschaftlern der Welt zählt? Nie! Der Nopal, der auf seinem Kopf ritt, war nicht außergewöhnlich, nicht annähernd so prächtig wie der von Mrs. McReady. Offensichtlich spiegelten sich die geistig-seelischen Qualitäten eines Menschen nicht im Aussehen seines

Nopal wider. Aber die Augenkugeln starrten so feindselig wie bei allen anderen Nopal, die Burke bisher begegnet waren.

»Hallo, Ralph«, sagte Burke mit zurückhaltender Herzlichkeit. »Komm rein.«

Sichtlich auf der Hut trat Tarbert ein. Der Nopal stellte ruckartig die Stacheln auf und funkelte wütend.

»Kaffee?«, fragte Burke.

»Nein danke.« Tarbert sah sich neugierig im Zimmer um. »Wenn ich's mir recht überlege, ja. Schwarz, aber daran wirst du dich sicherlich noch erinnern.«

Burke goss eine Tasse für Tarbert ein und füllte auch seine eigene erneut. »Setz dich. Was ich dir zu sagen habe, wird ein bisschen Zeit in Anspruch nehmen.« Tarbert machte es sich in einem Sessel bequem, Burke nahm auf der Couch Platz.

»Erstens«, sagte Burke, »bist du zu dem Schluss gekommen, dass ich ein tiefgreifendes Erlebnis hinter mir habe, ein Erlebnis, das mir seinen Stempel aufgedrückt und meine Persönlichkeit völlig verändert hat.«

»Ich bemerke eine Veränderung«, gab Tarbert zu.

»Zum schlechten, nehme ich wohl an?«

»Wenn du es unbedingt wissen willst – ja«, entgegnete Tarbert höflich. »Ich kann allerdings noch nicht genau bestimmen, was diese Veränderung ausmacht.«

»Jedenfalls hast du dich dazu durchgerungen, mich unsympathisch zu finden. Und du fragst dich, warum du dich überhaupt jemals mit mir angefreundet hast.«

Tarbert lächelte nachdenklich. »Wie kannst du dir all dessen so sicher sein?«

»Das ist ein Teil der ganzen Situation; ein sehr wichtiger Teil. Ich erwähne das deshalb, damit du es vorab in Rechnung stellen und vielleicht sogar ignorieren kannst.«

»Verstehe«, sagte Tarbert. »Weiter.«

»Später werde ich dir alles zu deiner vollständigen Zufriedenheit erklären. Aber bis dahin musst du all deine wissenschaftliche Objektivität aufbieten und diese seltsame neue Abneigung gegen mich beiseite schieben. Wir setzen stillschweigend voraus, dass sie existiert, und klammern sie einfach aus – aber ich versichere dir, dass sie künstlichen Ursprungs ist, etwas, das außerhalb von uns beiden liegt.«

»Na schön«, sagte Tarbert. »Ich werde meine Gefühle an die Kandare nehmen. Fahr fort. Ich höre zu – und zwar sehr aufmerksam.«

Burke zögerte, denn er musste seine Worte sorgfältig wählen. »In groben Umrissen ist meine Geschichte folgende: Ich bin über ein völlig neues Wissensgebiet gestolpert, und ich benötige deine Hilfe, um es zu erforschen. Ich werde von dieser Hassaura, die ich mit mir herumtrage, gehandikapt. Gestern Abend bin ich von wildfremden Menschen auf offener Straße angegriffen worden; ich traue mich nicht, mich in der Öffentlichkeit zu zeigen.«

»Dieses Wissensgebiet, das du erwähnt hast«, fragte Tarbert vorsichtig, »das ist offensichtlich psychischer Natur?«

»Bis zu einem gewissen Grad. Allerdings würde ich vorziehen, dieses spezielle Wort nicht zu verwenden; damit sind zu viele metaphysische Konnotationen verbunden. Ich habe keine Ahnung, welche Art von Terminologie sich anwenden ließe. ›Psionisch‹ wäre vielleicht besser.« Er registrierte Tarberts sorgsam beherrschte Miene und fuhr fort: »Ich habe dich nicht hierher gebeten, um abstrakte Ideen mit dir zu diskutieren. Diese Sache ist ungefähr so übernatürlich wie Elektrizität. Wir können sie nicht sehen, aber wir können ihre Auswirkungen beobachten. Die Abneigung, die du verspürst, ist eine dieser Auswirkungen.«

»Ich fühle sie nicht mehr«, sagte Tarbert nachdenklich, »seitdem ich versucht habe, sie festzumachen... Ich bemerke eine körperliche Empfindung, etwa in der Art von Kopfschmerzen oder einem leichten Gefühl von Benommenheit.«

»Geh auf keinen Fall davon aus, dass sie wirklich verschwunden ist, denn das ist sie nicht«, bat ihn Burke. »Du musst auf der Hut sein.«

»Na schön. Ich werde auf der Hut sein.«

»Die Ursache all dessen ist ein...« – Burke suchte nach einem passenden Wort »... eine Macht, der ich vorübergehend entkommen bin und die mich jetzt als Bedrohung betrachtet. Diese Macht wirkt auf deinen Geist ein, in der Hoffnung, ihn davon abzuhalten, mir zu helfen. Ich weiß nicht, auf welche Weise sie Druck ausüben wird, weil ich keine Ahnung habe, wie intelligent sie ist. Jedenfalls hat sie genug Bewusstsein, um zu begreifen, dass ich eine Bedrohung bin.«

Tarbert nickte. »Ja. Das spüre ich. Ich verspüre den Impuls, dich zu töten. Merkwürdig!« Er lächelte. »Auf emotionaler, nicht auf rationaler Ebene, wie ich zu meiner Freude sagen darf. Ich bin regelrecht fasziniert... ich hätte nie gedacht, dass es so etwas geben könnte!«

Burke lachte hohl. »Warte nur, bis du die ganze Geschichte hörst. Dann wirst du erheblich mehr als bloß fasziniert sein.«

»Der Ursprung dieses Drucks – ist er menschlicher Natur?«

»Nein.«

Tarbert erhob sich aus seinem Sessel und machte es

sich neben Burke auf der Couch bequemer. Sein Nopal flatterte, wand sich und funkelte böse. Tarbert warf Burke einen Blick aus den Augenwinkeln zu, wobei er die wohlgeformten weißen Brauen hob. »Du bist von mir weggerückt. Verspürst du diese gleiche Abneigung gegen mich?«

»Nein, keineswegs. Schau mal auf diesen Tisch dort; siehst du das zusammengefaltete Stück Tuch?«

»Wo?«

»Direkt vor dir.«

Tarbert kniff die Augen zusammen. »Ich scheine etwas zu sehen. Ich bin mir aber nicht ganz sicher. Irgendwas Undeutliches und Vages. Es jagt mir Schauer den Rücken hinunter – wie Fingernägel auf einer Tafel.«

»Das sollte dich beruhigen«, sagte Burke. »Wenn du dieselben Gefühle, die du mir gegenüber verspürst, auch bei einem Stück Tuch empfinden kannst, dann musst du einsehen, dass dieses Gefühl keine rationale Grundlage hat.«

»Das sehe ich ein«, erwiderte Tarbert. »Und da ich mir seiner jetzt bewusst bin, kann ich es unter Kontrolle halten.« Etwas von seiner spröden Urbanität war jetzt verschwunden, und nun trat die grundernste Persönlichkeit zu Tage, die er sonst gerne verbarg. »Jetzt ist da ein sonderbarer, knurrender Laut in meinem Geist: ›grr‹, ›grr‹. Wie das Krachen eines Getriebes oder jemand, der sich räuspert... Merkwürdig. Eigentlich klingt es noch mehr wie ›gher‹; ein kehliges ›gher‹. Ist das zufällig telepathisch? Was heißt ›gher‹?«

Burke schüttelte den Kopf. »Ich habe nicht die geringste Ahnung. Ich habe aber dasselbe gehört.«

Tarbert starrte in eine unbestimmbare Ferne, dann schloss er die Augen. »Ich sehe merkwürdige huschende Bilder – sonderbare Dinge, ziemlich abstoßend. Ich kann sie aber nicht genau erkennen ...« Er öffnete die Augen, rieb sich die Stirn. »Fremdartig ... Nimmst du auch diese – Visionen wahr?«

»Nein«, sagte Burke. »Ich seh's bloß so, wie's wirklich aussieht.«

»Oh?« Tarbert blickte ihn groß an. »Du erstaunst mich. Erzähl mir mehr davon!«

»Ich möchte ein ziemlich großes Gerät bauen. Dazu benötige ich einen verschwiegenen Platz, der sicher vor Neugierigen ist. Vor einem Monat hätte ich unter einem Dutzend Labors wählen können; jetzt kann ich nirgends Unterstützung finden. Zum einen habe ich mit der ARPA gebrochen. Darüber hinaus hasst mich jetzt jeder auf der Erde wie die Pest.«

»›Jeder auf der Erde‹«, sann Tarbert. »Heißt das, dass jemand, der *nicht* auf der Erde ist, dich *nicht* hasst?«

»Bis zu einem gewissen Grad. Binnen einer oder zwei Wochen wirst du genauso viel wie ich darüber wissen, und dann wirst du die Wahl haben – ebenso, wie ich sie gehabt habe –, ob du mit der Sache weitermachen willst oder nicht.«

»Na schön«, sagte Tarbert. »Ich kann dir eine Werkstatt verschaffen; Electrodyne Engineering bietet sich geradezu an. Sie haben dichtgemacht, das ganze Werk steht leer. Du kennst vielleicht Clyde Jeffrey?«

»Sehr gut.«

»Ich werde mit ihm reden; ich bin mir sicher, dass er dir die Anlage überlässt, so lange du sie brauchst.«

»Gut. Kannst du ihn heute noch anrufen?«

»Ich werde ihn sofort anrufen.«

»Dort ist das Telefon.«

Tarbert rief an und erhielt sofort die informelle

Erlaubnis für Burke, die Räumlichkeiten und Geräte der Electrodyne Engeneering Company solange zu benützen, wie er es wünschte.

Burke schrieb Tarbert einen Scheck aus. »Wofür ist das?«, fragte Tarbert.

»Das ist mein Bankguthaben. Ich benötige Vorräte und Material. Irgendwovon müssen die ja bezahlt werden.«

»Zweitausendzweihundert Eier reichen aber nicht sehr weit.«

»Geld ist die geringste meiner Sorgen«, sagte Burke. »Ich habe hundert Kilo Gold im Kofferraum meines Wagens.«

»Guter Gott!«, rief Tarbert aus. »Ich bin beeindruckt. Was willst du bei Electrodyne bauen? Eine Maschine, um noch mehr Gold zu machen?«

»Nein. Etwas, das Denopalisator genannt wird.« Burke beobachtete Tarberts Nopal, während er sprach. Verstand er seine Worte? Er war sich dessen nicht sicher. Die Stachelreihe schwankte und schimmerte, was alles oder nichts bedeuten konnte.

»Was ist ein ›Denopalisator‹?«

»Das wirst du bald erfahren.«

»Na schön«, sagte Tarbert. »Ich werde warten, wenn es sich nicht umgehen lässt.«

VIII

Zwei Tage später klopfte Mrs. McReady an die Tür zu Burkes Apartment – ein dezentes und damenhaftes Klopfen, aber trotzdem entschieden. Burke erhob sich in gedrückter Stimmung und öffnete die Tür.

»Guten Morgen, Mr. Burke.« Mrs. McReady sprach voll eisiger Höflichkeit. Ihr grotesk großer Nopal hatte sich wie ein wütender Puter aufgeblasen und stieß nach ihm. »Ich fürchte, ich habe eine unerfreuliche Nachricht für Sie. Es hat sich ergeben, dass ich Ihre Wohnung in Kürze benötigen werde. Es wäre mir sehr angenehm, wenn Sie so rasch wie möglich eine andere Unterkunft finden könnten.«

Burke nickte betrübt. Diese Aufforderung überraschte ihn keineswegs; er hatte sogar schon eine Ecke der Werkstatt bei Electrodyne Engeneering mit einem Feldbett und einem Benzinofen ausgestattet. »Gut, Mrs. McReady. In ein paar Tagen bin ich weg.«

Ganz offensichtlich plagte Mrs. McReady ihr Gewissen. Wenn er ihr bloß eine Szene gemacht oder sich unliebenswürdig verhalten hätte, wäre es ihr leicht gefallen, ihre Handlungsweise vor sich selbst zu rechtfertigen. Sie machte den Mund auf, um etwas zu sagen, aber dann brachte sie, verunsichert wie sie war, nur heraus: »Danke, Mr. Burke.« Worauf Burke langsam ins Wohnzimmer zurückschlurfte.

Diese Episode folgte dem Muster, mit dem er inzwischen schon rechnete. Mrs. McReadys formelles Verhalten drückte eine Feindseligkeit aus, die dem körperlichen Angriff der vier Halbstarken in nichts nachstand. Ralph Tarbert, von Beruf und Temperament her der Objektivität verschrieben, gestand ein, dass er ununterbrochen gegen boshafte Gefühle ankämpfen musste. Margaret Haven hatte voll großer Sorge und Angst angerufen. Was sei eigentlich los? Die Abneigung, die sie plötzlich Burke gegenüber verspürte, sei völlig unnatürlich, und sie wisse das. War Burke krank? Oder leide sie etwa selbst unter Paranoia? Burke fand es schwierig, ihr darauf eine Antwort zu geben, und rang sekundenlang mit sich, ohne ein Wort hervorzubringen. Er konnte ihr nichts als Kummer der einen oder anderen Art bereiten; soviel war sicher. Jedes Gebot der inneren Anständigkeit verlangte, dass er einen sauberen Bruch zwischen ihnen herbeiführen musste. In zögernden Worten versuchte er diesen Vorsatz in die Tat umzusetzen, aber Margaret weigerte sich schlichtweg, ihm zuzuhören. Nein, erklärte sie, etwas von außen Kommendes sei verantwortlich für ihre Schwierigkeiten; gemeinsam würden sie damit fertig werden.

Burke, den seine Verantwortung und seine völlige Einsamkeit zutiefst bedrückten, brachte es nicht fertig, noch länger mit ihr zu streiten. Er sagte ihr also, wenn sie zur Werkstatt käme – dieses Telefongespräch fand am Tag statt, nachdem Mrs. McReady ihn aufgefordert hatte, auszuziehen –, würde er ihr alles erklären.

Margaret versprach, sofort zu kommen. Aber ihre Stimme klang zweifelnd.

Eine halbe Stunde später klopfte sie an die Tür des Vorzimmers. Burke kam aus der Werkstatt und schob den Riegel zurück. Sie trat langsam und unsicher ein, als wate sie in einem Tümpel mit eiskaltem Wasser. Burke konnte sehen, dass sie Angst hatte. Sogar ihr Nopal wirkte aufgeregt, und seine Stachelreihe glitzerte in einem roten und grünen Schillern. Sie blieb in der Mitte des Raumes stehen, während ihr wunderbar ausdrucksstarkes Gesicht eine ganze Skala von Gefühlen widerspiegelte.

Burke versuchte ein Lächeln; aus Margarets tief besorgtem Gesichtsausdruck schloss er, dass es sie nicht aufzumuntern vermochte. »Komm mit«, sagte er mit gemacht heiterer Stimme. »Ich führe dich herum.«

In der Werkstatt bemerkte sie das Feldbett und den Tisch mit dem Campingöfchen. »Was soll das alles? Lebst du jetzt hier?«

»Ja«, antwortete Burke. »Mrs. McReady ist von der gleichen Abneigung angesteckt worden, die du für mich verspürst.«

Margaret blickte ihn wie betäubt an, dann wandte sie sich ab. Plötzlich wurde sie ganz steif und angespannt. »Was ist denn das für ein Ding?«, fragte sie mit rauer Stimme.

»Ein Denopalisator«, sagte Burke.

Sie warf ihm über die Schulter einen angstvollen Blick zu, während ihr Nopal schimmerte und flackerte und sich wand. »Was macht es?«

»Es denopalisiert.«

»Es macht mir Angst«, sagte Margaret. »Das sieht aus wie eine Streckbank oder wie eine Foltermaschine.«

»Du musst keine Angst haben«, beruhigte sie Burke. »Es ist kein Mechanismus für Böses, auch wenn es so wirkt.«

»Und was ist es dann?«

Wenn überhaupt jemals, dann war jetzt der richtige

Augenblick, um sich ihr anzuvertrauen – aber er konnte sich nicht dazu bringen, zu sprechen. Warum ihr Gemüt mit seinen Sorgen belasten, immer vorausgesetzt, dass sie ihm überhaupt glaubte? Ja, wie *konnte* sie ihm überhaupt glauben? Seine Geschichte war ganz einfach zu weit hergeholt. Er war auf einen anderen Planeten gebracht worden; die Einwohner dieses Planeten hatten ihn davon überzeugt, dass die Menschen der Erde allesamt von einem besonders bösartigen Gehirnparasiten befallen waren. Er und nur er ganz allein konnte diese Dinger sehen; selbst jetzt, in diesem Augenblick, starrte die Kreatur, die auf Margarets Schultern ritt, ihn hasserfüllt an! Er, Burke, war zu der schwierigen Aufgabe berufen worden, diese Parasiten auszurotten; wenn er versagte, würden die Bewohner jener fernen Welt auf der Erde einfallen und sie verheeren. Das war offenkundiger Größenwahnsinn; es würde geradezu Margarets Pflicht sein, einen Krankenwagen für ihn zu rufen.

»Willst du es mir nicht sagen?«, bat Margaret.

Burke stand da und starrte blöde den Denopalisator an. »Ich wollte, ich könnte mir eine überzeugende Lüge ausdenken – aber ich kann es nicht. Und wenn ich dir die Wahrheit erzähle, würdest du sie nicht glauben.«

»Versuch's doch mal.«

Burke schüttelte den Kopf. »Eins musst du mir glauben: Der Hass, den du für mich empfindest, hat seine Ursache weder in dir noch in mir. Es handelt sich um einen Einfluss von etwas, das außerhalb von uns beiden liegt – etwas, das will, dass du mich hasst.«

»Wie ist das möglich, Paul?«, rief sie gequält. »Du hast dich verändert! Ich weiß das! Du bist so ganz anders als früher!«

»Ja«, gab Burke zu. »Ich habe mich verändert. Nicht

unbedingt zum Schlechteren – auch wenn es dir so vorkommen mag.« Düster musterte er das Denopalisierungsgitter. »Wenn ich mich nicht bald an die Arbeit mache, werde ich wieder zu dem werden, was ich früher war.«

Margaret drückte impulsiv seinen Arm. »Ich wollte, du wärst wieder so!« Dann riss sie die Hand wieder weg, wich einen Schritt zurück, starrte ihn an. »Ich kann mich selbst nicht verstehen, ich kann dich nicht verstehen ...« Sie wandte sich ab und ging rasch von der Werkstatt ins Vorzimmer.

Burke stieß einen schweren Seufzer aus, machte aber keine Anstalten, ihr zu folgen. Er studierte die Pläne, die Pttdu Apiptix in der krakeligen xaxanischen Wiedergabe englischer Symbole gezeichnet hatte, und stürzte sich wieder in seine Arbeit. Langsam wurde die Zeit knapp. Über ihm trieben ständig zwei, manchmal sogar drei oder vier Nopal, die nur auf das mysteriöse Signal warteten, das sie brauchten, um sich wieder in Burkes Genick niederlassen zu können.

Schon bald erschien Margaret wieder unter der Tür, blieb dort stehen und schaute Burke zu. Nach einigen Augenblicken durchquerte sie die Werkstatt, nahm Burkes Kaffeekanne hoch, schaute hinein und rümpfte die Nase. Sie trug die Kanne in einen der Waschräume, reinigte sie, füllte sie mit Wasser und machte frischen Kaffee.

Inzwischen war auch Ralph Tarbert aufgetaucht; die drei tranken zusammen Kaffee. Magaret zog einiges an Beruhigung aus Tarberts Anwesenheit und versuchte, ihm Informationen zu entlocken. »Ralph, was ist ein Denopalisator? Paul will es mir nicht sagen.«

Tarbert lachte unbehaglich. »Ein Denopalisator? Eine

Maschine, die man zum Denopalisieren gebraucht – was immer das ist.«

»Dann wissen Sie es also auch nicht.«

»Nein. Paul tut ungeheuer geheimnisvoll.«

»Nicht mehr lange«, sagte Burke. »Noch zwei Tage, und alles wird klar werden. Dann geht der Zirkus nämlich los.«

Tarbert besah sich das Gitter, die Schaltbänke dahinter, die Stromzuführungen. »Wenn ich mal raten darf, würde ich sagen, es handelt sich um ein Gerät zur Nachrichtenübertragung – aber ob um einen Sender oder ob um einen Empfänger, weiß ich nicht.«

»Es macht mir Angst«, bekannte Margaret. »Immer, wenn ich es anschaue, windet sich etwas in mir. Ich höre Geräusche und sehe unheimliche Lichter. Dinger, die an Büchsen mit Angelwürmern erinnern.«

»Ich habe die gleichen Empfindungen«, sagte Tarbert. »Komisch, dass eine Maschine eine solche Wirkung auf einen Menschen ausüben kann.«

»So komisch ist das gar nicht«, meinte Burke.

Margaret warf ihm einen kurzen Seitenblick zu und verzog den Mund. Einen Augenblick lang drohte die alte Abneigung, ihre Selbstbeherrschung hinwegzuschwemmen. »Was du sagst, klingt unheimlich bedrohlich.«

Burke zuckte die Achseln auf eine Art, die Margaret als brutal und rücksichtslos empfand. »Das soll es nicht.« Er schaute zu dem Nopal hinauf, der über ihm schwebte und starke Ähnlichkeit mit einer gewaltigen portugiesischen Kriegsgaleone hatte. Dieses besondere Exemplar verfolgte ihn bei Tag und Nacht mit starrenden Augen und aufgestellten Stacheln, die unablässig hungrig vibrierten. »Ich muss wieder an die Arbeit gehen. Es bleibt nicht mehr viel Zeit.«

Tarbert stellte seine leere Tasse ab. An seinem Gesichtsausdruck erkannte Margaret, dass auch er Burke langsam unerträglich zu finden begann. Was war nur mit dem alten Paul Burke geschehen, diesem liebenswerten, gelösten Mann mit dem fröhlichen, gutmütigen Wesen? Margaret fragte sich, ob ein Gehirntumor die Ursache sein konnte. Waren Gehirntumore nicht manchmal für plötzliche Persönlichkeitsveränderungen verantwortlich? Sie verspürte eine jähe Anwandlung von Scham: Der alte Paul Burke war so, wie er immer gewesen war; er verdiente Mitleid und Verständnis.

Tarbert sagte: »Morgen kann ich nicht kommen, ich habe den ganzen Tag zu tun.«

Burke nickte. »Völlig in Ordnung. Aber Dienstag bin ich fertig, und dann brauche ich dich. Wirst du dann zur Stelle sein?«

Erneut konnte Margaret kaum ihre Abneigung unterdrücken. Burke wirkte so wild, so *verrückt!* Ja, verrückt! Sie sollte wirklich unbedingt dafür sorgen, dass er untersucht wurde, behandelt -

»Ja«, sagte Tarbert, »ich werde zur Stelle sein. Und was ist mit Ihnen, Margaret?«

Margaret öffnete den Mund, um etwas zu sagen, aber Burke schüttelte barsch den Kopf. »Wir machen das am besten allein – wenigstens beim ersten Mal.«

»Warum?«, fragte Tarbert neugierig. »Ist es gefährlich?«

»Nein«, sagte Burke. »Für keinen von uns beiden. Aber die Anwesenheit einer dritten Person würde die Sache nur komplizieren.«

»Na schön«, meinte Margaret mit gleichgültiger Stimme. Unter anderen Umständen wäre sie gekränkt gewesen, jetzt fühlte sie nichts. Diese Maschine war möglicherweise nichts als eine Spinnerei, eine sinnlose Ansammlung von Teilen ... Aber wenn das so wäre, würde Dr. Tarbert dann Burke so ernst nehmen? Sicherlich würde er jegliche wissenschaftliche Unvernunft erkennen – und nichts in seinem Verhalten wies darauf hin, dass das der Fall war. Vielleicht war die Maschine am Ende doch nicht das Spielzeug eines Irren? Aber welchen Zweck konnte sie dann haben? Warum sollte Burke sie vom ersten Probelauf ausschließen wollen?

Sie schlenderte weg von Burke und Tarbert, schlüpfte ins Lager. Unauffällig in einer Ecke befand sich eine alte, mit einem Schnappschloss gesicherte Tür. Margaret zog den Riegel zurück und stellte ihn fest; die Tür konnte jetzt von draußen geöffnet werden.

Dann kehrte sie in die Werkstatt zurück. Tarbert war gerade im Begriff, sich zu verabschieden, und Margaret begleitete ihn.

Sie schlief sehr schlecht und verrichtete ihre Arbeit am nächsten Tag ohne innere Beteiligung. Am Montagabend rief sie Ralph Tarbert an, in der Hoffnung, er würde ihre Sorgen zerstreuen. Er war nicht zu Hause, und Margaret verbrachte eine weitere unruhige Nacht. Irgendetwas sagte ihr – ihr Instinkt? –, dass morgen ein sehr wichtiger Tag sein würde. Schließlich schlief sie ein, aber als sie aufwachte, trübte die Ungewissheit ihren Verstand. Sie saß mit verschlafenen Augen über ihrem Kaffee, bis es zu spät war, zur Arbeit zu gehen, und meldete sich dann telefonisch krank.

Um die Mittagszeit versuchte sie noch einmal, mit Dr. Tarbert Verbindung aufzunehmen, aber keiner seiner Mitarbeiter wusste, wo er zu finden war.

Getrieben von einer undefinierbaren Unruhe holte Margaret ihren Wagen aus der Garage und fuhr die Leghorn Road in südöstlicher Richtung hinaus, bis sie eine Viertelmeile voraus die grauen Blöcke von Electrodyne Engeneering erblickte. Von unsinniger Panik erfasst, bog sie in eine Seitenstraße ein, gab Gas und fuhr wie toll einige Meilen weit. Dann hielt sie am Straßenrand an und versuchte, wieder einen klaren Kopf zu bekommen. Sie benahm sich so sprunghaft, so unvernünftig. Warum um alles in der Welt all diese verrückten Anwandlungen? Und diese merkwürdigen Geräusche in ihrem Kopf und die eigenartigen Halluzinationen?

Sie wendete und fuhr zur Leghorn Road zurück. An der Kreuzung zögerte sie, dann biss sie die Zähne zusammen und bog nach rechts zur Electrodyne Engeneering ein.

Auf dem Parkplatz standen Burkes altes schwarzes Plymouth-Kabrio und Dr. Tarberts Ferrari. Margaret parkte und blieb noch ein paar Augenblicke im Wagen sitzen. Nichts war zu hören, keine Stimmen. Vorsichtig stieg sie aus und focht dann einen weiteren Kampf mit sich selbst aus. Sollte sie den Vordereingang benutzen, einfach kühn ins Hauptbüro marschieren? Oder sollte sie um das Gebäude herumgehen und durch das Lager hineingehen?

Sie entschied sich für das Lager und umrundete das Haus.

Die Tür war noch in dem Zustand, in dem sie sie verlassen hatte; sie öffnete sie, trat in das dämmrige Innere. Sie schritt über den Betonboden, und ihre Schritte schienen widerzuhallen, obwohl sie sich bemühte, leise aufzutreten.

Auf halbem Weg zur Werkstatt blieb sie stehen, schwach und unentschlossen wie ein Schwimmer in der Mitte des Sees, der sich nicht sicher ist, ob er das Ufer erreichen wird.

Aus der Werkstatt drang das Gemurmel von Stimmen, dann ein heiserer Wutschrei – Tarberts Stimme. Sie rannte zur Tür, schaute hindurch.

Sie hatte Recht. Burke war total verrückt, ein gemeingefährlicher Irrer. Er hatte Dr. Tarbert an die Stäbe seiner teuflischen Maschine geschnallt und schwere Kontakte an Tarberts Kopf befestigt. Jetzt sprach er gerade, ein Lächeln teuflischer Grausamkeit auf dem Gesicht. Margaret konnte nur ein paar seiner Worte verstehen, so laut und heftig pochte das Blut in ihrem Kopf. »– viel weniger angenehme Umgebung, auf einem Planeten namens Ixax –« »– der Nopal, du wirst schon sehen –« »entspann dich jetzt, du wachst als *Tauptu* wieder auf –«

»Lass mich hier aufstehen«, brüllte Tarbert. »Egal, was es ist, ich will's nicht!«

Burke, der sehr blass und hager aussah, achtete nicht länger auf ihn. Er legte einen Schalter um. Ein schwankender blauvioletter Schein warf flackernde Lichter und Schatten durch den Raum. Von Tarbert kam ein unirdisch schriller Schmerzensschrei; er versteifte sich und stemmte sich gegen seine Fesseln.

Margaret sah mit einer Mischung aus Entsetzen und Faszination zu. Burke nahm einen Streifen von etwas, das wie durchsichtiges Plastik wirkte; den warf er über Tarberts Kopf und Schultern. Eine sichtbare Steifheit in seinen Falten dehnte es aus und hielt es oberhalb der Röhren hinter Tarberts Kopf. Zu dem zeitweilig aussetzenden Blitzen des knisternden Lichts und Tarberts grässlichen Schreien begann Burke, den transparenten Film zu kneten und zu walken.

Margaret gewann allmählich ihren klaren Verstand zurück. *Gher, gher, gher!* Suchend blickte sie sich nach einer Waffe um, einer Eisenstange, einem Schraubenschlüssel, irgendetwas... Nichts zu finden. Sie wollte schon vorwärts stürmen und Burke mit bloßen Händen angreifen, aber dann überlegte sie es sich doch anders und stürzte hinter Burkes Rücken ins Büro, wo ein Telefon stand. Zum Glück war es angeschlossen. Das Freizeichen kam sofort. Sie wählte die Vermittlung. »Polizei, Polizei«, krächzte sie. »Geben Sie mir die Polizei!«

Eine brummige Männerstimme antwortete; Margaret stotterte die Adresse heraus. »Hier ist ein Verrückter; er bringt Dr. Tarbert um, so foltert er ihn!«

»Wir schicken einen Streifenwagen vorbei, Miss. Electrodyne Engeneering, Leghorn Road, richtig?«

»Ja. Bitte beeilen Sie sich...« Ihre Stimme versagte. Sie fühlte, dass *jemand* oder *etwas* hinter ihr war, und lähmende Angst ergriff sie. Ihre Halswirbel schienen aufeinander zu knirschen, als sie langsam, mit steifem Genick, den Kopf drehte.

Burke stand unter der Tür. Kummervoll schüttelte er den Kopf, dann wandte er sich um und ging langsam dorthin zurück, wo Tarberts Körper sich in Krämpfen wand und sich zum Blitzen des unheimlichen Lichts hoch aufbäumte. Er packte wieder den transparenten Film und fuhr in seiner Arbeit fort, walkte und knetete, wickelte das Material um Tarberts Kopf.

Margarets Beine gaben nach; sie taumelte gegen den Türrahmen. Wie betäubt fragte sie sich, warum Burke ihr nichts getan hatte. Er war wahnsinnig; er musste gehört haben, wie sie die Polizei angerufen hatte... Weit weg hörte sie das Jaulen einer Sirene, anschwellend und singend, lauter und lauter.

Burke stand auf. Er keuchte vor Anstrengung; sein Gesicht war eingefallen und erinnerte an einen Totenschädel. Nie zuvor hatte Margaret etwas so absolut Böses wie dieses Gesicht gesehen. Wenn sie eine Waffe gehabt hätte, hätte sie geschossen; wenn ihre Knie sie noch getragen hätten, hätte sie ihn mit ihren Händen angegriffen ... Burke hielt den Film wie einen Sack um etwas herum. Margaret konnte nichts in seinem Inneren erkennen; trotzdem schien der Sack sich zu bewegen und zu zittern.

In ihrem Gehirn gab es einen Ruck – ein vager schwarzer Fleck bedeckte den Sack ... Sie war sich Burkes bewusst, der auf dem Sack herumtrampelte – ein Sakrileg, begriff sie; der Höhepunkt all dieser Scheußlichkeiten.

Die Polizei betrat den Raum; Burke legte einen Schalter an seiner Maschine um. Während Margaret betäubt zusah, näherten sich die Polizisten vorsichtig Burke, der erschöpft und mutlos dastand.

Dann sahen sie Margaret. »Alles in Ordnung mit Ihnen, Lady?«

Sie nickte, vermochte aber nicht zu sprechen. Sie sank zu Boden und brach in hemmungslose Tränen aus. Zwei Polizisten trugen sie zu einem Stuhl und versuchten sie zu beruhigen. Gleich darauf kam ein Krankenwagen an. Sanitäter trugen die bewusstlose Gestalt Dr. Tarberts hinaus; Burke wurde im Streifenwagen weggebracht. Margaret fuhr in einem zweiten mit, und ein Polizist folgte mit ihrem eigenen Wagen.

IX

Burke wurde in die staatliche Irrenanstalt für Kriminelle zur Beobachtung eingewiesen und dort in einen kleinen weißen Raum mit blassblauer Decke gesperrt. In den Fenstern war Milchglas, davor ein stählernes Gitter. Das Bett war ein bis zum Boden reichender Kasten, sodass er nicht darunterkriechen konnte; es gab nirgendwo eine Möglichkeit, sich zu erhängen: keine Haken, keine Klammern, keine elektrischen Installationen, und selbst die Türangeln hatten schräge Schultern, von denen ein Gürtel oder ein improvisiertes Seil abrutschen musste.

Eine kleine Gruppe von Psychiatern untersuchte Burke lange und gründlich. Er fand sie intelligent, aber sie waren entweder windige Bluffer oder aber vage und zögernd, ganz so, als tasteten sie sich durch einen ewigen Nebel der Verwirrung, der entweder von ihrem schwierigen Subjekt stammte oder von der Irrigkeit jener Voraussetzung, von denen sie ausgingen. Die Ärzte ihrerseits fanden, dass ihr Patient höflich war und sich klar auszudrücken verstand, aber sie konnten nicht verhehlen, dass ihnen seine Pose traurigen Spotts angesichts der verschiedenen Tests, Tabellen, Zeichnungen und Spiele, die sie ihm vorlegten und durch die sie den genauen Grad seiner Abnormalität festzustellen hofften, nicht behagte.

Am Ende versagten sie. Burkes Wahnsinn entzog sich der Aufdeckung durch jedwede objektive Verfahrensweise. Trotzdem kamen die Psychiater zu einer gemeinsamen intuitiven Diagnose: »extreme Paranoia.« Sie beschrieben ihn als »täuschend vernünftig mit geschickt verschleierten Zwangsvorstellungen«. Seine Abnormalität (so erklärten sie) sei in so hohem Maße und so überaus geschickt verschleiert, dass nur erfahrene Psychopathologen wie sie selbst sie hatten erkennen können. Sie berichteten, Burke sei lustlos und in sich gekehrt und interessiere sich kaum für etwas außer dem Befinden und gegenwärtigen Aufenthaltsort seines Opfers, Dr. Ralph Tarbert. Wiederholt habe er gebeten, ihn sehen zu dürfen – eine Bitte, die man ihm natürlich habe abschlagen müssen. Sie forderten eine weitere Verwahrung Burkes, um ihn noch eine Weile beobachten und testen zu können, bevor sie dem Gericht eine definitive Empfehlung vorlegen wollten.

Die Tage verstrichen, und Burkes Paranoia schien sich zu verstärken. Der Psychiater registrierte Anzeichen von Verfolgungswahn. Burke starrte wild in seiner Kammer umher, als verfolge er dahintreibende Umrisse. Er weigerte sich zu essen und magerte ab; er fürchtete sich so sehr vor der Dunkelheit, dass man ihm ein Nachtlicht erlaubte. Bei zwei Gelegenheiten beobachtete man ihn dabei, wie er mit den Händen in die leere Luft schlug.

Burke litt nicht nur seelisch, sondern auch körperlich. Er verspürte ein ununterbrochenes Zupfen und Drehen in seinem Gehirn – eine Empfindung, die seiner ursprünglichen Denopalisierung glich, aber gnädigerweise weniger intensiv war. Die Xaxaner hatten ihn vor diesen Qualen nicht gewarnt. Falls sie gezwungen waren, diese Foltern einmal im Monat auszuhalten – und das zusätzlich zu den grellen Schmerzen der Denopalisierung –, so konnte Burke sehr wohl ihre Entschlossenheit verstehen, die Nopal aus dem ganzen Universum zu vertreiben.

Das Geschiebe in seinem Geist nahm immer mehr an Heftigkeit zu. Langsam begann er zu fürchten, dass er wirklich halb durchgedreht war. Die Psychiater stellten ihm weiter ernste Fragen, untersuchten ihn wie weise alte Eulen, während die Nopal, die auf ihren Schultern in den Raum und wieder mit hinausritten, mit einem fast gleichen Grad unbeteiligter Weisheit zuschauten. Am Ende verordnete der Stationsarzt Beruhigungsmittel, doch dagegen wehrte sich Burke, weil er den Schlaf fürchtete. Die Nopal hingen dicht über ihm und starrten ihm in die Augen, während die Stacheln sich aufplusterten und spreizten und zuckten wie die Federn einer im Sand badenden Henne. Der Arzt rief die Pfleger, Burke wurde festgehalten, die Nadel in ihn hineingestochen, und trotz seiner verzweifelten Entschlossenheit, wach zu bleiben, fiel er in einen Schlaf der Betäubung.

Sechzehn Stunden später wachte er auf und schaute im Liegen unbeteiligt zur Decke hinauf. Seine Kopfschmerzen waren verschwunden, er fühlte sich klamm und verquollen, als leide er unter einer schweren Erkältung. Langsam kehrten die Erinnerungen zurück, zögernd und bruchstückhaft. Er hob die Augen und suchte die Luft über seinem Bett ab. Kein Nopal in Sicht – zu seiner größten Erleichterung. Er seufzte, lehnte sich auf das Kissen zurück.

Die Tür öffnete sich, und ein Pfleger rollte einen Wagen mit einem Essenstablett herein.

Burke setzte sich auf, schaute den Pfleger an. Kein Nopal. Der Raum über dem Kopf des Mannes war leer; keine gehässigen Augenkugeln starrten über die weißbekittelten Schultern.

Ein Gedanke entstand in Burke, und er sank zurück

und kauerte sich im Bett zusammen. Langsam hob er die Hand, tastete nach seinem Nacken. Nichts, nur seine eigene Haut und die Stoppeln seiner eigenen Haare...

Der Pfleger beobachtete ihn. Burke wirkte ruhiger, beinahe normal. Der Abteilungspsychiater, der seine Runde machte, gewann den gleichen Eindruck. Er führte ein kurzes Gespräch mit Burke und konnte sich der Überzeugung nicht erwehren, dass Burke wieder normal geworden sei. Deshalb löste er auch ein Versprechen ein, das er vor ein paar Tagen gegeben hatte, und rief Margaret Haven an, um ihr mitzuteilen, dass sie Burke während der regulären Besuchszeit sehen könne.

Noch am gleichen Nachmittag wurde Burke davon unterrichtet, dass Margaret Haven gekommen sei, um ihn zu besuchen. Burke folgte dem Pfleger zu dem freundlichen Sprechzimmer, das so täuschend der Halle eines ländlichen Hotels glich.

Margaret rannte quer durch den Raum auf ihn zu und griff nach seinen beiden Händen. Sie schaute ihm lange und aufmerksam ins Gesicht, und ihr eigenes Gesicht, das blass und schmal geworden war, leuchtete vor Glück auf. »Paul! Du bist wieder du selbst! Ich weiß es! Ich sehe es dir an!«

»Ja«, sagte Burke, »ich bin wieder ich selbst.« Sie setzten sich. »Wo ist Ralph Tarbert?«, fragte er.

Margarets Blick irrte unschlüssig ab. »Ich weiß es nicht. Er verschwand sofort nach seiner Entlassung aus dem Krankenhaus in der Versenkung.« Sie drückte Burkes Hände. »Ich soll nicht über solche Dinge sprechen; der Doktor will nicht, dass ich dich aufrege.«

»Wie rücksichtsvoll von ihm. Wie lange haben die eigentlich noch vor, mich hier zu behalten?«

»Ich weiß es nicht. Bis sie deinetwegen zu einem Entschluss gekommen sind, nehme ich an.«

»Hmpf. Sie können mich nicht ewig hier festhalten, es sei denn, sie besorgen sich irgendeinen offiziellen Einweisungsbefehl ...«

Margaret wandte den Blick ab. »Soweit ich gehört habe, will die Polizei mit dem Fall am liebsten nichts zu tun haben. Dr. Tarbert hat sich geweigert, Anzeige gegen dich zu erstatten; er beharrt darauf, dass du und er ein Experiment durchgeführt habt. Die Polizei denkt, er sei genauso ...« Sie verstummte abrupt.

Burke lachte kurz. »Genauso verrückt wie ich, was? Tja, Tarbert ist nicht verrückt. Er sagt nur zufällig die Wahrheit.«

Margaret beugte sich mit von Angst und Sorge gezeichnetem Gesicht vor. »Was geht hier vor, Paul? Du tust irgendetwas Sonderbares – und es ist nicht einfach ein Regierungsauftrag, da bin ich mir ganz sicher! Und was immer es auch ist, es macht mir Sorge.«

Burke seufzte. »Ich weiß nicht... Es hat sich eine Menge geändert. Vielleicht *war* ich ja verrückt; vielleicht habe ich einen Monat lang in der merkwürdigsten Halluzination gelebt, die man sich nur vorstellen kann. Ich bin mir nicht sicher.«

Margaret schaute weg und sagte mit leiser Stimme: »Ich frage mich die ganze Zeit, ob ich richtig gehandelt habe, als ich die Polizei rief. Ich dachte, du wärst dabei, Dr. Tarbert umzubringen. Aber jetzt« – sie machte eine kleine, nervöse Geste – »jetzt weiß ich gar nichts mehr.«

Burke sagte nichts.

»Willst du es mir nicht erzählen?«

Burke lächelte matt und schüttelte den Kopf. »Dann würdest du mich endgültig für verrückt halten.«

»Du bist doch nicht böse auf mich?«

»Natürlich nicht.«

Die Glocke, die das Ende der Besuchszeit anzeigte, läutete; Margaret erhob sich. Burke küsste sie und bemerkte dabei, dass ihre Augen feucht waren. Er tätschelte ihr die Schulter. »Eines Tages erzähle ich dir die ganze Geschichte – vielleicht schon, wenn ich hier heraus bin.«

»Versprichst du mir das, Paul?«

»Ja, das verspreche ich.«

Am nächsten Morgen schaute Dr. Kornberg, der Chefpsychiater der Anstalt, auf seiner routinemäßigen wöchentlichen Visite bei Paul herein. »Na, Mr. Burke«, fragte er polternd, »wie geht's Ihnen denn so?«

»Sehr gut«, erwiderte Burke. »Ich habe mich sogar schon gefragt, wann ich wohl entlassen werden kann.«

Der Psychiater setzte die spöttische, unverbindliche Miene auf, mit der er stets auf diese Art von Frage reagierte. »Wenn wir den Eindruck haben, dass wir wissen, was bei Ihnen nicht in Ordnung ist. Immer vorausgesetzt, *dass* bei Ihnen überhaupt etwas nicht in Ordnung ist. Offen gestanden, Mr. Burke, sind Sie ein überaus rätselhafter Fall.«

»Sie sind also nicht überzeugt, dass ich normal bin?«

»Ha ha! Wir können doch keine Hauruckentscheidungen fällen, bloß auf der Grundlage äußerlicher Eindrücke! Einige unserer geistig am stärksten verwirrten Patienten wirken verblüffend normal. Natürlich meine ich damit nicht Sie – auch wenn Sie immer noch ein paar recht verwirrende Symptome zeigen.«

»Zum Beispiel?«

Der Psychiater lachte. »Ich kann doch keine Berufsgeheimnisse ausplaudern. ›Symptome‹ ist vielleicht ein zu starkes Wort.« Er überlegte. »Nun, sprechen wir doch mal von Mann zu Mann. Warum betrachten Sie sich oft volle fünf Minuten hintereinander im Spiegel?«

Burke lächelte gequält. »Narzissmus, nehme ich an.«

Der Psychiater schüttelte den Kopf. »Das bezweifle ich. Warum tasten Sie in der Luft über Ihrem Kopf herum? Was erwarten Sie da zu finden?«

Burke rieb sich nachdenklich das Kinn. »Sie haben mich offensichtlich bei einer Jogaübung erwischt.«

»Verstehe.« Der Psychiater stand schwerfällig auf. »Mh, mh.«

»Nur einen Moment noch, Herr Doktor«, sagte Burke. »Sie glauben mir nicht. Sie halten mich für jemanden, der hier seine Scherze treibt oder aber geschickte Ausreden erfindet, paranoid bin ich Ihrer Ansicht nach aber immer noch. Ich möchte Ihnen eine Frage stellen. Betrachten Sie sich selbst als einen Materialisten?«

»Ich bin kein Anhänger irgendeiner der metaphysischen Religionen, und das schließt alle ein – oder aus, wenn Sie so wollen. Ist damit Ihre Frage beantwortet?«

»Nicht ganz. Worauf ich hinaus will, ist Folgendes: Können Sie die Möglichkeit von Ereignissen und Erfahrungen zugeben, die – nun ja, außerhalb der gewohnten Ordnung liegen?«

»Ja«, sagte Kornberg vorsichtig, »bis zu einem gewissen Grad.«

»Und ein Mann, der eines dieser außergewöhnlichen Ereignisse mitgemacht hat und es beschreibt, könnte durchaus für wahnsinnig gehalten werden?«

»Ja, gewiss«, sagte Kornberg. »Wenn Sie mir sagen würden, Sie hätten neulich eine blaue Giraffe auf Rollschuhen gesehen, die Ziehharmonika spielte, würde ich Ihnen nicht glauben.«

»Natürlich nicht, denn das wäre Unsinn, eine Travestie des Normalen.« Burke zögerte. »Weiter will ich jetzt nicht gehen – schließlich möchte ich so schnell wie möglich hier herauskommen. Aber diese Verhaltensweisen, die Sie beobachtet haben – das In-den-Spiegel-Schauen, das In-die-Luft-Greifen – entspringen allesamt Umständen, die ich als – nun, sagen wir, als bemerkenswert bezeichnen möchte.«

Kornberg lachte. »Sie sind aber vorsichtig.«

»Klar. Ich spreche ja auch mit einem Psychiater in einer Klapsmühle, der mich für geistig verwirrt hält.«

Kornberg stand übergangslos auf. »Ich muss wieder auf meine Runde.«

Burke vermied es sorgfältig, sich wieder im Spiegel zu betrachten oder in die Luft über seinen Schultern zu greifen. Eine Woche später wurde er aus der Anstalt entlassen. Alle gegen ihn erhobenen Vorwürfe waren fallen gelassen worden; er war ein freier Mann.

Dr. Kornberg schüttelte ihm bei seiner Entlassung die Hand. »Ich wäre sehr neugierig auf die ›bemerkenswerten Umstände‹, die Sie erwähnt haben.«

»Das bin ich auch«, sagte Burke. »Ich werde mich jetzt daranmachen, sie zu erforschen. Vielleicht können Sie mich bald schon wieder in Empfang nehmen.«

Kornberg schüttelte väterlich mahnend den Kopf; Margaret ergriff Burkes Arm und führte ihn zu ihrem Wagen. Hier drückte sie ihn fest an sich und küsste ihn begeistert. »Du bist wieder draußen! Du bist frei, du bist gesund, du bist –«

»Arbeitslos«, sagte Burke. »Und jetzt möchte ich Tarbert sehen. Sofort.«

Margarets Gesicht, ein wasserklarer Spiegel all ihrer Gefühle, drückte Missbilligung aus. Mit nur allzu leicht durchschaubarer Munterkeit meinte sie: »Oh, wir wollen uns doch jetzt nicht mit Dr. Tarbert befassen. Er ist mit seinen eigenen Angelegenheiten beschäftigt.«

»Ich *muss* Ralph Tarbert sehen.«

Margaret stotterte unsicher: »Meinst du nicht, dass ... ach, lass uns doch woanders hingehen, ja?«

Burke lächelte spöttisch. Offensichtlich war Margaret eingeschärft worden – oder sie war von selbst darauf gekommen –, dass es am besten sein würde, Burke von Tarbert fern zu halten.

»Margaret«, sagte er sanft, »du mischst dich da in etwas ein, das du nicht begreifst. Ich *muss* Ralph Tarbert sehen.«

Margaret rief verzweifelt aus: »Ich will nicht, dass du noch einmal in eine solche Sache hineingezogen wirst... Angenommen, du regst dich so auf, dass du – dass du wieder ...«

»Ich rege mich viel mehr auf, wenn ich Tarbert nicht sehe. Bitte, Margaret. Ich werde dir noch heute alles erklären.«

»Es ist ja nicht nur wegen dir«, sagte Margaret kläglich. »Es ist auch wegen Dr. Tarbert. Er hat sich verändert! Er war so – nun, so kultiviert, und jetzt ist er wild und verbittert. Ich habe sogar richtige Angst vor ihm, Paul. Er wirkt so *böse!*«

»Das ist er ganz gewiss nicht. Ich *muss* ihn sehen.«

»Du hast mir versprochen, mir zu erzählen, wie du in diese grässliche Lage gekommen bist.«

»Das habe ich.« Burke seufzte tief. »Ich würde dich am liebsten so lange wie möglich aus dieser Sache heraushalten. Aber versprochen ist versprochen, und – komm, wir wollen Tarbert besuchen. Wo ist er?«

»Bei Electrodyne Engeneering. Er ist dort eingezogen, als du weggingst. Er ist sehr merkwürdig geworden.«

»Das wundert mich nicht«, sagte Burke. »Wenn all dies wirklich ist – wenn ich nicht tatsächlich wahnsinnig bin –«

»*Weißt* du das denn nicht?«

»Nein«, gestand Burke ein. »Das werde ich von Tarbert erfahren. Ich hoffe, ich bin wahnsinnig. Ich wäre erleichtert und glücklich, wenn ich daran glauben könnte.«

An Margarets Gesicht war deutlich abzulesen, wie erschüttert und durcheinander sie war; trotzdem sagte sie nichts mehr.

Langsam fuhren sie die Leghorn Road stadtauswärts hinaus, und Margarets Widerwillen, weiterzufahren, wurde immer ausgeprägter. Auch Burke selbst begann, Gründe dafür zu finden, warum ein Besuch bei Tarbert keine gute Idee sei. In seinem Gehirn zuckten knisternde Entladungen blassen Lichts, ein Zischen hallte darin wider, und in seinem Gehörzentrum war eine Empfindung beinahe wie ein dumpfes Pochen. Ein Pochen, ein Knurren. »*Gher – gher – gher* –«, der Laut, den er schon früher gehört hatte, auf Ixax. Oder war Ixax eine Illusion und er selbst verrückt? Bekümmert schüttelte Burke den Kopf. Die ganze Angelegenheit war verrückt. Von einer fixen Idee getrieben, hatte er den armen Tarbert an seine selbstgebastelte Foltermaschine gefesselt und ihn ohne Zweifel beinahe getötet. Tarbert mochte unzugänglich sein, vielleicht sogar aggressiv ... Nein, er hatte ganz und gar nicht den Wunsch, Tarbert aufzusuchen. Je näher sie Electrodyne Engeneering kamen, desto ausgeprägter wurde sein Widerwillen, und desto lauter wurde der mahlende Ton in seinem Geist: »*Gher – gher* –

gher.« Der Lichtschimmer in seinem Kopf nahm an Intensität zu, schwebte vor seinen Augen wie eine Vision. Er sah düstere Farben erblühen, ein Ding, das so abstoßend wie eine ertrunkene Frau war, die mit aufgelöstem, von der Strömung bewegtem Haar tief drunten in einem schwarzgrünen Ozean trieb ... Er sah wächsernen Seetang, dicht übersät mit farbigen Sternen wie Blüten an einer Stockrose. Er sah einen Bottich wirbelnder Spagetti, dicke Stränge, aus zitterndem blaugrünen Gras gezogen ... Burke sog zischend die Luft ein, wischte sich die Augen mit dem Handrücken.

Margaret blickte ihn bei jeder seiner Unbehagen ausdrückenden Bewegungen hoffnungsvoll an, doch Burke presste verbissen die Lippen zusammen. Sobald er Tarbert gegenüberstand, würde er die Wahrheit wissen. Tarbert wusste Bescheid.

Margaret fuhr auf den Parkplatz. Tarberts Wagen stand da. Auf bleischweren Füßen ging Burke zur Bürotür. Das Knurren in seinem Kopf war absolut bedrohlich. Im Innern des Gebäudes lauerte eine böse Macht; es war, als sei Burke ein Mensch aus grauer Vorzeit vor einer dunklen Höhle, in der es nach Blut und Aas roch ...

Er rüttelte an der Tür zum Büro; sie war abgesperrt. Er klopfte.

Irgendwo drinnen regte sich etwas. Flieh, solange noch Zeit genug ist! Noch Zeit genug! Noch Zeit genug! Nicht warten! Zu spät! Nicht warten! Noch Zeit genug!

Tarbert erschien unter der Tür – ein monströser, aufgedunsener Tarbert, ein böser, feindseliger Tarbert. »Hallo, Paul«, höhnte er. »Sie haben dich also doch rausgelassen?«

»Ja«, sagte Burke mit einer Stimme, deren Zittern er

nicht unterdrücken konnte. »Ralph, bin ich verrückt, oder bin ich's nicht? Kannst du ihn sehen?«

Tarbert musterte ihn mit der Schläue eines hungrigen Haies. Er wollte Burke in eine Falle locken, wollte ihn ins Unglück und Elend stürzen.

»Er ist da.«

Burke stieß schnarrend den Atem durch seine wie zugeschnürte Kehle aus. Hinter ihm ertönte Margarets ängstliche Stimme: »Was ist da? Sag's mir, Paul! Was ist es?«

»Der Nopal«, krächzte Burke. »Er sitzt auf meinem Kopf und saugt an meinem Geist.«

»Nein!«, rief Margaret und ergriff seinen Arm. »Schau mich an, Paul! Glaub Tarbert nicht! Er lügt! Da ist nichts! Ich kann dich sehen, und da ist nichts!«

»Ich bin nicht verrückt«, sagte Burke. »Du kannst ihn nicht sehen, weil du auch einen hast. Er lässt nicht zu, dass du ihn siehst. Er versucht, uns glauben zu machen, Ralph sei heimtückisch und gemein – genau wie er dich hat denken lassen, ich sei das.«

Margarets Gesicht verfiel vor Schrecken und Ungläubigkeit. »Ich wollte dich da nicht hineinziehen«, sagte Burke, »aber nachdem du jetzt einmal drinsteckst, kannst du ebenso gut erfahren, was eigentlich los ist.«

»Was ist ein ›Nopal‹?«, flüsterte Margaret.

»Ja«, sagte Tarbert hohl, »was ist ein Nopal? Ich weiß es auch nicht.«

Burke nahm Margaret beim Arm und führte sie ins Büro. »Setz dich.« Vorsichtig ließ sich Margaret auf einem Stuhl nieder; Tarbert lehnte sich gegen einen Schreibtisch. »Was auch immer der Nopal ist«, sagte Burke, »angenehm ist er nicht. Böser Geist, Aufhocker, Gehirnparasit – das sind bloß Namen; sie beschreiben diese Dinger nicht. Aber sie sind fähig, uns zu beeinflussen. Jetzt, in diesem Augenblick, Margaret, befehlen sie uns, Tarbert zu hassen. Ich hatte nie richtig begriffen, wie mächtig diese Dinger sind, bis ich in die Leghorn Road eingebogen bin.«

Margaret hob die Hände an ihren Kopf. »Ist er jetzt auf mir?«

Tarbert nickte. »Ich kann ihn sehen. Hübsch ist er nicht.«

Margaret sackte auf ihrem Stuhl zusammen; ihre Hände verkrampften sich in ihrem Schoß, und ihr Gesicht war sehr bleich. Mit einem unsicheren Lächeln wandte sie sich an Burke. »Du machst doch nur einen Witz, nicht wahr? Du willst mich nur ein bisschen erschrecken?«

Burke tätschelte ihre Hand. »Ich wünschte, das täte ich. Aber ich bin weit davon entfernt.«

Immer noch ungläubig, fragte Margaret: »Aber warum haben andere Leute sie noch nicht gesehen? Warum sind sie den Wissenschaftlern nicht bekannt?«

»Ich werde dir die ganze Geschichte erzählen.«

»Ja«, sagte Tarbert trocken. »Ich bin auch gespannt, sie zu hören. Ich weiß nämlich rein gar nichts, außer, dass jeder ein Monster mit sich herumträgt, das auf seinem Kopf reitet.«

»Tut mir Leid, Ralph«, sagte Burke und lachte. »Ich kann mir vorstellen, dass das ein ziemlicher Schock für dich war.«

Tarbert nickte grimmig. »Darauf kannst du dich verlassen.«

»Gut, hier ist also die Geschichte ...«

X

Es war Abend geworden; die drei saßen in der Werkstatt, in einer Lichtpfütze rings um den Denopalisator. Auf der Werkbank blubberte eine elektrische Kaffeemaschine.

»Eine grausame Situation«, sagte Burke. »Nicht nur für uns, sondern für alle. Ich brauchte einfach Hilfe, Ralph. Ich *musste* dich da mit hineinziehen.«

Tarbert saß da und starrte den Denopalisator an. Im Raum herrschte Schweigen bis auf das monotone Knurren in Burkes Kopf. Tarbert erschien ihnen immer noch als die Verkörperung aller Gefahren und Übel, aber Burke, der seinen Geist davor verschloss, klammerte sich daran fest, dass Tarbert sein Freund und Verbündeter sei – wenn er es auch nicht ertrug, in Tarberts boshaftes Gesicht zu schauen.

Burke regte sich. »Ihr habt immer noch die Wahl. Schließlich ist es ja nicht eure Verantwortung – und auch nicht meine, was das betrifft. Aber jetzt, da ihr wisst, was los ist, könnt ihr euch immer noch zurückziehen. Ich könnte euch deswegen nicht einmal böse sein.«

Tarbert lächelte traurig. »Ich beklage mich ja gar nicht. Früher oder später wäre ich doch mit hineingezogen worden. Da bin ich lieber gleich von Anfang an mit dabei.«

»Ich auch«, sagte Burke erleichtert. »Wie lange war ich eigentlich in der Anstalt?«

»Ungefähr zwei Wochen.«

»In weiteren zwei Wochen etwa wird sich der Nopal

wieder auf dir festsetzen. Du schläfst ein, und wenn du wieder aufwachst, glaubst du, das alles sei bloß ein schrecklicher Albtraum gewesen. Das war jedenfalls meine Empfindung. Du wirst keine Schwierigkeiten haben, die ganze Angelegenheit zu vergessen, weil der Nopal dir dabei helfen wird.«

Tarberts Augen richteten sich auf einen Punkt über Burkes Schultern. Er erschauerte. »Bei dem Ding, das mich so anschaut?« Er schüttelte den Kopf. »Ich begreife nicht, wie du es ertragen kannst, sein Wirt zu sein, wo du doch weißt, was es ist.«

Burke verzog das Gesicht. »Er gibt sich alle Mühe, den Widerwillen zu dämpfen ... Sie würgen alle Gedankengänge ab, die ihnen nicht gefallen – erlangen einen gewissen Grad an Kontrolle. Sie können die in jedermann latent vorhandenen Antipathien verstärken; es ist gefährlich, ein Tauptu in einer Welt von Chitumih zu sein.«

Margaret rutschte unruhig auf ihrem Stuhl herum. »Ich begreife nicht, was du hoffst, tun zu können.«

»Es geht nicht darum, was wir hoffen, sondern was wir tun *müssen*. Die Xaxaner haben uns ein Ultimatum gestellt: Säubert euren Planeten, oder wir säubern ihn für euch. Sie haben die Möglichkeiten dazu; sie sind skrupellos genug.«

»Ich kann ihnen ihre Entschlossenheit nachfühlen«, sagte Tarbert nachdenklich. »Sie müssen sehr viel gelitten haben.«

»Aber sie bringen dasselbe Leiden auch über uns – oder wollen das wenigstens tun!« protestierte Burke. »Ich finde, sie sind abgestumpft, hart, herrschsüchtig –«

»Du hast sie unter den schlimmsten denkbaren Bedingungen gesehen«, bemerkte Tarbert. »Sie scheinen dich so höflich wie nur möglich behandelt zu haben. Mein Gefühl sagt mir, ein Urteil über die Xaxaner so lange zurückzustellen, bis wir sie besser kennen.«

»Ich kenne sie schon jetzt gut genug«, knurrte Burke. »Vergesst nicht, ich war Zeuge, wie ...« Er hielt abrupt inne. Aller Wahrscheinlichkeit nach drängten ihn die Nopal, die Xaxaner anzugreifen. Tarberts Rechtfertigung war vielleicht die vernünftigere Haltung. Aber andererseits ... Tarbert unterbrach seine Überlegungen. »Es gibt immer noch eine Menge, was ich nicht verstehe«, sagte er. »Beispielsweise nennen sie die Erde Nopalgard; sie wollen, dass wir uns selbst von den Nopal reinigen, vorgeblich, um ein Pestloch auszuräuchern. Aber das Universum ist ungeheuer groß, und es muss viele andere Welten geben, die von Nopal verseucht sind. Sie können doch nicht damit rechnen, das gesamte Universum zu säubern! Man kann Moskitos nicht ausrotten, indem man einen Tümpel im Sumpf besprüht.«

»Demzufolge, was sie mir erzählt haben«, sagte Burke, »ist genau das ihr Ziel. Sie führen einen Kreuzzug gegen die Nopal durch, und wir sind die ersten Bekehrten. Soweit es um die Erde geht, ist das unsere Arbeit. Wir haben eine ungeheure Verantwortung – und ich sehe keine Möglichkeit, wie wir uns ihrer entledigen könnten.«

»Aber wenn diese Dinger doch existieren«, sagte Margaret unsicher, »und ihr sagt das den Leuten –«

»Wer würde uns denn glauben? Wir können nicht einfach hingehen und jeden denopalisieren, der zufällig vorbeikommt; wir würden uns keine vier Stunden halten. Wenn wir auf eine abgelegene Insel zögen und dort eine Tauptu- Kolonie errichteten, und wenn wir durch einen glücklichen Zufall der Ausrottung entgingen, würden wir am Ende doch bloß einen Krieg wie den auf Ixax auslösen.«

»Dann ...«, begann Margaret, aber Burke unterbrach sie: »Wenn wir nichts tun, werden die Xaxaner uns vernichten. Sie haben auf Ixax Millionen von Chitumih getötet; warum sollten sie zögern, dasselbe auch hier zu tun?«

»Wir müssen uns erst einmal wieder so weit beruhigen, dass wir sachlich überlegen können«, sagte Tarbert. »Mir fallen da mindestens ein Dutzend Fragen ein, denen ich nachgehen möchte. Gibt es zum Beispiel keinen anderen Weg, diese verdammten Nopal auszutreiben, als mit der Foltermaschine da? Ist es möglich, dass die Nopal bloß ein Teil des menschlichen Organismus sind wie die so genannte Seele oder eine Art gebrochenes Abbild der Denkvorgänge? Oder möglicherweise des Unterbewussten?«

»Wenn sie ein Teil unserer selbst sind«, überlegte Burke, »warum sollten sie dann so abscheulich wirken?«

Tarbert lachte. »Wenn ich deine Eingeweide vor deinem Gesicht baumeln ließe, würdest du sie bestimmt ganz schön ekelerregend finden.«

»Stimmt«, sagte Burke. Er dachte einen Augenblick lang nach. »Zu deiner ersten Frage: Die Xaxaner kennen keinen anderen Weg, die Nopal auszutreiben, als mit dem Denopalisator. Das bedeutet natürlich nicht, dass kein anderer Weg existiert. Und was die Nopal als Teil des menschlichen Organismus angeht – so verhalten sie sich ganz und gar nicht. Sie schweben hungrig umher, sie wechseln auf andere Planeten, sie handeln wie unabhängige Geschöpfe. Wenn irgendeine Art von Mensch-Nopal-Symbiose im Spiel ist, so scheint sie ausschließlich den Nopal zu nützen. Soweit ich bis jetzt weiß, bringen sie ihrem Wirt keinerlei Vorteile – allerdings kenne ich auch keine direkten Schäden, die sie verursachen.«

»Warum sind dann die Xaxaner so blindwütig entschlossen, sich von ihnen zu befreien, ja sogar das gesamte Universum von den Nopal zu säubern?«

»Weil die Nopal so widerlich sind, nehme ich an«, sagte Burke. »Das scheint Grund genug für sie zu sein.«

Margaret fröstelte. »Mit mir muss etwas nicht stimmen ... Wenn diese Dinger existieren, und ihr sagt beide, dass es so ist, dann müsste ich doch eigentlich mehr von diesem Widerwillen spüren – aber das tue ich nicht. Ich fühle mich bloß taub.«

»Dein Nopal klemmt zur rechten Zeit den rechten Nerv ab«, sagte Burke.

»Diese Tatsache«, stellte Tarbert fest, »würde bedeuten, dass der Nopal eine beträchtliche Intelligenz besitzt – und das wirft eine ganze Reihe neuer Fragen auf: Versteht der Nopal Worte, oder fühlt er nur einfach ungeformte Emotionen? Anscheinend lebt er auf einem einzigen Wirt, bis der Wirt stirbt, und in diesem Falle hat er Gelegenheit genug, die Sprache zu erlernen. Aber andererseits mag er gar keinen Gedächtnisspeicher besitzen, der groß genug dafür ist. Vielleicht überhaupt kein Gedächtnis.«

Margaret sagte: »Wenn er auf einer Person bleibt, bis diese Person stirbt, dann liegt es im Interesse des Nopals, diese Person am Leben zu erhalten.«

»So würde es scheinen.«

»Das könnte das Spüren von Gefahr, Vorahnungen und ähnliche Dinge erklären.«

»Durchaus möglich«, sagte Tarbert. »Das ist einer der

Gedankengänge, denen wir auf jeden Fall nachgehen sollten.«

Von der Außentür ertönte ein herrisches Klopfen. Tarbert sprang auf; Margaret fuhr erschrocken herum und presste die Hand gegen den Mund.

Langsam ging Tarbert zur Tür; Burke hielt ihn zurück. »Lass mich gehen. Ich bin ein Chitumih, wie alle anderen.«

Er durchquerte den trüb erleuchteten Werkraum, betrat das Büro und näherte sich der Außentür. Auf halbem Wege blieb er stehen und schaute zurück. Margaret und Tarbert standen reglos in der kleinen gelben Lichtinsel, schauten ihm nach und harrten der Dinge, die da kommen würden.

Er drehte sich langsam um, wobei er gegen ein angsterfülltes Zögern ankämpfte, das er inzwischen allzu gut kannte.

Das *Poch-Poch-Poch* ertönte erneut, ein getragener, Unheil verkündender Laut.

Burke zwang seine widerstrebenden Beine dazu, sich wieder in Bewegung zu setzen, schob sich durch das dunkle Büro, vorbei an der langen Zahltheke, hin zur Tür.

Er spähte durch die Glasscheibe, versuchte angestrengt, in die Nacht hinauszusehen. Der trübe Halbmond hing hinter einem hohen Zypressenbaum; in einem Schatten stand eine wuchtige, dunkle Figur.

Langsam öffnete Burke die Tür. Die Gestalt kam hereingestapft; die aufblitzenden Scheinwerfer der auf der Leghorn Road vorbeifahrenden Wagen ließen grobe graue Haut, eine messerscharfe, gekrümmte Nase und opake Augen erkennen: Pttdu Apiptix, der Xaxaner. Dahinter in der Dunkelheit, mehr fühlbar als sichtbar, ragten die Umrisse von vier weiteren Xaxanern auf. Alle trugen schwarze Käferpanzermäntel und Metallhelme mit Stacheln längs des Kamms.

Apiptix blickte steinern auf Burke herab. Aller Hass und alle Angst, die Burke ursprünglich gegenüber den Tauptu verspürt hatte, kehrten schlagartig zurück. Er wehrte sich dagegen; er dachte an seinen Nopal, der über seine Schultern hinweg die Xaxaner anglotzte, aber das half nichts.

Pttdu Apiptix kam langsam näher – aber nun hielt draußen auf dem Highway, vielleicht dreißig Meter entfernt, ein Auto. Ein rotes Licht begann zu blinken, ein Suchscheinwerfer richtete sich auf das Electrodyne-Gebäude aus.

Burke tat einen Satz vorwärts. »Hinter die Bäume, schnell! Die Straßenpolizei!«

Die Xaxaner tauchten in den Schatten und standen wie eine Reihe barbarischer Statuen da. Aus dem Streifenwagen drang das Geräusch von Radiostimmen, dann öffnete sich die Tür, und zwei Gestalten stiegen aus.

Burke, dem das Herz im Halse klopfte, trat vor. Das Licht eines Handscheinwerfers spielte über sein Gesicht. »Was ist denn los?«, fragte er.

Einen Augenblick lang erfolgte keine Antwort; er wurde nur misstrauisch gemustert. Dann die kühle Stimme des Streifenbeamten: »Nichts ist los; wir führen nur eine Routineüberprüfung durch. Wer ist drinnen im Gebäude?«

»Freunde.«

»Sie besitzen eine Genehmigung, diese Anlage zu benutzen?«

»Natürlich.«

»Was dagegen, wenn wir uns mal umschauen?« Sie

setzten sich in Bewegung, und es war ihnen offensichtlich völlig egal, ob Burke etwas dagegen hatte oder nicht. Ihre Handscheinwerfer wandten sich hierhin und dorthin, ohne sich aber je weit von Burke zu entfernen.

»Wonach suchen Sie eigentlich?«, fragte Burke.

»Nach nichts Besonderem. Aber mit dieser Anlage stimmt etwas nicht; hier gehen komische Dinge vor. ’s hat hier schon früher Ärger gegeben.«

Mit zugeschnürter Kehle beobachte Burke sie. Zweimal war er versucht, einen Warnruf auszustoßen; zweimal blieb ihm der Ruf in der Kehle stecken. Was sollte er ihnen erzählen? Sie schienen die Nähe der Xaxaner bedrückend zu spüren; aus dem Hin- und Herzucken ihrer Lampen sprach Nervosität. Burke konnte die schattenhaften Gestalten unter den Bäumen sehen; die Lichter näherten sich ihnen unaufhaltsam ... In diesem Augenblick erschienen Margaret und Tarbert in der Tür. »Wer ist denn da?«, rief Tarbert.

»Straßenpolizei«, sagte einer der Streifenbeamten. »Wer sind Sie?«

Tarbert sagte es ihnen. Ohne sich noch länger aufzuhalten, wandten sich die Beamten wieder zur Straße zurück. Einer der Handscheinwerferstrahlen spielte in den Schatten der Zypresse. Der Strahl verharrte zögernd, richtete sich aus. Die Streifenbeamten keuchten. Ihre Revolver sprangen ihnen in die Hand. »Kommen Sie da raus – wer Sie auch sein mögen!«

Als Antwort kamen zwei kleine Explosionen rosa Feuers und zwei blinkende rosa Lichtspuren. Die Polizisten flammten auf, taumelten zurück, sanken zusammen wie leere Säcke.

Burke stieß einen Schrei aus, stolperte vorwärts, blieb unvermittelt stehen. Pttdu Apiptix blickte ihn kurz an, dann wandte er sich der Tür zu. »Lassen Sie uns hineingehen«, sagte die Stimmbox.

»Aber diese Männer!«, jammerte Burke. »Sie haben sie ermordet!«

»Beruhigen Sie sich. Die Leichen werden entfernt; das Automobil ebenso.«

Burke schaute zum Streifenwagen hinüber, aus dem jetzt die metallische Stimme des Beamten in der Leitstelle hallte.

»Sie scheinen nicht zu begreifen, was Sie getan haben! Wir können alle verhaftet und hingerichtet werden ...« Er verstummte, als ihm bewusst wurde, was für einen Unsinn er redete. Apiptix, der gar nicht auf ihn hörte, betrat mit zweien seiner Begleiter im Gefolge das Gebäude. Die beiden anderen gingen hinüber zu den Leichen. Burke überlief eine Gänsehaut; Tarbert und Margaret wichen vor den mechanisch einherstapfenden grauen Schatten zurück.

Die Xaxaner blieben am Rande der Lichtpfütze stehen. »Solltet ihr noch Zweifel im Hinterkopf gehabt haben ...«, sagte Burke mit bitterer Stimme zu Tarbert und Margaret.

Tarbert nickte kurz. »Die habe ich gerade über Bord geworfen.«

Apiptix trat an den Denopalisator und untersuchte ihn kommentarlos. Dann wandte er sich Burke zu. »Dieser Mann« – er deutete auf Tarbert – »ist der einzige Tauptu auf der Erde. In der verfügbaren Zeit hätten Sie ein ganzes Bataillon organisieren können.«

»Ich bin eingesperrt gewesen«, sagte Burke mit mürrischem Tonfall. Der Hass, den er auf Pttdu Apiptix empfand – konnte er ihm wirklich ausschließlich vom Nopal eingegeben worden sein? »Außerdem bin ich mir nicht sicher, dass die Denopalisierung einer großen Anzahl von Personen die bestmögliche Maßnahme ist.«

»Was schlagen Sie stattdessen vor?«

Tarbert sagte beruhigend: »Wir meinen, erst mehr über die Nopal erfahren zu müssen. Vielleicht gibt es leichtere Wege der Denopalisierung.« Er betrachtete die Xaxaner mit wachem Interesse. »Haben Sie selbst schon andere Mittel ausprobiert?«

Apiptix' schlammfarbene Augen musterten Tarbert leidenschaftslos. »Wir sind Krieger, keine Gelehrten. Die Nopal von Nopalgard kommen nach Ixax; einmal im Monat müssen wir sie aus unseren Gehirnen herausbrennen. Sie sind Ihre Plagen, und Sie müssen sofort Schritte gegen sie unternehmen.«

Tarbert nickte – ein bisschen zu bereitwillig, wie Burke ärgerlich dachte. »Wir stimmen mit Ihnen überein, dass Sie allen Grund zur Ungeduld haben.«

»Wir brauchen Zeit!«, rief Burke aus. »Sie können uns doch sicher noch ein oder zwei Monate zugestehen!«

»Warum brauchen Sie Zeit? Der Denopalisator ist fertig! Jetzt müssen Sie ihn benutzen!«

»Wir haben noch so ungeheuer viel zu lernen!«, rief Burke. »Was sind die Nopal? Niemand weiß es. Sie wirken abstoßend, aber wer weiß? Vielleicht haben sie sogar eine segensreiche Wirkung!«

»Eine amüsante Überlegung.« »Ich versichere Ihnen, dass die Nopal schädlich sind; sie haben Ixax viel Leid zugefügt, indem sie einen hundertjährigen Krieg verursachten.«

»Sind die Nopal intelligent?«, fuhr Burke fort. »Können sie sich mit den Menschen verständigen? Das sind Dinge, die wir wissen möchten.«

Apiptix musterte ihn, scheinbar völlig verblüfft. »Woher haben Sie diese Ideen?«

»Manchmal habe ich den Eindruck, der Nopal wolle mir etwas sagen.«

»Und was?«

»Ich bin mir nicht sicher. Wenn ich mich dicht einem Tauptu nähere, ertönt ein merkwürdiges Geräusch in meinem Kopf – so etwas wie *gher, gher, gher.*«

Apiptix wandte langsam den Kopf, als würde er nicht wagen, Burke anzublicken.

Tarbert sagte: »Es ist wahr, dass wir sehr wenig wissen. Vergessen Sie nicht, es ist unser Brauch, erst zu lernen und dann zu handeln.«

»Was ist das Nopaltuch?«, fragte Burke. »Kann es noch aus etwas anderem als einem Nopal gemacht werden? Und noch etwas ist mir rätselhaft – woher kam das erste Stück Nopaltuch? Wenn ein einzelner Mann zufällig denopalisiert wurde, ist es schwer zu verstehen, wie er persönlich das Tuch hergestellt haben könnte.«

»Das sind Nebensächlichkeiten«, erklärte die xaxanische Stimmbox.

»Vielleicht, vielleicht auch nicht«, sagte Burke. »Sie deuten jedoch auf ein großes Gebiet des Nichtwissens hin, das möglicherweise bei beiden Seiten bestehen mag. Wissen Sie zum Beispiel, wie das erste Stück Nopaltuch entstanden ist?«

Der Xaxaner starrte ihn einen Augenblick lang an, und seine bierfarbenen Augen waren ausdruckslos. Burke vermochte seine Gefühle nicht zu deuten. Endlich sagte der Xaxaner: »Das Wissen, sollte es existieren, kann Ihnen nicht dabei helfen, die Nopal zu vernichten. Gehen Sie also gemäß Ihren Anweisungen weiter vor.«

Obgleich die Stimme tonlos und mechanisch war, vollbrachte sie es doch, drohende Untertöne zu übermitteln. Aber Burke, der nun all seinen Mut zusammennahm, ließ nicht locker. »Wir können einfach nicht blindlings handeln. Es gibt zu viel, was wir nicht wissen. Diese Maschine vernichtet die Nopal, aber das kann nicht die beste Methode oder auch nur die beste Herangehensweise an das Problem sein! Schauen Sie sich Ihren eigenen Planeten an: Ruinen! Und Ihr Volk: beinahe ausgelöscht! Wollen Sie wirklich dasselbe Unheil über die Erde bringen? Geben Sie uns ein bisschen Zeit, zu lernen, zu experimentieren, das Problem in den Griff zu bekommen!«

Einen Augenblick lang versank der Xaxaner in Schweigen. Dann sagte die Stimmbox: »Ihr Erdenmenschen seid überreif vor Spitzfindigkeiten. Für uns ist die Vernichtung der Nopal das grundlegende und einzige Ziel. Vergessen Sie nicht: Wir benötigen Ihre Hilfe nicht; wir können die Nopal von Nopalgard jederzeit vernichten – heute, morgen. Möchten Sie gerne wissen, wie wir das machen werden, wenn es nötig sein sollte?« Ohne eine Antwort abzuwarten, stapfte er zum Tisch und hob den Fetzen Nopaltuch auf. »Sie haben dieses Material benutzt, Sie kennen seine besonderen Eigenschaften. Sie wissen, dass es masse- und trägheitslos ist, auf Telekinese reagiert, sich fast unendlich dehnen lässt und undurchdringlich für die Nopal ist.«

»Das ist uns alles klar.«

»Wenn nötig, sind wir bereit, die Erde in ein riesiges Nopaltuch zu hüllen. Das können wir. Dann sind die Nopal gefangen, und durch die Weiterbewegung der Erde auf ihrer Bahn werden sie von den Gehirnen ihrer Wirte losgelöst. Dabei kommt es zu Gehirnblutungen, und die Menschen der Erde müssen sterben.«

Niemand sprach. Apiptix fuhr fort: »Das ist natürlich eine drastische Maßnahme – aber als letzten Ausweg werden wir sie anwenden, denn wir sind nicht länger bereit, uns quälen zu lassen. Ich habe Ihnen erklärt, was zu geschehen hat. Rotten Sie Ihre Nopal aus, oder wir tun das selbst.« Er wandte sich ab und schritt mit seinen beiden Gefährten durch die Werkstatt davon.

Burke folgte ihnen, vor Empörung kochend. Im vergeblichen Versuch, seine Stimme ruhig klingen zu lassen, sagte er zu den schwarzen Insektenpanzerrücken: »Sie können doch nicht von uns erwarten, dass wir Wunder wirken! Wir brauchen Zeit!«

Apiptix verlangsamte seinen Schritt nicht. »Sie haben eine Woche.« Er und seine Gefährten verschwanden in der Nacht. Burke und Tarbert folgten. Die beiden, die draußen geblieben waren, tauchten aus dem Schatten der Zypressen auf, aber die Leichen und der Streifenwagen waren nirgendwo zu sehen. Burke versuchte zu sprechen, aber seine Kehle schnürte sich zu, und die Worte wollten nicht kommen. Während er und Tarbert zuschauten, stellten sich die Xaxaner steif auf, dann erhoben sie sich in die Nacht, beschleunigten, verschwammen und verschwanden in den Räumen zwischen den Sternen.

»Wie, um alles in der Welt, machen sie das?«, fragte Tarbert verwundert.

»Keine Ahnung.« Benommen und kraftlos sank Burke auf eine Stufe nieder.

»Fabelhaft!«, sagte Tarbert. »Ein dynamisches Volk – dagegen sind wir ja die reinsten Muscheln.«

Burke musterte ihn misstrauisch. »Dynamisch und mörderisch«, sagte er säuerlich. »Die haben uns eine ganz schöne Suppe eingebrockt. Hier wird es bald vor Polizisten wimmeln.«

»Das glaube ich nicht«, meinte Tarbert. »Die Leichen und der Wagen sind weg. Eine unglückliche Angelegenheit...«

»Besonders für die Bullen.«

»Du hast Nopalprobleme«, bemerkte Tarbert, und Burke zwang sich dazu, zu glauben, dass Tarbert Recht hatte. Er erhob sich, und sie kehrten nach drinnen zurück.

Margaret wartete im Vorzimmer. »Sind sie weg?«

Burke nickte knapp. »Ja, sind sie.«

Margaret schüttelte sich. »Ich habe noch nie im Leben solche Angst gehabt. Das ist so, als schwimme man, und plötzlich sieht man einen Hai entgegenkommen.«

»Dein Nopal verdreht alles«, sagte Burke hohl. »Ich kann auch nicht mehr gerade denken.« Er betrachtete den Denopalisator. »Ich glaube, ich sollte mich wohl der Behandlung unterziehen.« Plötzlich begann sein Schädel vor Kopfschmerzen zu pochen. »Der Nopal hält nicht so viel davon.« Er setzte sich hin, schloss die Augen. Der Schmerz ließ langsam nach.

»Ich bin mir nicht so sicher, dass das eine gute Idee wäre«, sagte Tarbert. »Du solltest deinen Nopal besser noch für eine Weile behalten. Einer von uns muss Rekruten für das Bataillon anwerben – wie der Xaxaner es ausdrückte.«

»Und was dann?«, fragte Burke mit erstickter Stimme. »Maschinengewehre? Molotowcocktails? Bomben? Gegen wen kämpfen wir zuerst?«

»Das ist alles so brutal und sinnlos!«, beklagte sich Margaret heftig.

Burke pflichtete dem bei. »Es ist eine brutale Situation – und wir können nicht viel dagegen tun. Sie lassen uns keinen Handlungsspielraum.«

»Sie haben ein Jahrhundert lang nichts anderes getan, als gegen diese Dinger zu kämpfen«, wandte Tarbert ein. »Vielleicht wissen sie alles, was es über die Nopal zu wissen gibt.«

Burke fuhr zornig hoch. »Himmel – nein! Sie geben doch zu, dass sie nichts wissen! Sie drängeln uns, damit wir gar nicht erst das Gleichgewicht wieder finden können. Warum? Ein paar Tage mehr oder weniger – was macht das schon aus? Da geht etwas ganz Merkwürdiges vor!«

»Nopalgerede. Die Xaxaner sind grob, aber sie scheinen ehrlich zu sein. Offensichtlich sind sie nicht so skrupellos, wie der Nopal dich glauben machen möchte. Sonst hätten sie nämlich die Erde sofort denopalisiert, ohne uns die Chance zu geben, das selbst zu erledigen.«

Burke versuchte, seine Gedanken zu ordnen.

»Entweder das«, sagte er nach einer Weile, »oder aber sie haben einen anderen Grund dafür, die Erde zu denopalisieren, ohne sie zu entvölkern.«

»Welchen Grund könnten sie denn haben?«, fragte Margaret.

Tarbert schüttelte skeptisch den Kopf. »Wir werden wieder überreif, wie die Xaxaner sagen würden.«

»Sie lassen uns überhaupt keine Zeit für Forschungen«, klagte Burke. »Ich persönlich möchte mich nicht auf ein so gewaltiges Projekt einlassen, ohne es vorher gründlich zu studieren. Es wäre nur vernünftig, wenn sie uns ein paar Monate Zeit lassen würden.«

»Wir haben eine Woche«, sagte Tarbert.

»Eine Woche!« knurrte Burke. Er trat gegen den Denopalisator. »Wenn sie uns erlauben würden, etwas anderes auszuarbeiten, etwas Leichteres und Schmerzloses, wären wir alle besser dran.« Er goss sich eine Tasse

Kaffee ein, kostete davon, spuckte angeekelt aus. »Der hat ja gekocht.«

»Ich mache frischen«, erbot sich Margaret hastig.

»Wir haben eine Woche«, wiederholte Tarbert, während er mit hinter dem Rücken verschränkten Händen auf und ab lief. »Eine Woche, um zu planen, zu forschen und eine neue Wissenschaft zu entwickeln.«

»Da ist doch nichts dabei«, sagte Burke. »Es ist bloß nötig, sich auf eine Herangehensweise festzulegen, Geräte und Forschungstechniken zu entwickeln und Nomenklaturen auszuarbeiten. Danach ist es der reinste Kinderkram. Wir beschränken uns einfach auf eine spezifische Anwendung: die rasche Denopalisierung von Nopalgard. Nachdem wir unsere Ideen durchgegangen sind und sie getestet haben, können wir uns den Rest der Woche freinehmen.«

»Tja, dann also an die Arbeit«, sagte Tarbert trocken. »Unser Ausgangspunkt ist die Tatsache, dass die Nopal existieren. Ich beobachte gerade deinen persönlichen Nopal, und ich kann sehen, dass er mich nicht mag.«

Burke wand sich ärgerlich, weil er die Wesenheit auf seinem Nacken spürte – oder wenigstens zu spüren glaubte.

»Erinnern Sie uns doch nicht dauernd daran«, bat Margaret, die mit der Kaffeemaschine zurückkam. »Es ist schon schlimm genug, wenn man es nur einfach weiß.«

«'tschuldigung«, sagte Tarbert. »Also beginnen wir mit den Nopal, Geschöpfen völlig außerhalb unseres alten Plans der Dinge. Schon die einfache Tatsache, *dass* sie existieren, ist bedeutungsvoll. Was sind sie? Geister? Gespenster? Dämonen?«

»Was macht das für einen Unterschied?«, brummte Burke. »Sie zu klassifizieren, erklärt sie nicht.«

Tarbert schenkte ihm keine Beachtung. »Was immer sie sind, sie bestehen aus einem Stoff, der uns absolut fremd ist: eine neue Art von Materie, nur halb sichtbar, undurchdringlich, ohne Masse oder Trägheit. Sie scheinen ihre Nahrung aus dem Geist zu ziehen, aus dem Denkvorgang, und ihre toten Körper reagieren auf Telekinese, eine Ausgangslage, die mancherlei Schlussfolgerungen zulässt.«

»Zum Beispiel die, dass das Denken ein sehr viel substanziellerer Prozess ist, als wir bisher geglaubt haben«, spann Burke den Faden weiter. »Oder vielleicht sollte ich sagen, dass substanzielle Prozesse vorzugehen scheinen, die auf eine bisher noch nicht definierbare Weise mit dem Denken zusammenhängen.«

»Telepathie, Hellsehen und dergleichen – die so genannten psionischen Phänomene – deuten natürlich auch darauf hin«, sann Tarbert. »Es wäre möglich, dass der Nopalstoff das *agens* dafür ist. Wenn etwas – ein Gedanke oder ein lebhafter Eindruck – von einem Geist auf einen anderen übergeht, sind diese Geister physisch miteinander verbunden – *irgendwie,* bis zu einem gewissen Grad. Eine Fernwirkung ist auszuschließen. Um die Nopal zu begreifen, wäre es sicher angebracht, wenn wir uns mit dem Thema ›Gedanken‹ befassen.«

Burke schüttelte müde den Kopf. »Wir wissen über den Gedanken auch nicht mehr als über die Nopal. Eher sogar noch weniger. Enzephalographen zeichnen ein Nebenprodukt des Denkens auf. Gehirnchirurgen berichten, dass bestimmte Teile des Gehirns bestimmten gedanklichen Vorgängen zugeordnet sind. Wir vermuten, dass Telepathie sich augenblicklich vollzieht, wenn nicht noch schneller ...«

»Wie könnte etwas noch schneller als ›augenblicklich‹ sein?«, verlangte Margaret zu wissen.

»Etwas könnte ankommen, bevor es ausgesandt worden ist. In diesem Falle spricht man von Präkognition.«

»Oh.«

»Auf jeden Fall scheint es, dass der Gedanke ein von unserer normalen Materie verschiedener Stoff ist und dass er anderen Gesetzen gehorcht, durch ein anderes Medium wirkt, in einem anderen dimensionalen Bezugsrahmen, kurz gesagt, durch einen anderen Raum – was ein anderes Universum impliziert.«

Tarbert runzelte die Stirn. »Jetzt lässt du dich aber ein bisschen zu sehr mitreißen; du verwendest das Wort ›Gedanke‹ etwas zu leichtfertig. Was ist im Grunde der ›Gedanke‹? Soviel wir wissen, ist das ein Wort, um einen Komplex elektrischer und chemischer Vorgänge in unserem Gehirn zu beschreiben – Vorgänge, die sicherlich sehr kompliziert und verwickelt sind, aber nicht unbedingt geheimnisvoller als die Arbeitsweise eines Computers. Bei allem guten Willen und allem Aberglauben in der Welt kann ich nicht einsehen, wie der ›Gedanke‹ metaphysische Wunder wirken sollte.«

»Na, wenn dem so ist«, sagte Burke ätzend, »was schlägst du dann vor?«

»Für den Anfang erst mal ein paar neuere Überlegungen auf dem Gebiet der Kernphysik. Du weißt selbstverständlich, wie das Neutrino entdeckt worden ist: Es ging mehr Energie in eine Reaktion, als wieder herauskam, was darauf hindeutete, dass ein bisher unentdecktes Teilchen im Spiel war.

Nun, mittlerweile haben sich weitere – wenngleich erheblich geringere – Diskrepanzen gezeigt. Paritäten und Strangeness-Werte passen nicht so recht zueinander, und es scheint, dass hier eine neue und unvermutete ›schwache‹ Wechselwirkung am Werk ist.«

»Und wohin führt uns das alles?«, erkundigte sich Burke, dann zwang er sich, sein gereiztes Stirnrunzeln verschwinden zu lassen und es durch ein – wenngleich blasses – Lächeln zu ersetzen. «'tschuldigung.«

Tarbert winkte leichthin ab. »Ich beobachte die ganze Zeit über deinen Nopal … Wohin uns das alles führt? Wir wissen um zwei ›starke‹ Kräfte: die Bindungsenergie des Atomkerns und die elektromagnetische Wechselwirkung sowie eine ›schwache‹ Kraft: die Gravitation. Die vierte Kraft ist noch weitaus schwächer als die Gravitation und noch weniger wahrnehmbar als das Neutrino. Die Schlussfolgerung daraus wäre – oder könnte es wenigstens sein –, dass das Universum eine mit ihm kongruente Schatten-Gegenwelt hat, die auf dieser vierten Kraft beruht. Nach wie vor bleibt es natürlich *ein* Universum; das Ganze ist keine Frage neuer Dimensionen oder irgendwelcher fantastischer Dinge. Bloß dass das materielle Universum wenigstens einen anderen Aspekt hat, der aus einer Substanz, einem Feld oder einer Struktur – wie immer man es nennen will – besteht, der, die oder das für unsere Sinne und Wahrnehmungsmechanismen unsichtbar ist.«

»Ich habe über einen Teil davon in einer der Fachzeitschriften gelesen«, sagte Burke. »Damals habe ich dem allerdings keine besondere Aufmerksamkeit geschenkt … Ich bin sicher, dass du auf der richtigen Fährte bist. Dieses Universum der ›schwachen‹ Kraft – dieser Para-Kosmos – muss sowohl die Lebensumwelt der Nopal sein wie auch die Domäne psionischer Phänomene.«

Jetzt konnte Margaret nicht mehr an sich halten.

»Aber ihr habt doch betont, dass dieser ›Para-Kosmos‹ der vierten Kraft nicht feststellbar sei!«, rief sie aus. »Wenn sich Telepathie nicht feststellen lässt, woher wissen wir dann, dass sie existiert?«

Tarbert lachte. »Eine Menge Leute behaupten, sie existiere *nicht*. Sie haben die Nopal nicht gesehen.« Er richtete einen schmerzlichen Blick auf den Raum über Burkes und Margarets Köpfen. »Tatsache ist, dass der Para-Kosmos sich nicht vollständig jeder Feststellbarkeit entzieht. Täte er das, hätte man die Diskrepanzen, durch die die vierte Kraft entdeckt worden ist, niemals bemerkt.«

»All das einmal angenommen«, sagte Burke, »und natürlich müssen wir etwas annehmen, so scheint es, als könne die vierte Kraft in ausreichender Konzentration Materie beeinflussen. Präziser gesagt: Die vierte Kraft beeinflusst die Materie immer, aber nur wenn die Kraft stark genug konzentriert ist, bemerken wir den Effekt.«

Margaret war verwirrt. »Und Telepathie ist eine Projektion oder ein Strahl dieser ›vierten Kraft‹?«

»Nein«, sagte Tarbert. »Das glaube ich nicht. Denkt daran, unsere Gehirne können die ›vierte Kraft‹ nicht erzeugen. Ich glaube nicht, dass wir uns zu weit von der herkömmlichen Physik entfernen müssen, um psionische Vorgänge zu erklären – wenn wir nur die Existenz eines Analoguniversums annehmen, das mit unserem kongruent ist.«

»Ich verstehe immer noch nicht«, gestand Margaret. »Nimmt man denn nicht an, dass Telepathie augenblicklich ist? Wenn die Analogwelt genau kongruent zu unserer eigenen ist, warum sollten dann Ereignisse nicht genau mit der gleichen Geschwindigkeit stattfinden?«

»Hm –« Tarbert überlegte ein paar Minuten lang. »Wie wäre es mit folgender Hypothese – oder ich würde es sogar eine induktive Schlussfolgerung nennen. Das, was wir über Telepathie und die Nopal wissen, deutet darauf hin, dass die analogen Teilchen sich einer viel größeren Freiheit erfreuen als unsere eigenen – wie Ballons im Vergleich zu Ziegelsteinen. Sie sind aus sehr schwachen Feldern aufgebaut und, was viel wichtiger ist, nicht durch starke Felder zur Starre verurteilt. Mit anderen Worten ist die Analogwelt topologisch kongruent mit unserer eigenen, aber nicht dimensional. Tatsächlich sind Dimensionen letztendlich bedeutungslos.«

»Wenn dem so ist, dann ist auch ›Geschwindigkeit‹ ein bedeutungsloses Wort, und ›Zeit‹ ebenfalls«, sagte Burke. »Das könnte uns einen Hinweis auf die Theorie der xaxanischen Raumschiffe geben. Hältst du es für möglich, dass sie irgendwie in das Analoguniversum eindringen?« Er hob die Hand, als Tarbert zu einer Erwiderung ansetzte. »Ich weiß – sie sind bereits im Analoguniversum. Wir dürfen uns nicht mit vierdimensionalen Konzepten selbst verwirren.«

»Richtig«, sagte Tarbert. »Aber zurück zur Verbindung zwischen den Universen. Mir gefällt das Bild mit den Ballons und den Ziegelsteinen. Jeder Ballon ist an einen Ziegelstein gebunden. Die Ziegelsteine können die Ballons stören, aber umgekehrt geht es nicht so leicht. Wir wollen mal überlegen, wie das im Falle der Telepathie funktioniert. Ströme in meinem Geist erzeugen einen korrespondierenden Fluss im parakosmischen Analogon meines Geistes – meines Schattengeistes, sozusagen. Das ist der Fall mit den Ziegelsteinen, die an den Ballons rucken. Durch irgendeinen unbekannten Mechanismus, vielleicht durch mein analoges

Selbst, das analoge Vibrationen erzeugt, welche von einer anderen analogen Persönlichkeit gedeutet werden, rucken die Ballons an den Ziegeln; die neuralen Ströme werden zum Empfängerhirn zurücktransferiert. Falls die Bedingungen richtig sind.«

»Diese ›Bedingungen‹«, sagte Burke säuerlich, »mögen sehr wohl die Nopal sein.«

»Stimmt. Die Nopal sind offensichtlich Geschöpfe des Para-Kosmos, die aus Ballonmaterial bestehen und aus irgendwelchen Gründen in jedem der beiden Universen lebensfähig sind.«

Der Kaffee war durchgelaufen, Margaret goss ein. »Ich frage mich«, bemerkte sie, »ob die Nopal möglicherweise gar keine Existenz in diesem Universum haben?«

Tarbert hob in schmerzlichem Protest die Augenbrauen – eine Geste, die Burke einigermaßen übertrieben fand. »Aber ich kann sie sehen!«

»Vielleicht glauben Sie das nur. Nehmen Sie einmal an, die Nopal existierten nur in dem anderen Kosmos und saugten nur Analogwesen aus? Sie nehmen sie durch Hellseherei wahr, oder besser, Ihr Analogon nimmt sie wahr – und der Eindruck ist so klar und lebhaft, dass Sie glauben, die Nopal seien wirkliche materielle Objekte.«

»Aber meine liebe junge Dame ...«

Burke unterbrach ihn. »Das klingt ganz vernünftig. Ich habe die Nopal auch gesehen; ich weiß, wie wirklich sie erscheinen. Aber sie reflektieren weder Licht, noch strahlen sie welches aus. Wenn sie das täten, müssten sie auf Fotografien erscheinen. Ich glaube nicht daran, dass sie eine wie auch immer geartete Basiswelt-Wirklichkeit haben.«

Tarbert zuckte die Achseln. »Wenn sie uns daran hindern können, dass wir sie im natürlichen Zustand sehen, dann können sie das gleiche auch bei Fotografien bewerkstelligen.«

»In vielen Fällen werden Fotografien von mechanischen Vorrichtungen abgetastet. Unregelmäßigkeiten müssten sich zwangsläufig zeigen.«

Tarbert blickte die Luft neben Burkes Schulter an. »Wenn du Recht hast, warum sind sich die Xaxaner dann dieses Tatbestandes nicht bewusst?«

»Sie geben zu, dass sie nichts über die Nopal wissen.«

»Sie könnten wohl kaum etwas derart Grundlegendes übersehen«, argumentierte Tarbert. »Die Xaxaner sind schwerlich naiv.«

»Da bin ich mir nicht so sicher. Heute Abend hat Pttdu Apiptix sich unlogisch verhalten. Wenn nicht...«

»Wenn nicht *was?«*, fragte Tarbert mit, wie Burke fand, unangemessener Schärfe.

»Wenn nicht die Xaxaner irgendein tiefer liegendes Motiv haben. Das war's, was ich gerade sagen wollte. Ich weiß, es klingt lächerlich. Ich habe ihren Planeten gesehen; ich weiß, was sie gelitten haben.«

»Bestimmt gibt es noch eine Menge, das wir nicht verstehen«, gab Tarbert zu.

»Ich würde jedenfalls sehr viel leichter atmen, wenn mir nicht ein Nopal im Genick säße«, sagte Margaret. »Wenn er nur mein Analogon heimsucht...«

Tarbert lehnte sich rasch vorwärts. »Ihr Analogon ist ein Teil von Ihnen, vergessen Sie das nicht. Sie sehen zwar Ihre Leber nicht, aber sie ist da und arbeitet. Ganz genauso Ihr Analogon.«

»Du gibst also zu, dass Margaret Recht haben könnte?«, fragte Burke vorsichtig. »Dass der Nopal in Wirklichkeit an den Para-Kosmos gebunden ist?«

»Tja, diese Vermutung ist so gut wie jede andere«, sagte Tarbert grollend. »Im Moment fallen mir zwei Argumente dagegen ein. Erstens das Nopaltuch, das ich höchstpersönlich mit diesen meinen eigenen Händen bewege. Zweitens die Kontrolle, die die Nopal über unsere Gefühle und Wahrnehmungen ausüben.«

Burke sprang auf und lief mit großen Schritten auf und ab. »Die Nopal könnten ihren Einfluss auch durch das Analogon ausüben, sodass ich, wenn ich meine, das Nopaltuch zu berühren, in die Luft greife und es in Wirklichkeit das Analogon ist, das die Arbeit tut – das ist sogar die logische Schlussfolgerung aus der vorigen Theorie.«

»Warum«, fragte Tarbert, »kann ich mir in diesem Falle nicht vorstellen, die Nopal mit einer imaginären Axt in Stücke zu hauen?«

Jähe Unruhe überfiel Burke. »Dagegen spricht nichts, würde ich sagen.«

Tarbert taxierte das hauchfeine Nopaltuch. »Keine Masse, keine Trägheit – wenigstens nicht im Basisuniversum. Wenn meine telekinetischen Fähigkeiten auf der Höhe sind, müsste ich fähig sein, diesen Nopalstoff zu manipulieren.« Der Film erhob sich schlaff in die Luft. Burke sah angewidert zu. Ekeliges Zeug. Es ließ ihn an Leichen denken.

Tarbert wandte scharf den Kopf. »Leistest du mir Widerstand?«

Tarberts Arroganz, noch nie seine liebenswerteste Eigenschaft, wurde langsam unerträglich, dachte Burke. Er wollte schon eine dahingehende Bemerkung machen, aber als er die boshafte Erheiterung in Tarberts

Augen sah, presste er die Lippen zusammen. Er warf Margaret einen raschen Blick zu und bemerkte, dass auch sie Tarbert so voller Ablehnung musterte wie er selbst. Vielleicht würden sie zusammen in der Lage sein …

Burke zwang sich abrupt, damit aufzuhören, erschrocken über die Richtung, die seine Gedanken genommen hatten. Der Nopal hatte ihn beeinflusst, das war nur zu klar. Andererseits – warum sollte ein Mann nicht auch eine eigene Idee haben können? Tarbert war verdreht und bösartig geworden; das ließ sich schon bei einer ganz leidenschaftslosen Betrachtungsweise erkennen. Tarbert war ein Werkzeug der außerirdischen Geschöpfe, nicht Burke! Tarbert und die Xaxaner – Feinde der Erde! Burke musste sich ihnen entgegenstellen, oder sie alle würden vernichtet werden … Burke beobachtete aufmerksam, wie Tarbert sich auf das Nopaltuch konzentrierte. Der nebelfeine Stofffetzen bewegte sich, veränderte langsam, fast widerwillig seine Form.

Tarbert lachte ein wenig nervös. »Das ist harte Arbeit. Im Para-Kosmos ist das Zeug vielleicht ziemlich starr … Möchtest du's auch mal probieren?«

»Nein«, sagte Burke mit kehliger Stimme.

»Nopalprobleme?«

Burke fragte sich, warum Tarbert bloß so aggressiv reagierte.

»Dein Nopal ist aufgeregt«, sagte Tarbert. »Seine Federbüsche flattern und flackern …«

»Warum hackst du bloß immer auf dem Nopal herum?«, hörte Burke sich selber sagen. »Es geschehen ganz andere Dinge.«

Tarbert warf ihm einen Seitenblick zu. »Findest du es nicht auch merkwürdig, was du da sagst?«

Burke hielt in seinem ruhelosen Auf und Ab inne, rieb sich das Gesicht. »Ja. Jetzt, wo du es erwähnst...«

»Hat der Nopal dir die Worte in den Mund gelegt?«

»Nein...« Aber Burke war sich nicht restlos sicher. »Ich hatte eine plötzliche Eingebung, etwas in der Art... Vielleicht war der Nopal dafür verantwortlich. Er gewährte mir einen kurzen Blick auf – etwas.«

»›Etwas‹? Was denn?«

»Ich weiß nicht. Ich kann mich nicht einmal mehr daran erinnern.«

»Hmmpf«, sagte Tarbert. Er wandte seine Aufmerksamkeit erneut dem Knäuel aus Nopaltuch zu, ließ es steigen, fallen, sich verschlingen und rotieren. Plötzlich schickte er es pfeilschnell mehrere Meter weit durch den Raum und stieß dann ein böses Lachen aus. »Ich habe gerade einen Nopal kurz und klein geschlagen.« Forschend schaute er auf Burke, ließ seinen Blick über Burkes Kopf wandern.

Burke stellte zu seiner eigenen Überraschung fest, dass er aufsprang und drohend auf Tarbert zuging. In seinem Gehirn erklang wieder die gutturale, nun schon vertraute Tonfolge *gher, gher, gher*...

Tarbert wich zurück. »Lass dich nicht von dem Ding beherrschen, Paul. Es hat Angst; es ist verzweifelt.«

Burke blieb stehen.

»Wenn du es jetzt nicht schlägst, haben wir unseren Kampf verloren – bevor wir überhaupt angefangen haben.« Tarbert blickte von Burke zu Margaret. »Keiner von euch beiden hasst mich. Eure Nopal fürchten mich.«

Burke sah Margaret an. Ihr Gesicht war verkniffen und angespannt. Ihre Blicke trafen sich.

Burke holte tief Atem. »Du hast Recht«, sagte er rau.

»Du *musst* einfach Recht haben.« Er kehrte zu seinem Platz zurück. »Und ich muss mich zusammenreißen. Dein Herumspielen mit dem Nopalmaterial bewirkt etwas bei mir, das du wahrscheinlich nicht nachvollziehen kannst...«

»Vergiss nicht, dass ich selbst einmal ›Chitumih‹ war«, sagte Tarbert, »und mit dir zurechtkommen musste.«

»Du bist auch nicht gerade taktvoll.«

Tarbert grinste und richtete seine Aufmerksamkeit wieder auf das Knäuel Nopalstoff. »Das hier ist ein interessanter Vorgang. Wenn ich mich sehr anstrenge, kann ich es sogar zusammenknüllen... Ich vermute, dass ich einen Großteil der Nopal-Bevölkerung auslöschen könnte, wenn ich nur genug Zeit hätte...«

Burke, der sich wieder setzte, beobachtete Tarbert mit steinernem Blick. Nach einer Weile zwang er sich dazu, sich zu entspannen. Als die angespannten Muskeln sich lockerten, wurde ihm bewusst, wie ungeheuer müde er war.

Tarbert sagte nachdenklich: »Jetzt werde ich etwas anderes versuchen. Ich forme zwei Knäuel aus Nopalstoff, ich fange dazwischen einen Nopal; ich drücke... Da ist Widerstand. Dann bricht das Ding zusammen. Als knacke man eine Walnuss.«

Burke zuckte zusammen. Tarbert blickte ihn interessiert an. »Aber bestimmt spürst du das doch nicht?«

»Nicht direkt.«

Tarbert sann darüber nach. »Es hat nichts mit deinem eigenen Nopal zu tun.«

»Nein«, sagte Burke düster. »Es ist bloß eine von außen induzierte Angst, wie ein kleiner Stich –« Ihm fehlten sowohl das Interesse als auch die Energie, fortzufahren. »Wie spät ist es?«

»Fast drei«, entgegnete Margaret. Sie schaute sehnsüchtig zur Tür. Genau wie Burke fühlte sie sich matt und abgespannt. Wie wunderbar es sein müsste, daheim im Bett zu liegen, nichts von den Nopal und all diesen fremdartigen Problemen zu wissen ...

Tarbert, der immer noch ganz versunken Nopalzerschmettern spielte, wirkte so frisch wie der junge Morgen. Ein Übelkeit erregendes Geschäft, dachte Burke. Tarbert kam ihm vor wie ein widerwärtiger Bengel, der Fliegen fängt... Tarbert blickte ihn mit gerunzelter Stirn an, und Burke richtete sich in seinem Stuhl auf, plötzlich einer neuen Spannung gewahr. War er gerade noch in einem Zustand lustloser Missbilligung gewesen, so begann er jetzt, langsam wieder aktiveres Interesse an dem Spiel zu zeigen; mit seinem ganzen Willen widerstand er Tarberts Manipulationen an dem Nopaltuch. Er brachte sich nun ganz ein, und zwischen den beiden Männern flammte offene Feindschaft auf. Dicke Schweißperlen traten auf Burkes Stirn; seine Augäpfel quollen ihm aus den Höhlen. Tarbert saß starr da, und sein Gesicht war verkniffen und so weiß wie ein Totenschädel. Der Nopalstoff zitterte; Streifen und abgerissene Stückchen wehten vor und zurück, hinein in die Muttersubstanz und wieder von ihr weg.

Eine Idee entstand in Burkes Geist, wurde zur Überzeugung: Das hier war mehr als nur ein müßiger Wettstreit – viel mehr! Glück, Frieden, Überleben – alles, wirklich alles hing von seinem Ausgang ab. Es reichte nicht, den Nopalstoff einfach steif zu halten; er musste ihn wie eine Waffe führen, musste nach Tarbert schlagen, die Nabelschnur, den Lebensnerv durchschneiden... Der Nopalstoff wallte und verformte sich unter Burkes leidenschaftlichem Zugriff, schnellte auf Tarbert zu. Etwas Neues geschah, etwas Unvorhergesehenes und Erschreckendes. Tarbert blähte sich auf vor mentaler Energie. Der Nopalstoff wurde Burkes mentalem Griff entwunden und weit aus seinem Einflussbereich geschleudert.

Das Spiel war an einem Endpunkt angelangt, desgleichen der Konkurrenzkampf der Willen. Burke und Tarbert schauten einander an, bestürzt und verwirrt. »Was ist geschehen?«, fragte Burke mit angestrengter Stimme.

»Ich weiß nicht.« Tarbert rieb sich die Stirn. »Etwas kam über mich ... Ich fühlte mich wie ein Riese – unüberwindlich.« Er lachte matt. »Das war vielleicht ein Gefühl ...«

Einen Augenblick lang herrschte Schweigen. Dann sagte Burke mit zittriger Stimme: »Ralph, ich kann mir selbst nicht trauen; ich muss unbedingt diesen Nopal loswerden. Bevor er mich dazu bringt, etwas – Böses zu tun.«

Tarbert überlegte sehr, sehr lange. »Vielleicht hast du Recht«, sagte er schließlich. »Wenn wir uns ständig am Rande unserer Möglichkeiten bewegen, bringen wir nie etwas fertig.« Er erhob sich langsam. »Na schön, ich werde dich denopalisieren. Falls Margaret mit zwei Leibhaftigen zurechtkommen kann statt mit nur einem.« Er lachte schwach in sich hinein.

»Ich kann es ertragen. Wenn es nötig ist.« Und sie murmelte: »Ich nehme jedenfalls an, dass es nötig ist ... ich hoffe es. Nein, ich *weiß*, es ist nötig.«

»Bringen wir es also hinter uns.« Burke stand auf und zwang sich dazu, auf den Denopalisator zuzugehen. Die ohnmächtige Wut und das Widerstreben des Nopal übertrugen sich auf ihn und entzogen seinen Muskeln alle Kraft.

Tarbert blickte Margaret säuerlich an. »Sie gehen wohl besser.«

Sie schüttelte den Kopf. »Bitte, lassen Sie mich bleiben.«

Tarbert zuckte die Achseln; Burke war zu müde und ausgelaugt, um Einwände zu erheben. Einen Schritt auf den Denopalisator zu, noch einen, einen dritten – es war, als kämpfe er sich mühsam durch tiefen Morast vorwärts. Die Anstrengungen des Nopal wurden immer heftiger; Lichter und Farben spielten über Burkes Gesichtsfeld; der knarrende Ton wurde jetzt zu einem hörbaren Krächzen: »*Gher–gher– gher* ...«

Burke blieb stehen, um sich auszuruhen. Die vor seinen Augen wabernden Farben nahmen seltsame Formen an. Wenn er nur sehen könnte; wenn er nur hinschauen würde.

Tarbert, der ihn unentwegt beobachtete, runzelte die Stirn. »Was ist los?«

»Der Nopal versucht, mir etwas zu zeigen – mich etwas sehen zu lassen ... Ich kann nicht richtig hinschauen.«

Er schloss die Augen, weil er hoffte, auf diese Weise Ordnung in die schwarzen Schlieren, die goldenen Wirbel, die Ketten und Schwärme von faserigem Blau und Grün zu bringen.

Tarberts Stimme drang schallend durch die Dunkelheit. Er schien gereizt zu sein. »Komm, Paul – lass es uns hinter uns bringen.«

»Warte«, sagte Burke. »Langsam kriege ich den Dreh raus. Der Trick ist, durch die mentalen Augen zu sehen ... durch das innere Auge. Die Augen deines Analogons. Dann siehst du ...« Seine Stimme sank zu einem leisen Seufzer herab, als das Geflacker sich beruhigte und für einen kurzen Augenblick in seiner Bewegung innehielt. Er schaute über ein wildes, fremdartiges Panorama aus einander überlagernden schwarzen und goldenen Landschaften, und wie eine Szene, die man durch ein Stereoskop sieht, war es zugleich klar und verzerrt, vertraut und fantastisch. Er sah Sterne und Weltraum, schwarze Berge, grüne und blaue Flammen, Kometen, wässrige Seegründe, sich bewegende Moleküle, Nervennetzwerke. Wenn er seine Analoghand ausstrecken würde, könnte er nach jedem Punkt dieses Vielphasenbereichs greifen, und doch erstreckte er sich über einen viel größeren und viel komplizierteren Raum als das gesamte vertraute Universum.

Er sah die Nopal, die viel substanzieller waren als die hauchdünnen Schwaden und Schaumbläschen, die er früher mehr geahnt als gesehen hatte. Aber hier in diesem Analogkosmos waren sie unbedeutend, zweitrangig gegenüber einer gigantischen Gestalt, die in einer undefinierbaren Mittelregion hockte, eine schwarze Aufgedunsenheit, in der halb unsichtbar ein goldener Kern schwamm wie der Mond hinter ziehenden Wolken. Von der dunklen Gestalt gingen Milliarden Geißelchen aus, weiß wie neue Baumwolle, die strömend und wehend in jeden Winkel dieses verwirrenden, vielgestaltigen Raumes hineinreichten. An den Enden bestimmter Stränge spürte Burke Figürchen baumeln wie Marionetten, wie dicke, angefaulte Früchte oder wie Erhenkte an einem Seil. Die Fasern erstreckten sich nach nah und fern. Eine kam herein in das Gebäude von Electrodyne Engeneering, wo sie sich mit einem sensitiven Mundtaster, der an einen Gummisaugnapf erinnerte, an Tarberts Kopf anklammerte. Längs des Stranges scharten sich Nopal; sie schienen zu nagen und zu schaben. Burke begriff, dass, wenn sie nur genügend nagten, sich die

Faser zurückziehen und einen nackten, ungeschützten Skalp zurücklassen würde. Direkt über seinem Kopf wedelte eine weitere Faser, die in einem leeren Saugmund endete. Burke konnte die Fasern in ihrer ganzen Ausdehnung verfolgen, über Entfernungen hinweg, die zugleich so weit waren wie das Ende des Universums und so nahe wie die nächste Wand. Er schaute hinein in den Brennpunkt des Gher. Der glänzende gelbe Kern studierte ihn mit so lebhafter, zielgerichteter und intelligenter Bosheit, dass Burke aufstöhnte und zu stammeln begann.

»Was ist denn los, Paul?«, erklang Margarets ängstliche Stimme. Er konnte auch sie sehen; klar und erkennbar Margaret, obwohl ihr Bild waberte, als sei es in einer Säule heißer Luft eingeschlossen. Jetzt erblickte er auch viele andere Menschen; wenn er wollte, konnte er mit jedem einzelnen davon reden. Sie waren so fern wie China, aber zugleich so nahe wie seine Nasenspitze. »Alles in Ordnung mit dir?«, fragte die Vision Margarets mit wortlosen Worten, mit lautlosen Lauten.

Burke öffnete die Augen. »Ja«, sagte er, »mit mir ist alles in Ordnung.«

Die Vision hatte vielleicht ein oder zwei Sekunden gedauert. Burke schaute Tarbert an; sie starrten einander unverwandt in die Augen. Das Gher kontrollierte Tarbert; es kontrollierte die Xaxaner; und es hatte auch Burke kontrolliert, bis die Nopal die Faser durchgenagt hatten. Die Nopal – geschäftige, beschränkte kleine Parasiten! –, die nur bemüht waren, zu überleben, hatten ihren großen Feind offenbart!

»Lass uns anfangen«, drängte Tarbert.

Burke sagte vorsichtig: »Ich möchte doch noch ein bisschen über alles nachdenken.«

Tarbert musterte ihn mit einem gleichgültigen, leeren Blick. Kalte Wirbelströme spielten entlang Burkes Nerven. Das Gher erteilte seinem Agenten Anweisungen. »Hast du mich gehört?«, fragte Burke.

»Ja«, sagte Tarbert mit zuckersüßer Stimme. »Ich höre dich.« Und seine Augen – so bildete Burke sich ein – leuchteten in einem matten Goldton.

XI

Burke erhob sich und setzte unendlich langsam einen Fuß vor den anderen. Zwei Schritte vor Tarbert blieb er stehen, blickte seinem Freund ins Gesicht und versuchte, sich zur Objektivität zu zwingen. Er schaffte es nicht; er verspürte Entsetzen und Hass. Wieviel davon stammte von dem Nopal? Kompensieren!, befahl er sich selbst. Überkompensieren!

»Ralph«, sagte er mit so ruhiger Stimme, wie er nur eben vermochte, »wir müssen uns jetzt unheimlich anstrengen. Ich weiß, was das Gher ist. Es reitet auf dir, wie der Nopal auf mir reitet.«

Tarbert schüttelte den Kopf und fletschte die Zähne wie ein alter Fuchs. »Das redet dir bloß dein Nopal ein.«

»Und durch dich spricht das Gher.«

»Das glaube ich nicht.« Auch Tarbert bemühte sich um Objektivität. »Paul – du weißt, was die Nopal sind. Unterschätze ihre Schläue nicht!«

Burke lachte traurig. »Das hier ist wie eine Diskussion zwischen einem Christen und einem Moslem: Jeder denkt, der andere sei ein irregeleiteter Heide. Keiner von uns beiden kann den anderen überzeugen. Also – was sollen wir jetzt tun?«

»Ich meine, es ist wichtig, dass du denopalisiert wirst.«

»Zum Nutzen des Gher? Nein.«

»Was schlägst du dann vor?«

»Ich weiß nicht. Diese Angelegenheit wird immer komplizierter. Im Augenblick können wir nicht einmal darauf vertrauen, dass wir selbst unverfälscht denken –

gar nicht davon zu reden, dass wir dem anderen trauen würden. Wir müssen Klarheit in die ganze Angelegenheit bringen.«

»Da stimme ich dir voll zu.« Tarbert schien sich zu entspannen, schien nachzudenken. Beinahe geistesabwesend spielte er mit dem schwebenden Knäuel Nopalstoff, knetete es mit großer Bestimmtheit und formte daraus ein Kissen von offensichtlich großer Dichte.

Vorsicht!

»Wollen mal sehen, ob wir den kleinsten gemeinsamen Nenner der Übereinstimmung finden können«, sagte Tarbert. »Ich finde, die Denopalisierung der Erde ist unsere vorrangige Aufgabe.«

Burke schüttelte düster den Kopf. »Unsere elementare Pflicht ist...«

»Das hier.« Tarbert handelte. Der Nopalstoff schnellte vor, wirbelte durch die Luft, legte sich über Burkes Kopf. Die Stacheln des Nopals stützten einen Moment lang die Substanz und dehnten sie aus; dann zerbröckelten sie. Der Druck auf Burkes Kopf war deutlich spürbar; er hatte das Gefühl, unter etwas begraben zu werden. Mit den Fingern versuchte er das Zeug wegzureißen; mit dem Geist bemühte er sich, es zu vertreiben. Aber Tarbert hatte das Überraschungsmoment für sich. Der Nopal erschauerte plötzlich und brach wie eine Eierschale in sich zusammen. Burke verspürte einen harten Schlag, als sei ein Hammer auf sein ungeschütztes Gehirn niedergekracht. In seinem Gesichtsfeld explodierten flammende blaue Lichtblitze und Kaskaden gelblich glühender Funken.

Der Druck ließ nach; die Lichter verblassten. Trotz seiner Wut über Tarberts Hinterlist, trotz Schmerz und Benommenheit bemerkte er einen neuen Zustand des

Wohlbefindens. Es war, als sei eine ständige Benommenheit verbreitende Kopfgrippe plötzlich kuriert; so, als hätten seine Lungen, während er zu ersticken drohte, sich plötzlich frischer Luft geöffnet.

Aber er hatte jetzt keine Zeit, nach innen zu schauen. Der Nopal war zerquetscht. So weit, so gut; doch was war mit dem Gher? Er richtete seinen mentalen Blick neuerlich aus. Ringsumher trieben Nopal, die mit ihren Stacheln wippten wie zornige alte Vetteln mit ihren Hutfedern. Darüber hing der Arm des Gher. Warum zögerte er? Warum waren seine Bewegungen so unsicher? Er schwebte näher heran, senkte sich behutsam tiefer; Burke duckte sich, griff nach den Fetzen des zerquetschten Nopal, nach der zusammengesunkenen Hülle aus Nopalmaterial, zog sie sich über den Kopf. Der Saugnapf glitt wieder herab, tastete, suchte. Burke tauchte neuerlich weg, glättete die schützende Hülle über seinem Schädel. Margaret und Tarbert sahen verwundert zu. Die Nopal in unmittelbarer Nähe zuckten und zappelten vor Erregung. Weit weg – ein halbes Universum entfernt? – ragte drohend das Gher auf, massig wie ein Berg vor dem Nachthimmel.

Burke wurde wütend. Er war frei, warum sollte er sich dem Gher unterwerfen? Er umklammerte ein Fragment des Nopalmaterials mit seiner Hand, mit der Hand seines Analogons, wirbelte es hoch, schlug nach dem Saugnapf, nach der Faserschnur. Der Saugnapf kräuselte sich an den Rändern nach hinten weg wie die Lefzen eines knurrenden, zähnefletschenden Hundes, schwankte und zog sich enttäuscht zurück.

Burke lachte wild. »Das gefällt dir wohl nicht, eh? Und ich hab gerade erst angefangen!«

»Paul«, rief Margaret. *»Paul!«*

»Moment noch«, sagte Burke. Er hieb auf den Saugnapf ein – wieder und wieder. Dann spürte er etwas, das ihn zurückhielt, eine Art Reibungswiderstand. Burke schaute sich um. An seiner Seite stand Ralph Tarbert, der sich krampfhaft an der Nopalmaterie festhielt und sich gegen Burkes Anstrengungen stemmte. Burke zog und zerrte, aber ohne Erfolg. War das überhaupt Tarbert? Er sah so aus, wenn auch auf sonderbare Art verzerrt... Burke blinzelte. Er hatte sich geirrt. Tarbert lag hingesunken in seinem Sessel, die Augen halb geschlossen... Zwei Tarberts? Nein! Einer von ihnen war natürlich sein Analogon, das so handelte, wie Tarberts Geist ihm das vorschrieb. Aber wie konnte sich das Analogon denn ablösen? War es eine Einheit in sich selbst? Oder war die Trennung nur scheinhaft, das Ergebnis einer parakosmischen Verzerrung? Burke spähte in das hagere Gesicht. »Ralph, hörst du mich?«

Tarbert regte sich, richtete sich angespannt in seinem Sessel auf. »Ja, ich höre dich.«

»Glaubst du mir, was ich dir über das Gher erzählt habe?«

Einen Augenblick lang war da ein Zögern. Dann seufzte Tarbert tief und traurig auf. »Ja. Ich glaube dir. Es gab da etwas – ich weiß nicht, was –, das mich kontrolliert hat.«

Burke studierte ihn einen Moment. »Ich kann das Gher bekämpfen, wenn du mir keinen Widerstand leistest.«

Tarbert stieß ein schwaches Lachen aus. »Und was dann? Wieder die Nopal!? Was ist schlimmer?«

»Das Gher.«

Tarbert schloss die Augen. »Ich kann für nichts garantieren. Aber ich werde es versuchen.«

Burke blickte zurück in den Para-Kosmos. Weit weg – oder war es in Wirklichkeit ganz in der Nähe? – flackerte das goldene Auge des Gher voll Vorsicht und Angst. Burke nahm ein Fragment des Nopalmaterials und versuchte, es zu formen, aber in den Händen seines Analogons war die Substanz zäh und widerständig. Nur mit erheblicher Anstrengung gelang es Burke schließlich, das Material zu bearbeiten und es zu einer klobigen Stange zu formen. Damit trat er der fernen, brütenden Gestalt entgegen, wobei er sich vorkam wie ein unendlich kleiner David vor einem unermesslich großen Goliath. Wollte er angreifen, so musste er die Stange über eine ungeheure Leere hinweg schwingen... Burke blinzelte. War der Abstand wirklich so groß? War das Gher tatsächlich so gigantisch? Die Perspektiven klappten um und verschoben sich wie die Winkel in einem Vexierbild – und plötzlich schien das Gher kaum hundert Schritte entfernt vor ihm zu hängen – oder noch viel dichter, zehn Schritte nur vielleicht...? Burke zuckte erschrocken zurück. Er wuchtete die Stange hoch, holte zur Seite hin aus. Sie traf die schwarze Masse und fiel in sich zusammen, als sei sie Schaum. Das Gher – hundert Meilen, tausend Meilen entfernt – ignorierte Burke, und seine Gleichgültigkeit war beleidigender als offene Feindseligkeit.

Burke funkelte das monströse Ding an. Die innere Kugel trieb dahin und blähte sich auf, die Myriaden Kapillaren schimmerten in seidigem Glanz. Er änderte seine Blickrichtung, verfolgte den Faserstrang, der zu Tarberts Kopf verlief. Er griff hin, packte ihn, zog aus Leibeskräften daran. Erst war da ein Widerstand, dann gab der Strang nach, und der Saugnapf fiel zuckend und zappelnd ab. Das Geschöpf war also nicht völlig unverwundbar; man konnte sie verletzen! Blitzschnell stürzten sich Nopal auf Tarberts ungeschützten Schädel – Burke konnte die mentalen Emanationen wie eine leuchtende Blume aufblühen sehen. Ein besonders riesiger Nopal erreichte die potenzielle Beute als erster – aber Burke schob ein Stück Nopalmaterial dazwischen, sodass Tarberts Kopf geschützt war. Der Nopal zog sich enttäuscht zurück. Seine Augenkugeln wirkten ernst und drohend. Nun gab das Gher seine Gelassenheit auf; die goldene Kugel rollte und kreiste wütend.

Burke richtete seine Aufmerksamkeit auf Margaret. Ihr Nopal funkelte ihn an, offenbar der ihm drohenden Gefahr bewusst. Tarbert hob die Hand, um Burke von übereiltem Handeln abzuhalten. »Warte besser – wir könnten jemanden brauchen, der für uns auftritt. Sie ist immer noch eine Chitumih ...«

Margaret seufzte; ihr Nopal beruhigte sich. Burke schaute zum Gher zurück, das jetzt ganz weit weg war, am Ende des Universums, wo es in einem kalten, schwarzen Strom trieb.

Burke goss sich eine Tasse Kaffee ein und ließ sich mit einem abgrundtiefen Seufzer der Müdigkeit in einen Sessel fallen. Er beobachtete Tarbert, der mit einem versunkenen Gesichtsausdruck in die leere Luft starrte. »Siehst du es?«

»Ja. Das also ist das Gher.«

Margaret erschauerte. »Was ist es?«

Burke beschrieb das Gher und die bizarre Umgebung, in der es lebte. »Die Nopal sind seine Feinde. Die Nopal sind halbintelligent; das Gher verfügt über etwas, das ich böse Weisheit nennen würde. Soweit es um uns geht, ist das eine nicht besser als das andere. Die Nopal sind nur aktiver. Es scheint, dass einer den Faserstrang des Gher durchtrennen kann, wenn er ungefähr einen

Monat lang daran nagt, woraufhin sich dann der Saugnapf des Gher löst. Ich habe versucht, nach dem Gher zu hacken, aber ohne Erfolg. Es ist das zäheste Objekt dort – vermutlich wegen der Energie, die ihm zur Verfügung steht.«

Margaret, die an ihrem Kaffee nippte, blickte Burke kritisch über ihre Tasse hinweg an. »Ich dachte, außer durch diese Maschine da könnte man nicht denopalisiert werden ... Aber jetzt ...«

»Jetzt, da mir mein Nopal fehlt, hasst du mich wieder.«

»Nicht so sehr«, sagte Margaret. »Ich kann es kontrollieren. Aber wie ...«

»Die Xaxaner ließen keinen Raum für Zweifel. Sie erklärten mir, die Nopal könnten nicht vom Gehirn abgezogen werden. Sie haben nie versucht, die Nopal zu einer Matte zu zerschmettern. Das Gher hätte es nicht zugelassen. Tarbert war zu schnell für das Gher.«

»Schlicht und einfach Zufall«, sagte Tarbert bescheiden.

»Warum sind sich die Xaxaner nicht der Existenz des Gher bewusst?« wollte Margaret wissen. »Warum haben die Nopal sie es nicht sehen lassen oder es ihnen gezeigt, wie sie es bei dir machten?«

Burke schüttelte den Kopf. »Ich weiß nicht. Vielleicht deshalb, weil die Xaxaner für visuelle Stimuli nicht empfänglich sind. Sie sehen nicht in dem Sinne, wie wir es tun. Sie formen in ihrem Gehirn dreidimensionale Modelle, die sie vermittels taktiler Nervenendungen interpretieren. Vergiss nicht, die Nopal sind hauchdünne, durchscheinende Geschöpfe – Materie aus dem Para-Kosmos, Ballons im Vergleich zu den Ziegelsteinen, aus denen wir bestehen. Sie können relativ schwache neurale Ströme in unserem Gehirn auslösen, was für eine visuelle Stimulation ausreicht, aber vielleicht können sie die schwerfälligeren mentalen Prozesse der Xaxaner nicht beeinflussen. Das Gher hat einen Fehler gemacht, als es die Xaxaner ausschickte, um den Anschluss der Erde durchzuführen. Es hat unsere Empfänglichkeit für Halluzinationen und Visionen übersehen. Und das war unser Glück – fürs Erste. Wenigstens was die erste Runde angeht, haben weder die Nopal noch das Gher gewonnen. Sie haben uns nur in Alarmbereitschaft versetzt.«

»Die zweite Runde steht unmittelbar bevor«, sagte Tarbert. »Drei Menschen sind nicht schwer zu töten.«

Burke stand nervös auf. »Wenn es nur mehr von uns gäbe.« Mit finsterem Gesichtsausdruck blickte er auf die Denopalisierungsmaschine. »Wenigstens können wir dieses brutale Ding da vergessen.«

Margaret schaute ängstlich zur Tür. »Wir sollten von hier weggehen – irgendwohin, wo die Xaxaner uns nicht finden können.«

»Ich möchte mich gerne verstecken«, sagte Burke. »Aber wo? Vor dem Gher können wir uns nicht verbergen.«

Tarbert starrte in den leeren Raum. »Was für ein hässliches Ding«, meinte er dann.

»Was kann es denn machen?«, erkundigte sich Margaret mit bebender Stimme.

»Aus dem Para-Kosmos heraus kann es uns nichts antun«, sagte Burke. »Es ist zäh, aber es ist trotzdem nicht härter als ein Gedanke.«

»Es ist furchtbar viel davon da«, meinte Tarbert. »Ein Kubikkilometer? Ein Kubiklichtjahr?«

»Vielleicht bloß ein Kubikmeter«, sagte Burke. »Vielleicht ein Kubikzentimeter. Physikalische Maßeinheiten bedeuten nichts; wichtig ist, wie viel Energie es gegen uns richten kann. Wenn zum Beispiel ...«

Margaret schnellte herum, hob ihre Hand. »Pst.«

Burke und Tarbert blickten sie überrascht an. Sie lauschten, hörten aber nichts.

»Was hast du gehört?«, fragte Burke.

»Nichts. Mich überlief es nur gerade am ganzen Körper eiskalt... Ich glaube, die Xaxaner kommen zurück.«

Weder Burke noch Tarbert dachten daran, die Korrektheit ihrer Gefühle in Zweifel zu ziehen. »Dann lasst uns durch den Hinterausgang verschwinden«, sagte Burke. »Die führen bestimmt nichts Gutes im Schilde.«

»Wahrscheinlich«, ergänzte Tarbert, »kommen sie sogar, um uns zu töten.«

Sie huschten quer durch die Werkstatt zu den Schiebetüren, die in das dunkle Lager führten, und traten hindurch. Burke schob die Türen hinter ihnen bis auf einen zentimeterbreiten Spalt zusammen.

Tarbert murmelte: »Ich sehe mich draußen um. Vielleicht beobachten sie die Rückfront des Gebäudes.« Er verschwand in der Dunkelheit. Burke und Margaret hörten den verstohlenen Widerhall seiner leisen Schritte auf dem Betonboden.

Burke presste sein Auge an den Spalt. Auf der anderen Seite des Werkraumes öffnete sich langsam die Tür zum Büro. Burke sah ein Aufflackern von Bewegung, dann explodierte der Raum in einem lautlosen purpurnen Gleißen. Burke taumelte vom Türspalt zurück. Ein purpurn flackerndes Licht, so dicht wie Rauch, folgte ihm.

Margaret ergriff seinen Arm, stützte ihn. »Paul! Bist du...?«

Burke rieb sich die Stirn. »Ich kann nichts sehen«, sagte er mit erstickter Stimme. »Aber sonst ist alles in Ordnung.« Er versuchte, vermittels des Gesichtssinns seines Analogons zu sehen, um herauszufinden, ob es ebenso geblendet war wie er selbst. Während er angestrengt in die Dunkelheit starrte, klärte sich das Bild vor ihm allmählich: das Gebäude, die wie eine Mauer aufragenden Zypressen, die bedrohlichen Umrisse von vier Xaxanern. Zwei standen im Büro; einer patrouillierte längs der Gebäudefront; einer schlug gerade einen Bogen zum Lagerhauseingang. Von jedem führte ein blasser Faserstrang zum Gher. Tarbert war an der äußeren Tür. Wenn er sie öffnete, würde er dem näher kommenden Xaxaner geradewegs in die Arme laufen.

»Ralph!«, zischte Burke.

»Ich sehe ihn«, ertönte Tarberts Stimme. »Ich habe den Riegel an der Tür vorgeschoben.«

Mit hämmerndem Puls hörten sie das leise Geräusch, als draußen die Türklinke niedergedrückt wurde.

»Vielleicht gehen sie wieder weg«, wisperte Margaret.

»Kaum zu erwarten«, sagte Burke.

»Aber sie werden ...«

»Sie werden uns töten, wenn wir sie lassen.«

Margaret konnte einen Augenblick nicht weitersprechen, weil ihr der Atem stockte. Dann fragte sie: »Wie können wir sie aufhalten?«

»Wir können ihre Verbindung zum Gher unterbrechen. Es versuchen, wenigstens. Vielleicht bringt sie das von ihrem Vorhaben ab.«

Die Tür knarrte.

»Sie wissen, dass wir hier sind«, sagte Burke. Er starrte ins Nichts, zwang sich dazu, durch die Augen seines Analogons zu sehen.

Zwei Xaxaner hatten die Werkstatt betreten. Einer davon, Pttdu Apiptix, machte einen großen, bedächtigen Schritt auf die Schiebetüren zu – dann noch einen und noch einen. Burke starrte in den Para-Kosmos und spürte die Faserschnur auf, die zum Gher führte. Er streckte seine Analoghand aus, ergriff sie, zog. Dieses Mal war der Kampf sehr heftig. Auf irgendeine Weise versteifte das Gher die Faser und ließ sie vibrieren, und Burke spürte, wie ein vager Schmerz ihn durchzuckte, während er zerrte und zog. Apiptix klapperte vor Wut, griff sich verzweifelt an den Kopf. Die Faser riss, der Saugmund glitt ab. Auf den Kopf mit dem Scheitelkamm ließ sich mit zufrieden flatternden Federbüschen ein Nopal fallen, und Apiptix stöhnte vor Entsetzen.

Die Hintertür zum Lager rüttelte. Burke drehte sich um und sah Tarbert, der an einer weiteren Faserschnur drehte. Sie gab nach; ein zweiter Xaxaner verlor seine Verbindung mit dem Gher.

Wieder blickte Burke durch den Spalt in die Werkstatt. Apiptix stand so steif da, als sei er gelähmt. Zwei seiner Gefährten betraten den Raum und schauten ihn entgeistert an. Burke griff mit seiner Analoghand zu, brach einen der Faserstränge. Burke brach den anderen. Die Xaxaner blieben wie erstarrt stehen. Sofort setzten sich Nopal auf ihren Köpfen fest.

Burke, der immer noch mit dem Auge am Spalt dastand, verfolgte die Ereignisse, während in seinem Inneren widerstreitende Gefühle tobten. Er war unentschlossen. Wenn die Xaxaner unter dem Einfluss des Gher gehandelt hatten, war jetzt vielleicht alles in Ordnung. Andererseits waren sie jetzt Chitumih, und er war ein Tauptu – ein gleichermaßen starker Anreiz zum Mord.

Margaret zupfte an Burkes Ärmel. »Lass mich da hinausgehen.«

»Nein«, wisperte Burke. »Wir können ihnen nicht trauen.«

»Die Nopal sitzen wieder auf ihnen, nicht wahr?«

»Ja.«

»Ich kann den Unterschied spüren. Mir werden sie nichts tun.« Ohne auf Burkes Antwort zu warten, stieß sie die Tür auf und betrat die Werkstatt.

Die Xaxaner standen reglos da. Margaret ging auf sie zu, stellte sich vor sie hin. »Warum haben Sie uns zu töten versucht?«

Pttdu Apiptix' Brustplatten klickten abgehackt; die Stimmbox begann zu sprechen. »Sie haben unseren Befehlen nicht gehorcht.«

Margaret schüttelte den Kopf. »Das ist nicht wahr! Sie sagten uns, wir hätten eine Woche Zeit für unsere Vorbereitungen. Und seither sind kaum ein paar Stunden vergangen!«

Pttdu Apiptix wirkte aus der Fassung gebracht, unentschlossen. Er wandte sich zur Bürotür. »Wir werden gehen.«

»Wollen Sie uns immer noch Böses tun?«, fragte Margaret.

Pttdu Apiptix gab keine direkte Antwort. »Ich bin wieder Chitumih. Wir alle sind Chitumih. Wir müssen gereinigt werden.«

Burke verließ den Schutz des Lagerraumes und trat ziemlich einfältig vor. Der Nopal, der sich neu auf Pttdu Apiptix festgesetzt hatte, sträubte wild seine Stacheln. Ruckartig hob Apiptix die Hand; Burke bewegte sich schneller. Er packte das Knäuel Nopaltuch, warf es dem Xaxaner über. Der Nopal wurde zerdrückt und legte sich wie ein Filz auf den grauen Schädel mit dem Knochenkamm. Pttdu Apiptix schwankte unter dem jähen Schmerz, glotzte wie betrunken in Burkes Richtung.

»Nun sind Sie kein Chitumih mehr«, sagte Burke. »Und auch nicht eine Kreatur des Gher.«

»Des ›Gher‹?«, verlangte die Stimmbox lächerlich tonlos zu wissen. »Ich weiß nichts von einem ›Gher‹.«

»Schauen Sie in die andere Welt«, sagte Burke. »Die Gedankenwelt. Dann werden Sie das Gher schon sehen.«

Pttdu Apiptix starrte ihn verständnislos an. Burke wiederholte seine Anweisungen nachdrücklicher. Der Xaxaner schloss die Augen, indem er eidechsengraue Membranen über die stumpfen Oberflächen schob. »Ich sehe merkwürdige Formen. Sie verdichten sich nicht. Ich kann einen Druck spüren …«

Einen Augenblick lang herrschte Schweigen. Tarbert betrat die Werkstatt.

Die Brustplatten des Xaxaners ratterten plötzlich wie Hagel. Die Stimmbox gurgelte und stotterte, offensichtlich durch nicht in ihrem Speicher enthaltene Konzepte blockiert. Dann sprach sie wieder. »Ich sehe das Gher. Ich sehe die Nopal. Sie leben in einem Land, das mein Gehirn nicht nachformen kann … Was sind diese Dinge?«

Burke ließ sich schwer in einen Sessel fallen. Er goss sich Kaffee ein, bis die Kanne leer war. Automatisch ging Margaret los, um frischen Kaffee zu machen. Burke holte tief Atem, erklärte das Wenige, das er über den Para-Kosmos wusste, sowie seine und Tarberts theoretischen Überlegungen. »Das Gher ist für den Tauptu das, was der Nopal für den Chitumih ist. Vor hundertundzwanzig Jahren schaffte es das Gher, den Nopal von einem Xaxaner zu vertreiben …«

»Der erste Tauptu.«

»Der erste Tauptu auf Ixax. Das Gher lieferte das ursprüngliche Muster des Nopalstoffs – woher sonst könnte es kommen? Die Tauptu sollten Krieger für das Gher werden und als solche von Planet zu Planet ziehen. Das Gher hat Sie hierher zur Erde geschickt, um die Nopal auszutreiben und die Gehirne der Erde zu entblößen. Am Ende wären die Nopal ausgerottet gewesen; das Gher wäre dann die überlegene Macht im Para-Kosmos gewesen. Das hoffte das Gher wenigstens.«

»Und das hofft das Gher immer noch«, sagte Tarbert. »Es gibt kaum eine Möglichkeit, das zu verhindern.«

»Ich muss nach Ixax zurückkehren«, verkündete Pttdu Apiptix. Nicht einmal die mechanische Sprechweise der Stimmbox konnte seine innere Hoffnungslosigkeit verschleiern.

Burke lachte düster in sich hinein. »Man wird Sie ergreifen und einsperren, sobald Sie sich zeigen.«

Die Brustplatten des Xaxaners hallten unter einem durchdringenden, wütenden Klicken wider. »Ich trage den Helm mit den sechs Zacken. Ich bin der Weltraumherr.«

»Das macht keinen Unterschied für das Gher.«

»Müssen wir also noch einen Krieg durchkämpfen? Muss es eine neuerliche Aufteilung in Tauptu und Chitumih geben?«

Burke zuckte die Achseln. »Wahrscheinlicher ist, dass entweder die Nopal oder das Gher uns umbringen, bevor wir auch nur einen solchen Krieg beginnen können.«

»Dann wollen wir sie zuerst töten.«

Burke lachte kurz auf. »Wenn ich nur wüsste, wie.«

Tarbert wollte schon etwas sagen, fiel dann aber wieder in sein Schweigen zurück. Er saß mit halbgeschlossenen Augen da, seine Aufmerksamkeit auf die andere Welt gerichtet. Burke sagte: »Nun, Ralph, was siehst du?«

»Das Gher. Es scheint erregt zu sein.«

Burke lenkte seinen eigenen Blick in den Para-Kosmos. Das Gher hing im analogen Nachthimmel zwischen großen, verschwommenen Raumkugeln. Es zitterte und zuckte; die goldene Zentralkugel dümpelte wie ein Kürbis in einem dunklen See. Burke schaute fasziniert zu und meinte, im Hintergrund eine wilde, ferne Landschaft zu sehen.

»Alles im Para-Kosmos hat ein Gegenstück im Basisuniversum«, sann Tarbert mit entrückter Stimme. »Welches Objekt oder Geschöpf in unserem Universum ist das Gegenstück des Gher?«

Burke löste seinen Blick vom Gher, starrte Tarbert an. »Wenn wir das Gegenstück des Gher finden könnten...«

»Ganz genau.«

Plötzlich war alle Müdigkeit vergessen; Burke ruckte in seinem Sessel hoch. »Wenn das für das Gher zutrifft, müsste es gleichermaßen auch für die Nopal gelten.«

»Ganz genau«, sagte Tarbert ein zweites Mal.

Apiptix trat auf sie zu. »Denopalisieren Sie meine Männer. Ich möchte Ihre Technik beobachten.«

Selbst ohne Nopal oder Gher, die sein Urteil verzerrten, konnte es nie eine wirkliche Kameradschaft zwischen Erdenmenschen und Xaxanern geben, dachte Burke. Sie zeigten bestenfalls nicht mehr Wärme oder Mitgefühl als eine Eidechse. Kommentarlos nahm er das Kissen aus Nopalmaterie und zerdrückte in schneller Folge die drei Nopal, wobei er mit den Bruchstücken die kammbewehrten Schädel wie mit einer Matte bedeckte. Ohne Vorwarnung tat er dann das Gleiche für Margaret. Sie keuchte auf und brach in ihrem Sessel zusammen.

Apiptix schenkte ihr keine Aufmerksamkeit. »Diese Männer sind nun gegen jede weitere Belästigung abgeschirmt?«

»Soviel ich weiß, ja. Weder Nopal noch das Gher scheinen in der Lage zu sein, die Matte zu durchdringen.«

Pttdu Apiptix stand schweigend da, offensichtlich spähte er in den Para-Kosmos. Nach einem Augenblick gaben seine Brustplatten ein ärgerliches Rasseln von sich. »Das Gher erscheint meinem Sehorgan nicht klar. Und Sie sehen es gut?«

»Ja«, sagte Burke. »Wenn ich mich darauf konzentriere, es zu sehen.«

»Und Sie können seine Richtung bestimmen.«

Burke deutete aufwärts und schräg zur Seite. Pttdu Apiptix wandte sich an Tarbert. »Sie sind in diesem Punkt beide derselben Auffassung?«

Tarbert nickte. »Genau dort sehe ich es auch.«

Die hornigen Brustplatten rasselten wieder verdrießlich. »Ihr visuelles System unterscheidet sich von meinem. Für mich erscheint es« – die Stimmbox klapperte, als sie zu einem unübersetzbaren Konzept kam – »in allen Richtungen.« Einen Augenblick lang stand er schweigend da, dann sagte er: »Das Gher hat meinem Volk viel Mühsal und Not gebracht.«

Eine ganz schöne Untertreibung, dachte Burke. Er ging zum Fenster. Der Himmel im Osten wurde schon schwach von der herannahenden Dämmerung aufgehellt.

Apiptix wandte sich wieder Tarbert zu. »Sie haben

Bemerkungen über das Gher gemacht, die ich nicht ganz begriffen habe. Könnten Sie diese wiederholen?«

»Mit Vergnügen«, sagte Tarbert höflich, und Burke grinste in sich hinein. »Der Para-Kosmos ist offensichtlich dem normalen Universum untergeordnet. Das Gher müsste daher das Analogon einer materiellen Kreatur sein. Das Gleiche trifft natürlich auf die Nopal zu.«

Apiptix stand ruhig da, während er die Implikationen dieser Erklärung verdaute. Dann sprach seine Stimmbox: »Ich sehe die Wahrheit von all dem. Es ist eine große Wahrheit. Wir müssen diese Bestie aufspüren und sie vernichten. Dann müssen wir das gleiche mit den Nopal tun. Wir werden ihren Heimatstützpunkt finden und ihn vernichten, und auf diese Weise auch die Nopal selbst.«

Burke wandte sich vom Fenster ab. »Ich bin nicht sicher, ob das ein reiner Segen wäre. Es könnte uns Erdenmenschen großen Schaden zufügen.«

»In welcher Hinsicht?«

»Bedenken Sie die Konsequenzen, wenn jeder auf der Erde plötzlich zum Hellseher und Telepathen wird.«

»Chaos«, murmelte Tarbert. »Und auch hunderte von Ehescheidungen.«

»Unbedeutend«, sagte Apiptix. »Das muss einkalkuliert werden. Kommen Sie mit.«

»Mitkommen?«, fragte Burke überrascht. »Wohin?«

»Zu unserem Raumschiff.« Er machte eine drängende Handbewegung. »Beeilen Sie sich. Es ist schon fast Tag.«

»Wir wollen nicht an Bord Ihres Raumschiffs gehen«, widersprach Tarbert in einem Tonfall, als rede er mit einem trotzigen Kind. »Warum sollten wir?«

»Weil Ihre Gehirne in die Überwelt sehen. Sie werden uns zum Gher führen.«

Burke protestierte; Tarbert argumentierte; Margaret saß apathisch da. Apiptix vollführte eine gebieterische Geste. »Rasch. Oder Sie werden getötet.«

Die flachen Tonbildungen der Stimmbox verliehen der Drohung eine schreckliche und unmittelbare Bedeutung. Burke, Tarbert und Margaret verließen das Gebäude, so schnell sie nur konnten.

XII

Das xaxanische Raumschiff war ein langer, abgeplatteter Zylinder mit einer Reihe von Türmchen längs der Oberseite. Das Innere war streng und ohne jeden Komfort und roch nach xaxanischen Werkstoffen, vor allem aber nach dem säuerlichen Ledergeruch der Xaxaner selbst. Oben verbanden Laufgänge die Türmchen miteinander. Voraus befanden sich die Steuervorrichtungen, Skalen, Messgeräte und Instrumente; nach achtern zu lagen die durch Ummantelungen aus rosafarbenem Metall geschützten Antriebsmaschinen. Die drei Erdenmenschen bekamen keine besonderen Quartiere zugewiesen, da es so etwas nicht einmal für die Mannschaftsmitglieder zu geben schien. Wenn sie nicht mit einer Aufgabe im Schiff beschäftigt waren, saßen die Xaxaner phlegmatisch auf Bänken, und nur gelegentlich tauschten sie ein Rasseln aus, was ihre Art der Unterhaltung war.

Apiptix sprach nur einmal mit den Erdenmenschen. »In welcher Richtung liegt das Gher?«

Tarbert, Burke und Margaret stimmten darin überein, dass das Gher in jener Richtung zu finden sei, die vom Sternbild des Perseus bezeichnet wurde.

»Wie groß ist die Entfernung, oder entzieht sich dies Ihrer Wahrnehmung?«

Keiner der drei konnte auch nur eine Vermutung darüber anstellen.

»In diesem Falle werden wir so lange weiterfliegen, bis eine spürbare Veränderung in seiner Richtung eintritt.« Der Xaxaner stolzierte davon.

Tarbert seufzte trübselig. »Ob wir wohl jemals die Erde wiedersehen werden?«

»Ich wollte, ich wüsste es«, sagte Burke.

»Und nicht einmal eine Zahnbürste«, beklagte sich Margaret. »Und keine Unterwäsche zum Wechseln.«

»Du könntest dir ja etwas Passendes von einem der Xaxaner borgen«, schlug Burke vor. »Und Apiptix leiht Tarbert seinen elektrischen Rasierapparat.«

Margaret bedachte ihn mit einem säuerlichen Lächeln. »Dein Humor ist hier ein kleines bisschen fehl am Platze.«

»Ich würde zu gerne wissen, wie das hier alles funktioniert«, sagte Tarbert, während er seinen Blick durch das Innere des Raumschiffes schweifen ließ. »Das Antriebssystem ähnelt nichts, wovon ich bisher gehört habe.« Er winkte Apiptix, der nach einem unpersönlichen, von jeder Neugier freien Starren zu ihnen herüberkam. »Vielleicht könnten Sie uns die Arbeitsweise der Maschinen erklären«, bat Tarbert.

»Von diesen Dingen verstehe ich nichts«, erklärte die Stimmbox. »Das Schiff ist sehr alt; es ist schon vor den großen Kriegen gebaut worden.«

»Wir würden gerne lernen, wie die Maschinen arbeiten«, sagte Burke. »Wie Sie wissen, erkennen unsere Wissenschaftler ja nicht einmal an, dass es Geschwindigkeiten geben könnte, die jene des Lichts übertreffen.«

»Sie können sich ruhig nach Ihrem Belieben umschauen«, entgegnete Apiptix, »denn hier gibt es nichts zu sehen. Und was die Möglichkeit angeht, dass wir unsere Technologie mit Ihnen teilen könnten, so halte ich das für sehr unwahrscheinlich. Sie sind eine unbeständige und einseitige Rasse; es liegt keineswegs in unserem Interesse, dass Sie die Galaxis überschwemmen.« Damit stelzte er davon.

»Ein unfreundlicher Haufen von Barbaren«, knurrte Tarbert.

»Viel Scharm verbreiten sie in der Tat nicht«, sagte Burke. »Andererseits scheinen sie aber auch mit keinem unserer menschlichen Laster behaftet zu sein.«

»Eine edle Rasse«, versetzte Tarbert bissig. »Würdest du wollen, dass deine Schwester einen davon heiratet?«

Die Unterhaltung schlief ein. Burke versuchte, in den Para-Kosmos zu blicken. Er nahm ein unscharfes Abbild des Schiffes wahr, was genau so gut nur eine Funktion seiner Vorstellungskraft gewesen sein mochte statt »Hellsehen«, aber sonst nichts. Jenseits davon war Dunkelheit.

Aus schierer Übermüdung schliefen die drei ein. Als sie erwachten, erhielten sie zu essen, wurden aber ansonsten ignoriert. Ungehindert durchstreiften sie das Schiff und fanden unverständlichen Zwecken dienende Mechanismen, die mit Methoden und Techniken hergestellt waren, die ihnen kurios und fremdartig erschienen.

Die Reise ging weiter, und nur die Bewegung der Stunden- und Minutenzeiger gab einen Maßstab für die verstreichende Zeit ab. Zweimal unternahmen die Xaxaner irgendein Manöver, mit dem sie das Schiff im Raum zwischen den Sternen stillstehen ließen, damit die Erdenmenschen die Richtung zum Gher weisen konnten. Danach wurde der Kurs korrigiert und das Schiff wieder in Bewegung gesetzt.

Während dieser Aufenthalte schien es, als habe das Gher seine bisherige unheilvolle Konzentration aufgegeben. Die gelbe Kugel trieb an seiner Oberseite wie ein

Eigelb in einer Schale mit Tinte. Was seine Entfernung vom Schiff anging, so ließ sich diese nach wie vor nicht bestimmen; im Para-Kosmos gab es kein Maß für »Entfernung«, und Burke und Tarbert erwogen schon voller Unbehagen die Möglichkeit, dass das Gher vielleicht eine weit entfernte Galaxis bewohnen mochte. Beim dritten Halt aber hing das Gher nicht mehr vor ihnen, sondern nach achtern zu, genau in Richtung eines schwachleuchtenden roten Sterns. Das Gher war jetzt unglaublich groß und unbeschreiblich düster; während sie noch die schwarze Masse anstarrten, kam die gelbe Kugel nach vorne gerollt und blieb da hängen. Man konnte sich nur schwer des Eindrucks erwehren, dass es sich dabei um ein Wahrnehmungsorgan handelte.

Die Xaxaner wendeten das Schiff und steuerten auf dem Kurs zurück, den sie gekommen waren. Beim nächsten Mal, als sie das Schiff aus dem Überraum herausbrachten, schwebte der rote Stern unter ihnen, begleitet von einem einzigen kühlen Planeten. Burke richtete sein Wahrnehmungsvermögen neu aus und sah das drohend aufragende Gher wie eine Doppelbelichtung vor der Scheibe des Planeten.

Hier also war die Heimat des Gher. Die Landschaft des Planeten beherrschte den Hintergrund: ein dunkles, fremdartiges Land schwach leuchtender Sümpfe und großer Gebiete von etwas, was wohl ausgetrockneter und zusammengebackener Schlamm war. Das Gher nahm den Mittelpunkt dieser Landschaft ein, und seine Faserstränge breiteten sich in alle Richtungen aus, während die gelbe Kugel beständig schlingerte und pulsierte.

Das Schiff ging in eine Umlaufbahn um den Planeten. In der teleskopischen Vergrößerung wirkte die Oberfläche monoton und langweilig, ohne charakteristische

Landmarken, nur hier und da unterbrochen von einem öligen Sumpf. Die Atmosphäre war dünn, kalt und faulig. An den Polen waren Haufen einer schwarzen, krustigen Substanz auszumachen, die wie verkohltes Papier wirkten. Nichts deutete auf das Vorhandensein von Leben hin, keine Artefakte, keine Ruinen, keine Lichter; in der Tat war der einzige bemerkenswerte Anblick auf diesem Planeten ein gewaltiger Abgrund in Polnähe, der an einen Riss in einem alten Kricketball erinnerte.

Burke, Tarbert, Pttdu Apiptix und drei weitere Xaxaner legten Raumanzüge an und stiegen in den Tender. Er löste sich vom Schiff und sank zur Oberfläche hinab. Burke und Tarbert, die das eintönige Panorama genau studierten, wurden sich schließlich über den Aufenthaltsort des Gher einig: einen kleinen See oder Teich im Mittelpunkt einer ausgedehnten Senke, in die das Sonnenlicht in flachem Winkel einfiel.

Der Tender durchdrang die oberen Atmosphärenschichten, landete auf einer niedrigen Erhebung, ungefähr eine halbe Meile vom Teich entfernt.

Die Gruppe trat hinaus in das schwache rote Sonnenlicht und blieb auf einer Oberfläche aus Schiefer und Geröll stehen. Ein paar Schritte entfernt sahen sie ein schwarzes, kniehohes Gewächs, das eine Flechtenart sein mochte: eine bröckelige Wucherung wie verkohlte Kohlblätter. Der Himmel war purpurn im Zenit und ging zum Horizont hin in vielen Abschattierungen in ein schwefeliges Braun über; das Becken war eine ausgedehnte, öde Fläche, kastanienbraun getönt vom Sonnenlicht. In der Mitte wurde der Grund feucht und schwarz, ging zunächst in glänzenden Schleim über, dann schließlich in eine Flüssigkeit. Aus der Oberfläche des Tümpels ragte wie ein Buckel ein ledriger schwarzer Sack.

Tarbert deutete darauf. »Das da ist das Gher.«

»Unbedeutend, nicht wahr«, sagte Burke, »wenn man es mit seinem Analogon vergleicht.«

Apiptix blinzelte und starrte in den Para-Kosmos. »Es weiß, dass wir hier sind.«

»Ja«, bestätigte Burke. »Und ob es das weiß. Es ist ganz schön aufgeregt.«

Apiptix zückte seine Waffe und schritt den flachen Hang hinab. Burke und Tarbert folgten ihm, blieben dann aber erstaunt stehen. Im Para-Kosmos wogte das Gher auf und ab und krampfte sich zusammen, dann begann es, einen Dampf auszuströmen, der sich zu einem großen Schatten formte: einem halbmenschlichen Schatten, der hoch aufragte – aber wie hoch? Eine Meile? Eine Million Meilen? Das Gher schien sich aufzulockern, zu erschlaffen, während der Schatten sich verdichtete, indem er Substanz vom Gher abzog. Er wurde immer fester und dichter. Burke und Tarbert stießen einen Ruf der Bestürzung aus. Apiptix wirbelte herum. »Was ist los?«

Burke deutete in den Himmel. »Das Gher baut etwas auf. Eine Waffe.«

»Im Para-Kosmos? Wie kann es uns denn Schaden zufügen?«

»Ich weiß nicht. Wenn es genug schwache Energie konzentriert – Milliarden von Ergs –.«

»Genau das tut es!«, rief Tarbert. »Da ist es!«

Hundert Schritte vor ihnen erschien ein dichter, schwarzer Zweibeinerkörper, eine Art kopfloser Gorilla, zweieinhalb oder drei Meter groß. Er hatte lange Arme, die in Greifzangen endeten; die Füße waren mit Klauen bewehrt. Das Wesen hüpfte heran, und seine Absichten waren ganz unzweifelhaft böse.

Apiptix und die Xaxaner legten ihre Waffen an. Eine purpurne Lohe leckte nach dem Gher-Geschöpf, das aber nicht erkennen ließ, dass es verletzt war. Mit einem Riesensatz sprang es den vordersten Xaxaner an. Ob nun auf Grund von Disziplin, fanatischem Mut oder Hysterie, jedenfalls stellte sich der Xaxaner der anstürmenden Bestie entgegen und ließ sich auf einen Nahkampf mit ihr ein. Der Kampf war kurz und schrecklich. Der Xaxaner wurde entzweigerissen und seine Eingeweide über den zusammengebackenen grauen Schlamm verstreut. Seine Waffe fiel vor Tarberts Füße. Tarbert griff danach, schrie in Burkes Ohr: »Das Gher!« und lief in einer watschelnden Gangart in Richtung Teich los. Burkes Knie fühlten sich wie Wackelpudding an. Mit großer Anstrengung zwang er sich dazu, Tarbert zu folgen.

Das Monster stand da und wiegte sich auf seinen schwarzen Beinen, und sein Rumpf schimmerte im Aufblitzen der xaxanischen Waffen. Dann drehte es sich um und setzte Tarbert und Burke nach, die über den morastigen Grund liefen. Die Szene war so entsetzlich und unwirklich wie der fürchterlichste aller Albträume.

Rauchend und zerfleischt, holte die Kreatur Burke ein, versetzte ihm einen Hieb, der ihn Hals über Kopf durch die Luft wirbelte, und stürmte dann weiter hinter Tarbert her, der unter größten Mühen durch den ölig schimmernden Schlamm stapfte. Da es dichter und schwerer war, kam das Monster ins Rutschen, machte dann aber einen weiten Satz vorwärts. Burke rappelte sich wieder auf, schaute sich in rasender Wut um. Tarbert, nun in Reichweite des Gher, legte die ihm nicht vertraute Waffe an. Die schwarze Kreatur stakte vorwärts; Tarbert warf einen angsterfüllten Blick über die

Schulter zurück und versuchte, seitlich auszuweichen, während er noch immer an der Waffe herumfummelte. Seine Füße glitten im Morast aus; er fiel hin. Mit einem Satz war das Monster bei ihm und trampelte auf ihm herum, dann senkte es seine Greifzangen. Burke kam herangetorkelt und umklammerte das Geschöpf von hinten. Es fühlte sich so hart wie Stein an und auch so schwer, aber Burke gelang es mit einer gewaltigen Anstrengung, es aus dem Gleichgewicht zu bringen, sodass es ebenfalls in den Morast stürzte. Burke tastete nach der Waffe, erwischte sie, versuchte verzweifelt, den Abzug zu finden. Das Monster zog sich wieder hoch und warf sich mit gespreizten Zangen auf Burke. Dicht an Burkes Ohr vorbei schoss ein Strom magentaroten Feuers. Er traf das Gher, das sofort explodierte. Die kopflose schwarze Kreatur schien gleichsam porös zu werden, dann zerfiel sie in Fetzen und Brocken. Der Para-Kosmos riss in einem gewaltigen Ausbruch lautloser Energie auf, grün und blau und weiß. Als Burke wieder seine Außenwelt-Sicht zurückgewann, war das Gher verschwunden.

Er ging zu Tarbert hinüber, half ihm auf die Füße; alle hinkten auf festen Grund zurück. Der Tümpel hinter ihnen lag glatt und nichtssagend da.

»Ein höchst eigenartiges Geschöpf«, sagte Tarbert mit immer noch belegter Stimme. »Und gar nicht nett.«

Sie standen da und schauten zurück zum Teich. Ein kalter Luftzug trieb träge Wellen über seine Oberfläche. Der Teich wirkte leblos und leer, aller Bedeutung beraubt, die die Anwesenheit des Gher ihm verliehen hatte.

»Es muss mindestens eine Million Jahre alt gewesen sein«, sagte Burke.

»Eine Million? Vielleicht sehr viel älter.« Und Burke und Tarbert blickten beide hinauf zu der trüben roten Sonne, schätzten ihr Alter und versuchten, sich die Geschichte des Planeten vorzustellen. Die Xaxaner standen in einer Gruppe nicht weit entfernt und schauten über den Teich des Gher hinaus.

Burke ergriff wieder das Wort. »Ich würde vermuten, dass es sich dem Para-Kosmos zuwandte und zum Parasiten wurde, als die physikalische Welt ihm keine Möglichkeit mehr bot, sich am Leben zu erhalten.«

»Eine merkwürdige Art von Evolution«, sagte Tarbert. »Die Nopal müssen sich entlang ähnlicher Bahnen entwickelt haben, vielleicht unter ähnlichen physikalischen Bedingungen.«

»Die Nopal... wie unbedeutend wirken sie jetzt.« Und Burke richtete seinen Blick wieder in den Para-Kosmos, gespannt, ob irgendwo Nopal in Sicht waren. Wie zuvor sah er die geschichteten Landschaften, die verschlungenen Blattmuster, die wie auf einer Karte aufgezeichneten Verbindungen, die pulsierenden Lichter. Gewisse weit entfernte Nopal – ritten sie auf Xaxanern oder auf Erdenmenschen? Er konnte es nicht genau erkennen – beobachteten ihn mit bösartigem Misstrauen. Anderswo waren noch weitere, mit hervorquellenden Augen und zitternden Stacheln. Sie wirkten klein und unentwickelt und schienen in einer würdevollen Prozession von einem Ort irgendwo ganz in der Nähe herbeizuströmen. Diese Feststellung mochte allerdings auch völlig falsch sein, so irreführend waren hier alle Entfernungsschätzungen. Während er noch die Nopal studierte und über ihre Natur und ihre Herkunft nachdachte, vernahm er Tarberts Stimme. »Hast du auch den Eindruck einer Grotte?«

Burke spähte in den Para-Kosmos. »Ich sehe Klippen – unregelmäßige Felswände. Eine Schlucht? Könnte das dieselbe sein, die wir gesehen haben, als wir runterkamen?«

Apiptix rief zu ihnen herüber: »Kommen Sie. Wir kehren zum Schiff zurück.« Seine Stimmung schien gedrückt zu sein. »Das Gher ist vernichtet. Es gibt keine Tauptu mehr, nur noch Chitumih. Die Chitumih haben gesiegt. Wir werden das ändern.«

»Jetzt oder nie«, flüsterte Burke hastig Tarbert zu. »Wir müssen handeln, und zwar sofort.«

»Was meinst du?«

Burke deutete mit einer Kopfbewegung auf die Xaxaner.

»Sie sind gewillt, die Nopal auszurotten. Wir müssen sie davon abhalten.«

Tarbert zögerte. »Steht das denn überhaupt in unserer Macht?«

»Aber sicher. Die Xaxaner haben schließlich das Gher ohne unsere Hilfe nicht finden können. Sie werden auch nicht in der Lage sein, die Nopal zu finden. Alles hängt also von uns ab.«

»Wenn wir damit durchkommen ... Es wäre immerhin möglich, dass sie sich jetzt, da das Gher vernichtet ist, ein wenig lockern und vernünftigen Argumenten zugänglich werden.«

»Wir müssen es versuchen. Und wenn es mit Vernunft nicht klappt, müssen wir eben etwas anderes ausprobieren.«

»Was denn zum Beispiel?«

»Das würde ich auch gerne wissen.«

Sie folgten den Xaxanern den Hang hinauf in Richtung Tender. Plötzlich blieb Burke stehen. »Mir fällt da etwas ein.« Und er erläuterte Tarbert seine Idee.

Tarbert war nicht so ganz überzeugt. »Was ist, wenn die Bühneneffekte nicht rüberkommen?«

»Sie *müssen* rüberkommen. Ich übernehme das Reden; du kümmerst dich um das Überzeugen.«

Tarbert stieß ein düsteres Lachen aus. »Ich weiß nicht, ob ich so gut im Überzeugen bin.«

Pttdu Apiptix, der schon neben dem Tender stand, winkte ihnen ungeduldig zu. »Kommen Sie. Unsere letzte große Aufgabe liegt noch vor uns: Wir müssen die Nopal vernichten.«

»Ganz so einfach ist das nicht«, sagte Burke vorsichtig.

Der Xaxaner breitete seine grauen Arme aus und ballte die Fäuste, sodass jeder Knöchel ein Höcker aus weißem Bein war: eine Geste des Frohlockens oder des Triumphs. Die Stimme aus dem Kästchen blieb trotzdem flach und ausdruckslos. »Wie das Gher, so müssen auch sie ihre Ursprungswesenheiten im Basisuniversum haben. Sie haben das Gher ohne Schwierigkeiten gefunden; Sie werden das Gleiche bei den Nopal machen.«

Burke schüttelte den Kopf. »Daraus würde nichts Gutes entstehen. Wir müssen uns etwas anderes ausdenken.«

Apiptix ließ übergangslos die Arme sinken und musterte Burke mit seinen Topasaugen. »Ich begreife Sie nicht. Wir müssen unseren Krieg gewinnen.«

»Es geht hier um zwei Welten. Wir müssen die Interessen beider berücksichtigen. Für die Erde würde jede plötzliche Vernichtung der Nopal eine Katastrophe bedeuten. Unsere Gesellschaft gründet sich auf Individualität, auf die private Natur von Gedanken und Absichten. Wenn auf einmal jeder psionische Fähigkeiten entwickeln würde, müsste unsere Zivilisation im Chaos versinken. Natürlich sind wir nicht daran interessiert, ein solches Unheil über unseren Planeten zu bringen.«

»Ihre Wünsche sind unerheblich! Wir sind diejenigen, die gelitten haben, und Sie müssen unseren Anweisungen Folge leisten.«

»Nicht, wenn sie unvernünftig und verantwortungslos sind.«

Der Xaxaner betrachtete ihn eine Weile eingehend. »Sie sind sehr kühn. Sie sollten wissen, dass ich Sie zwingen kann, mir zu gehorchen.«

Burke zuckte die Achseln. »Das lässt sich denken.«

»Sie würden also lieber diese Parasiten ertragen?«

»Nicht auf die Dauer. Im Lauf der Jahre werden wir sie entweder vernichten oder sie gesellschaftlich nützlich machen. Bevor das geschieht, werden wir Zeit genug gehabt haben, uns auf die psionischen Wirklichkeiten einzustimmen. Und noch eine Überlegung: Wir haben unseren eigenen Krieg auf der Erde – den Kalten Krieg. Mit psionischen Fähigkeiten können wir diesen Krieg leicht beenden, mit einem Minimum an Blutvergießen und zum Besten aller. Für uns gewinnen wir nichts und verlieren alles, wenn wir die Nopal vernichten – zum jetzigen Zeitpunkt.«

Die klanglosen Laute aus der Sprechbox des Xaxaners wirkten beinahe zynisch. »Wie Sie richtig bemerkt haben, sind die Belange zweier Welten betroffen.«

»Genau. Die Vernichtung der Nopal würde Ihrer Welt ebenso schaden wie der unseren.«

Apiptix' Schädel ruckte erstaunt hoch. »Absurdes Zeug! Nach hundertundzwanzig Jahren erwarten Sie von uns, dass wir direkt vor unserem Ziel Halt machen?«

»Sie sind von den Nopal besessen«, sagte Burke. »Sie

vergessen das Gher, das Ihnen den Krieg aufgezwungen hat.«

Apiptix schaute hinüber zu dem düsteren Teich. »Das Gher ist tot. Die Nopal gibt es immer noch.«

»Was ein Glück ist, da sie zerdrückt und als Schutzschild verwendet werden können – gegen ihre eigene Art und gegen alle anderen Parasiten des Para-Kosmos.«

»Das Gher ist tot. Wir werden die Nopal vernichten. Dann benötigen wir keinen Schutzschild mehr.«

Burke lachte kurz auf. »Wer redet jetzt absurdes Zeug?«

Er deutete hinauf in den Himmel. »Es gibt Millionen von Welten wie diese. Glauben Sie wirklich, das Gher und die Nopal seien einzigartig – die einzigen Geschöpfe, die den Para-Kosmos bewohnen?«

Apiptix zog den Kopf ein wie eine erschrockene Schildkröte. »Es gibt noch andere?«

»Sehen Sie selbst.«

Apiptix stand völlig steif da, während er sich bemühte, den Para-Kosmos wahrzunehmen. »Ich sehe Umrisse, die ich nicht verstehe. Besonders einen – eine böse Kreatur...« Er schaute Tarbert an, der unverwandt in den Himmel starrte, dann wandte er sich wieder Burke zu. »Sehen Sie dieses Geschöpf auch?«

Burke blickte hinauf in den Himmel. »Ich sehe etwas, das beinahe wie das Gher wirkt... Es hat einen aufgeblähten Körper, zwei riesige Augen, eine Schnabelnase, lange Tentakeln...«

»Ja. Genau das sehe ich auch.« Apiptix stand lange schweigend da. »Sie haben Recht. Wir benötigen die Nopal zu unserem Schutz. Wenigstens für eine gewisse Zeit. Kommen Sie; wir fliegen zurück.«

Er marschierte davon, den Hang hinauf. Burke und

Tarbert folgten ihm dichtauf. »Du hast einen sehr lebensechten Kraken projiziert«, sagte Burke. »Sogar ich habe ein bisschen Angst gehabt.«

»Beinahe hätte ich einen chinesischen Drachen probiert«, erwiderte Tarbert. »Der Krake war vielleicht angemessener.«

Burke blieb stehen, suchte den Para-Kosmos ab. »Wir haben ihn nicht einmal beschwindelt. Nicht wirklich. Es muss noch viele andere Dinge wie die Nopal und das Gher geben. Mir kommt es so vor, als sähe ich etwas, weit, weit entfernt – wie ein Knäuel von Angelwürmern …«

»Das möge für heute an Bösem genügen«, sagte Tarbert mit plötzlicher Heiterkeit. »Lass uns nach Hause gehen und den Kommies die Hölle heiß machen.«

»Ein vortrefflicher Gedanke«, meinte Burke. »Wir haben auch noch hundert Kilogramm Gold hinten in meinem Wagen.«

»Wer braucht denn Gold? Alles, was wir benötigen, ist ein bisschen Hellsehen und die Black-Jack-Tische in Las Vegas. Das ist ein System, gegen das keiner ankommt.«

Der Tender schwang sich von dem alten Planeten in die Höhe, überquerte in schrägem Winkel den großen Abgrund, der die Oberfläche bis in unbekannte Tiefen spaltete. Als Burke hinabschaute, sah er gebauschte, federige Gebilde nach oben treiben und durch den Weltraum zu einem Ort im Para-Kosmos treiben, wo eine verzerrte, aber doch vertraute Weltenkugel in sanften grünlich-gelben Farben schimmerte.

»Liebes altes Nopalgard«, sagte Burke. »Wir kommen.«

ENDE

Der Armageddon-Zyklus

Dies ist die Zukunft der SF,
der SF-Roman des nächsten
Jahrtausends schlechthin.

Peter F. Hamilton
hat mit diesen
ungeheuer spannenden Romanen
um den drohenden Untergang
der menschlichen Zivilisation
die klassische Space Opera entstaubt.
Ein intergalaktisches Abenteuer,
genial konstruiert und
detailreich inszeniert.
Ein Könner ohne gleichen.

23 221 • Band 1
Die unbekannte Macht

23 222 • Band 2
Fehlfunktion

23 227 • Band 3
Seelengesänge

23 228 • Band 4
Der Neutronium Alchemist

23 233 • Band 5
Die Besessenen

23 234 • Band 6
Der nackte Gott

23 240 • Band 7
Zweite Chance auf Eden

DIE KZIN-KRIEGE

Abenteuer aus dem Ringwelt-Universum

BASTEI LÜBBE